普通高等教育"十四五"规划教材

自动控制原理

（第二版）

朱玉华　主编

中国石化出版社

内 容 提 要

本书根据高等院校自动控制原理课程的教学要求，注重理论基础与基本概念，比较全面地介绍了经典控制理论的基本内容。教材编写力求从自动控制的基本原理和概念出发，突出重点，淡化烦琐的理论推导，注重理论与实际的结合。全书共分八章，内容包括自动控制系统概述、控制系统的数学模型、时域分析法、根轨迹法、频率特性分析法、自动控制系统的校正、非线性控制系统及采样控制系统等。

本书可作为高等院校自动化专业、电气工程及其自动化专业、测控技术与仪器专业、电子信息及各相关专业本科生的教材，也可作为高职高专院校及成人院校相近专业学生的教材。

图书在版编目（CIP）数据

自动控制原理／朱玉华主编. —2 版. —北京：
中国石化出版社，2022.5
ISBN 978-7-5114-6642-6

Ⅰ.①自… Ⅱ.①朱… Ⅲ.①自动控制理论–高等学
校–教材 Ⅳ.①TP13

中国版本图书馆 CIP 数据核字（2022）第 055748 号

中国石化出版社出版发行

地址：北京市东城区安定门外大街 58 号
邮编：100011 电话：(010)57512500
读者服务部电话：(010)57512575
http://www.sinopec-press.com
E-mail:press@sinopec.com
全国各地新华书店经销
北京力信诚印刷有限公司印刷

*

787×1092 毫米 16 开本 16.25 印张 441 千字
2022 年 6 月第 1 版 2022 年 6 月第 1 次印刷
定价:48.00 元

第二版前言

《自动控制原理》(第二版)是在第一版的基础上修订而成的，基本思路是按照相关规定、内容的最新版进行了修订和完善。以保证教材内容的及时更新。

自动控制原理课程是高等工科院校电气信息类专业的一门重要的技术基础课程，几乎遍及电类及非电类的各个工程技术学科专业。

本教材内容编排上在保证理论体系的系统性和完整性的前提下，力求做到少而精，突出重点，强调物理概念，减少烦琐的数学推导，理论联系工程实际；本教材以经典控制理论及其应用为主要内容，全面阐述了自动控制的基本理论，系统地介绍了自动控制系统分析和综合的基本方法。

教材共分八章。第一章简要介绍自动控制的基本概念、自动控制理论的发展过程，进而引出自动控制系统的组成和分类方法，以及工程上对自动控制系统的基本要求；第二章系统地介绍了描述控制系统的三种数学模型：微分方程、传递函数和系统框图及它们之间的相互关系，介绍了利用结构图等效化简和梅逊增益公式确定系统闭环传递函数的方法；第三章介绍了线性系统的时域分析，分析研究控制系统的动态性能和稳态性能，主要研究一阶系统、二阶系统的过渡过程及性能指标；第四章介绍了线性系统根轨迹分析方法，重点讨论了根轨迹的绘制法则以及利用根轨迹分析系统性能的方法；第五章频率特性分析法是工程上重点应用的方法，对频率域作图、分析的原理进行了详细讨论，介绍了频域稳定判据，给出了频域指标的计算及分析方法；第六章主要介绍系统校正的作用和方法，分析串联校正、反馈校正和复合校正对系统动、静态性能的影响；第七章介绍了工程实际中常见的非线性特性，讨论了非线性系统的描述函数法和相平面法；第八章介绍了采样系统的分析，详细讨论了 Z 变换理论，采样系统的数学模型闭环脉冲传递函数。

本教材以最基本的内容为主线，注重基本概念和原理的阐述，突出工程应用方法，理论严谨、系统性强，便于读者自学；每章有本章总结，同时配有适量的例题和习题，以配合课堂教学，帮助读者准确理解有关概念，掌握解题方法和技巧。

本书可作为高等院校自动化、电气工程及其自动化、测控技术与仪器等专业本科生的教材，也可作为高职高专、成人教育和继续教育的教材。

　　本教材由朱玉华主编，参加编写的有庄殿铮、杨迪、卢芳菲、付思等。在编写过程中，得到了学校领导的大力支持，许多兄弟院校的同行为本书的编写提出了宝贵意见并提供了帮助。在此，谨向关心并为本教材出版做出贡献的所有同志表示深深的谢意！

　　由于水平有限，书中难免有错误和不当之处，敬请同行与读者给予批评指正。

目　录

第1章 自动控制系统概论

自动控制原理是自动化学科的重要基础课程，专门研究自动控制系统的基本概念、基本原理和基本方法。本章介绍了自动控制的基本概念、自动控制理论的发展过程，进而引出自动控制系统的组成、控制系统的分类及控制方式，以及工程上对自动控制系统的基本要求，从而给自动控制原理课程的研究对象和学习目的提供一个较为清晰的轮廓。

1.1 引　　言

随着科学技术的飞速发展，自动控制系统在工业和国防的科研、生产中起着越来越重要的作用，计算机的广泛应用给自动控制系统的发展提供了更广阔的前景。自动控制理论是研究自动控制系统共同规律的技术科学。自动控制技术的广泛应用，不仅将人们从繁重的体力劳动和大量重复性的操作中解放出来，而且也极大地提高了劳动生产率和产品质量。

自动控制学科由自动控制技术和自动控制理论两部分组成，在工程和科学的发展中，自动控制技术起着极其重要的作用，自动控制理论是自动控制技术的理论基础。自动控制作为一种技术手段已经广泛地应用于工业、农业、国防乃至日常生活和社会科学许多领域。从航天空间站、飞行器、军事装备、高速列车、能源控制、医疗卫生、交通运输、地区规划等这些复杂的大系统，到工业生产过程、现代农业、垃圾处理、机器人、家用电器等各个领域均获得广泛的应用。随着生产和科学技术的发展，自动控制技术已渗透到各种学科领域，成为促进当代生产发展和科学技术进步的重要因素。特别是进入21世纪以来，经济以及科技、国防事业的发展和人们生活水平的提高，自动控制技术所起的作用越来越重要，自动控制技术本身也得到进一步发展。作为一个工程技术人员，了解掌握自动控制方面的知识是十分必要的。

1.1.1　自动控制相关概念

(1) 自动控制：所谓自动控制，是指在没有人直接参与的情况下，利用自动控制装置(例如控制器)使被控对象(生产装置、机器设备或其他过程)的某些物理量(称为被控量)自动地按预定的规律运行或变化。

事实上，任何技术设备、工作机械或生产过程都必须按要求运行。例如，要想发电机正常供电，其输出的电压和频率必须保持恒定，尽量不受负荷变化的干扰；要想数控机床能加工出高精度的工件，就必须保证其工作台或刀架的进给量准确地按照程序指令的设定值变化；要使烘烤炉提供优质的产品，就必须严格地控制炉温；导弹能准确地命中目标，人造卫星能按预定轨道运行并返回地面，宇宙飞船能准确地在月球上着落并安全返回，以及工业生产过程中，诸如温度、压力、流量、液位、频率等方面的控制，所有这一切都是以高水平的自动控制技术为前提的。

自动控制技术的应用，不仅使生产过程实现自动化，从而提高了劳动生产率和产品质量，降低生产成本，提高经济效益，改善劳动条件，而且在人类征服大自然、探索新能源、发展空间技术和创造人类社会文明等方面都具有十分重要的意义。

（2）自动控制理论：实现自动控制技术的理论叫自动控制理论，是研究自动控制共同规律的技术科学。它的发展初期是以反馈理论为基础的自动调节原理，随着工业生产和科学技术的发展，现已发展成为一门独立的学科——控制论。控制论包括工程控制论、生物控制论和经济控制论。工程控制论主要研究自动控制系统中的信息变换和传送的一般理论及其在工程设计中的应用，自动控制原理则仅仅是工程控制论的一个分支，只研究控制系统分析和设计的一般理论。

（3）自动控制系统：指能够对被控对象的工作状态进行控制的系统。简单地说，就是为了达到某种"目标"设计并按照预期目标予以实施的一套系统，例如城市道路交叉口的红绿灯信号控制系统，控制各个方向的车辆，保证城市交通的安全与通畅。

1.1.2　自动控制理论的发展状态

随着自动控制技术的广泛应用和迅猛发展，出现了许多新问题，这些问题要求从理论上加以解决。自动控制理论正是在解决这些实际技术问题的过程中，经过长期的发展逐步形成和发展起来的。它是研究自动控制技术的基础理论，是研究自动控制共同规律的技术科学。目前国内外学术界普遍认为控制理论经历了三个发展阶段：经典控制理论、现代控制理论及大系统理论和智能控制理论，这种阶段性的发展过程是由简单到复杂，由量变到质变的辩证发展过程。并且，这三个阶段不是相互排斥的，而是相互补充、相辅相成的，各有其应用领域，各自还在不同程度地继续发展着。

人类使用自动装置的历史可以追溯到古代，早在 3000 年前，中国就已发明了用来自动计时的"铜壶滴漏"装置。根据可靠的历史记载，中国在公元前 2 世纪就发明了用来模拟天体运动和研究天体运动规律的"浑天仪"。"指南车"在中国已有 2100 年以上的历史。此后一直到 18 世纪工业革命开始之前仅偶尔出现一些自动装置，如中国的水运仪象台、欧洲古老的钟表机构和水力及风力磨房的速度调节装置等。在 1788 年英国机械师瓦特制造蒸汽离心调速器之后的一个半世纪中，人们开始大量采用各种自动调节装置来解决生产和军事中的简单控制问题，同时还开始研究调节器的稳定性等理论问题，但尚未形成统一的理论。1868 年，英国科学家麦克斯韦首先解释了瓦特速度控制系统中出现的不稳定现象，指出振荡现象的出现与系统导出的一个代数方程根的分布形态有密切关系，开辟了用数学方法研究控制系统中运动现象的途径。英国数学家劳斯和德国数学家赫尔维茨推进了麦克斯韦的工作，分别在 1877 年和 1895 年独立建立了直接根据代数方程的系数判别系统稳定性的准则。直到 20 世纪中期，把自动控制技术在工程实践中的一些规律加以总结提高，进而以此去指导和推进工程实践，形成所谓的自动控制理论，并作为一门独立的学科而存在和发展。

1. 经典控制理论阶段

自动控制的思想发源很早，但它发展成为一门独立的学科还是在 20 世纪 40 年代。远在控制理论形成之前，就有蒸汽机的飞轮调速器、鱼雷的航向控制系统、航海罗径的稳定器、放大电路的镇定器等自动化系统和装置出现，这些都是不自觉地应用了反馈控制概念而构成的自动控制器件和系统的成功例子。但是在控制理论尚未形成的漫长岁月中，由于缺乏正确的理论指导，控制系统出现了不稳定等一些问题，使得系统无法正常工作。

20 世纪 40 年代，很多科学家致力于这方面的研究，他们的工作为控制理论作为一门独立学科的诞生奠定了基础。1949 年出现的自动控制原理的第一本教材，叫做《伺服机原理》，1948 年，美国的威纳（N. Wiener）发表了名著《控制论》，标志着经典控制理论的形成。同年，美国埃文斯（W. R. Evans）提出了根轨迹法，进一步充实了经典控制理论。1954 年，中国著名科学家钱学森的《工程控制论》一书出版，为控制理论的工程应用做出了卓越贡献。1980 年钱学森、宋健修订了《工程控制论》。

20 世纪 40、50 年代，经典控制理论的发展与应用使全世界的科学技术水平得到了快速的提高。当时几乎在工业、农业、交通、国防等国民经济所有领域都热衷于采用自动控制技术。

经典控制理论主要是单输入单输出的线性定常系统作为主要的研究对象，以传递函数作为系统的基本数学描述，以频率特性法作为分析和综合系统的主要方法。基本内容是研究系统的稳定性，在给定输入下系统的分析和在指定指标下系统的综合，它可以解决相当大范围的控制问题，经典控制理论阶段主要特点总结如下：

① 产生年代：20 世纪 40~60 年代；

② 研究对象：单输入单输出（SISO）线性、定常系统；

③ 常见数学模型：微分方程、传递函数、结构图等；

④ 研究方法：主要是频域法，还有时域法、根轨迹法；

⑤ 主要内容：系统的分析和综合（稳定性）；

⑥ 主要控制装置：自动控制器。

由于经典控制理论研究的控制系统的分析与设计是建立在某种近似的和试探的基础上的，控制对象一般是单输入单输出、线性定常系统；对多输入多输出系统、时变系统、非线性系统等，则无能为力。随着生产技术水平的不断提高，这种局限性越来越不适应现代控制工程所提出新的更高要求。

2. 现代控制理论阶段

20 世纪 50 年代末和 60 年代初，控制理论又进入了一个迅猛发展时期。由于导弹制导、数控技术、核能技术、空间技术发展的需要和电子计算机技术的成熟，控制理论发展到了一个新的阶段，产生了现代控制理论。

1956 年，苏联的庞特里亚金发表《最优过程的数学理论》，提出极大值原理；1961 年庞特里亚金的《最优过程的数学理论》一书正式出版。1956 年，美国的贝尔曼（R. L. Bellman）发表《动态规划理论在控制过程中的应用》，1957 年贝尔曼的《动态规划》一书正式出版。1960 年，美籍匈牙利人卡尔曼（R. E. Kalman）发表了《控制系统的一般理论》等论文，引入状态空间法分析系统，提出可控性、可观测性、最佳调节器和卡尔曼滤波等概念，从而奠定了现代控制理论的基础。此外，1892 年俄国李雅普诺夫提出的判别系统稳定性的方法也被广泛应用于现代控制理论。

现代控制理论和经典控制理论不论在数学模型上，应用范围上、研究方法上都有很大不同。现代控制理论是建立在状态空间上的一种分析方法，所谓状态空间法，本质上是一种时域分析方法，它不仅描述系统的外部特性，而且揭示了系统的内部状态性能。现代控制理论分析和综合系统的目标是在揭示其内在规律的基础上，实现系统在某种意义上的最优化，同时使控制系统的结构不再限于单纯的闭环形式。它的数学模型主要是状态方程，控制系统的分析与设计是精确的。控制对象可以是单输入单输出控制系统，也可以是多输入多输出控制系统，可以是线性定常控制系统，也可以是非线性时变控制系统，可以是连续控制系统，也可以是离散或数字控制系统。因此，现代控制理论的应用范围更加广泛。主要的控制策略有极点配置、状态反馈、输出反馈等。由于现代控制理论的分析与设计方法的精确性，因此，现代控制可以得到最优控制。但这些控制策略大多是建立在已知系统的基础之上的。严格来说，大部分的控制系统是一个完全未知或部分未知系统，这里包括系统本身参数未知、系统状态未知两个方面，同时被控制对象还受外界干扰、环境变化等的因素影响。

能控性、能观测性概念的提出、庞特里亚金极值原理、卡尔曼滤波为现代控制理论产生的三大标志。现代控制理论阶段主要特点总结如下：

① 产生年代：20 世纪 60 年代开始，60 年代中期成熟；
② 研究对象：多输入多输出(MIMO)时变、非线性系统；
③ 数学模型：状态方程；
④ 研究方法：主要是时域分析法(状态空间分析法)；
⑤ 主要内容：最优化问题；
⑥ 主要控制装置：计算机。

3. 大系统理论和智能控制理论阶段

从 60 年代末开始，控制理论进入了一个多样化发展的时期。它不仅涉及系统辨识和建模、统计估计和滤波、最优控制、鲁棒控制、自适应控制、智能控制及控制系统 CAD 等理论和方法。同时，它在与社会经济、环境生态、组织管理等决策活动，与生物医学中诊断及控制，与信号处理、软计算等邻近学科相交叉中又形成了许多新的研究分支。

例如，70 年代以来形成的大系统理论主要是解决大型工程和社会经济系统中信息处理、可靠性控制等综合优化的设计问题。这是控制理论向广度和深度发展的结果。

所谓大系统指规模庞大、结构复杂、变量众多的信息与控制系统。它的研究对象、研究方法已超出了原有控制论的范畴，它还与运筹学、信息论、统计数学、管理科学等更广泛的范畴中与控制理论有机地结合起来。

智能控制是一种能更好地模仿人类智能的、非传统的控制方法。是针对控制系统(被控对象、环境、目标、任务)的不确定性和复杂性产生的不依赖于或不完全依赖于控制对象的数学模型，以知识、经验为基础，模仿人类智能的非传统控制方法。智能控制系统是指具有某些仿人智能的工程控制与信息处理系统，如智能机器人。智能控制和空间技术、原子能技术并列为 20 世纪 3 大科技成就的人工智能技术的发展，促进了自动控制理论向智能控制方向发展。它突破了传统的控制中对象有明确的数学描述和控制目标是可以数量化的限制。它采用的理论方法主要来自自动控制理论、人工智能、模糊集、神经网络和运筹学等学科分支。内容包括最优控制、自适应控制、鲁棒控制、神经网络控制、模糊控制、仿人控制、H^∞ 控制等；其控制对象可以是已知系统也可以是未知系统，大多数的控制策略不仅能抑制外界干扰、环境变化、参数变化的影响，且能有效地消除模型化误差的影响。

大系统理论和智能控制理论，尽管目前尚处在不断发展和完善过程中，但已受到广泛的重视和注意，并开始得到一些应用。

自动控制技术的应用，推动了控制理论的发展；而自动控制理论的发展、又指导了控制技术的应用，使其进一步完善。随着科学技术的发展，自动控制技术及理论已经广泛地应用于机械、冶金、石油、化工、电子、电力、航空、航海、航天、核反应堆等各个学科领域。近年来，控制科学的应用范围还扩展到生物、医学、环境、经济管理和其他许多社会生活领域，并为各学科之间的相互渗透起了促进作用。可以毫不夸张地说，自动控制技术和理论已经成为现代化社会的不可缺少的组成部分。尽管自动控制装置是各式各样的，它们的用途和具体结构也各不相同，但是它们的基本原理是一样的。自动控制原理阐述的是建立在各种自动控制装置基础之上的统一理论，是研究自动控制共同规律的基础理论。本书主要介绍经典控制理论的有关内容，以求为进一步深入学习自动控制有关课程及其他相关科学奠定良好的基础。

1.2 自动控制系统的组成

为了实现各种复杂的控制任务，首先要将被控对象和控制装置按照一定的方式连接起来，组成一个有机总体，这就是自动控制系统。在自动控制系统中，被控对象的输出量即被控量是要求严格加以控制的物理量，它可以要求保持为某一恒定值，例如温度、压力、位移等，也可以要求按照某个给定规律运行，例如飞行航迹、记录曲线等；而控制装置则是对被控对象施加控制作用的机构的总体，它可以采用不同的原理和方式对被控对象进行控制。在自动控制领域，为了提高控制质量，一般采用反馈的措施，所以基于反馈控制原理组成的反馈控制系统是最常用的自动控制系统。

1.2.1 控制系统的组成

在许多工业生产过程或生产设备运行中，为了维持正常的工作条件，往往需要对某些物理量（如温度、压力、流量、液位、电压、位移、转速等）进行控制，使其尽量维持在某个数值附近，或使其按一定规律变化；要满足这种需要，就应该对生产机械或设备进行及时的操作和控制，以抵

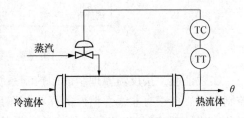

图 1-1 蒸汽加热器温度控制系统

消外界的扰动和影响。图 1-1 所示是一个蒸汽加热器温度控制系统。工艺上用蒸汽加热冷流体，要求热流体出口温度 θ 保持一定。若忽略热损失，当蒸汽带进的热量与热流体带出的热量相等时，热流体出口温保持在规定的数值上。由于冷流体流量、冷流体入口温度和蒸汽阀前压力等因素的波动，将会使出口温度下降或上升。为此设置一个温度控制系统，来控制蒸汽加热器出口温度。温度检测元件安装在蒸汽加热器热流体出口处，检测出口温度高低，检测信号经过温度变送器送至控制器。当出口温度与规定温度之间出现偏差时，控制器就立刻根据偏差数值和极性进行控制、开大或关小蒸汽阀门，使出口温度保持规定数值。

上述蒸汽加热器温度控制系统的控制过程为：加热器的温度通过温度计测量出来经温度变送器 TT 送至温度控制器 TC，与给定值比较，按比较的结果（偏差）进行一定的计算，然后带动控制阀移动，改变蒸汽量，以消除干扰使加热器的温度保持在给定值。

1. 自动控制系统中常用的名词术语

① 被控对象：要求实现自动控制的机器、设备或生产过程。如蒸汽加热器。

② 被控变量：被控对象内要求实现自动控制的物理量。如蒸汽加热器出口温度。

③ 控制量（操纵变量）：作为被控量的控制信号，加给自动控制系统的输入量；或消除

干扰的影响，实现控制作用的参数。如蒸汽流量。

④ 扰动信号：简称扰动或干扰，它与控制作用相反，是一种不希望的、影响系统输出的不利因素。扰动信号既可来自系统内部，又可来自系统外部，前者称内部扰动，后者称外部扰动。如冷流体温度、流量的变化等。

⑤ 执行机构：是使被控变量达到要求的装置。

⑥ 测量元件(检测装置)：用来检测被控量将其转换成与给定值相同的物理量。

⑦ 控制装置：即控制器，对被控对象控制作用的装置的总称。

2. 自动控制系统的组成

一般来说，一个简单控制系统由两大部分、四个环节组成：

① 两大部分：自动化装置(控制器、控制阀、测量变送)、被控对象；

② 四个环节：被控对象、控制器、控制阀、测量变送器。

任何一个自动控制系统都是由被控对象和相关控制元件构成的，自动控制系统根据被控对象和具体用途不同，可以有各种不同的结构形式，图 1-1 控制系统的组成结构如图 1-2 所示。

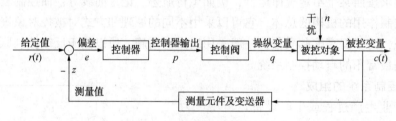

图 1-2　典型控制系统方块图

实践证明，按反馈原理组成的控制系统，往往不能完成任务。因为系统的内部存在不利控制因素。由于有非线性惯性的存在破坏系统正常工作，因此要加校正元件。可认为有被控对象、比较环节(包括测量元件、比较元件)放大元件、执行元件、校正元件组成，如图 1-3 所示。

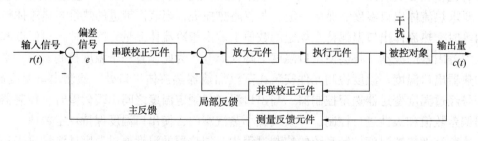

图 1-3　具有局部反馈控制系统结构图

图 1-3 所示各元件的职能如下：

① 测量反馈元件：用以测量被控量并将其转换成与输入量同一物理量后，再反馈到输入端以作比较。

② 放大元件：将微弱的信号作线性放大。

③ 校正元件：校正元件用来改善或提高系统的性能，常用串联或反馈的方式连接在系

统中。按某种函数规律变换控制信号能，并产生反映两者差值的偏差信号以利于改善系统的动态品质或静态性。

④ 执行元件：根据偏差信号的性质执行相应的控制作用，以便使被控量按期望值变化。

⑤ 被控对象：又称控制对象或受控对象，通常是指生产过程个需要进行控制的工作机械或生产过程。出现于被控对象中需要控制的物理量称为被控量。

1.2.2 控制系统的方块图

在研究自动控制系统时，为了更清楚地表示出一个自动控制系统中各个组成环节之间的相互关系和信号联系，便于对系统分析研究，一般采用方块图来表示控制系统的组成。控制系统的方块图是用来描述控制系统的一种方法，它是将系统中各个环节用带信号线来表示的直观图形。

图 1-1 蒸汽加热器温度控制系统可以用图 1-2 的方块图来表示。每个方块表示组成系统的一个部分，称为"环节"。两个方块之间用一条带有箭头的线段表示其信号的相互关系，箭头指向方块表示为这个环节的输入，箭头离开方块表示这个环节的输出。线旁的字母表示相互之间的作用信号。

用方块图表示系统的一个主要优点是它能定量地描述各个信号间的相互关系。定量的数学关系式常用传递函数，用符号 $G(s)$ 表示，并有注脚说明所属的组件，传递函数是用拉氏变换形式表示的输入对输出影响的关系式。图 1-4 是用传递函数表示蒸汽加热器温度控制系统的方块图。

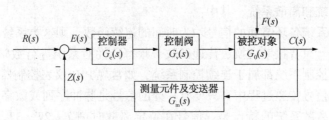

图 1-4 控制系统方块图

用方块图表示系统时，一般将系统的正向通路表示在上面，将系统的反馈回路表示在下面；如果一串信号的箭头都是从输入指向输出的，这一通路就叫做正向通路。如果是从输出指向输入的，亦即从输出返回到输入的，就叫做反馈回路。对于图 1-4 来说，系统的输出 $C(s)$ 经过测量而得到信号 $Z(s)$，并被送至比较元件与给定值进行比较的这一通路，就是系统的反馈回路。图中反馈信号 $Z(s)$ 旁边的"−"负号表示这是一个负反馈系统，若为"+"号，则为正反馈系统。一般只有负反馈才有可能改善控制系统的质量，正反馈是有害的。

在方块图中带箭头的直线代表信号。信号具有方向性，而且具有单向性。方块图中的每个环节都用带箭头的直线表示输入信号(指向环节)和输出信号(指离环节)，前一环节的输出信号作为后一环节的输入信号。对每一个方块或系统，输入和输出的因果关系是单方向的，即只有输入影响输出的变化，输出不会影响输入的变化。

1.3　控制系统的主要类型及控制方式

1.3.1　自动控制系统的分类

自动控制系统的种类繁多，应用范围很广泛，它们的结构、性能乃至控制任务也各不相同。因而分类方法很多，不同的分类原则会导致不同的分类结果。为便于学习，现仅介绍几种常见的分类方法。

1. 按描述元件的动态方程分类

可分为线性系统和非线性系统，其中：

线性系统：组成系统的全部元件都是线性元件，它们的输入-输出静态特性均为线性特性，可用一个或一组线性微分方程(或差分方程)来描述系统输入和输出之间的关系。线性控制系统的主要特征是具有齐次性和叠加性，而且系统的响应与初始状态无关。

非线性系统：在系统中只要有一个元器件的特性不能用线性微分方程描述其输入和输出关系，则称为非线性控制系统。非线性系统的特点在于系统中含有一个或多个非线性元件，非线性元件的输入-输出静态特性是非线性特性。例如饱和限幅特性、死区特性、继电特性或传动间隙等，凡含有非线性元件的系统均属非线性系统。非线性控制系统还没有一种完整、成熟、统一的分析法。通常对于非线性程度不很严重，或做近似分析时，均可用线性系统理论和方法来处理。非线性控制系统分析将在第7章专门讨论。

2. 按信号的传递是否连续分类

可分为连续系统和离散系统，其中：

连续系统：若系统各环节间的信号均为时间的连续函数，则这类系统称为连续系统。常采用线性微分方程、拉普拉斯变换、传递函数、频率特性对系统进行数学描述和性能分析。目前，大多数闭环控制系统都属于连续控制系统，如常规PID仪表控制器控制的系统。

离散系统：在信号传递过程中，只要有一处的信号是脉冲序列或数字编码时，这种系统就称为离散系统。离散系统的特点是：信号在特定离散时刻 T、$2T$、$3T$、$\cdots\cdots$ 是时间的函数，而在上述离散时刻之间，信号无意义(不传递)。系统中用脉冲开关或采样开关，将连续信号转变为离散信号。若离散信号取脉冲的系统又叫脉冲控制系统；若离散信号以数码形式传递的系统，又叫采样数字控制系统或数字控制系统。采样控制系统常用差分方程、Z 变换、脉冲传递函数、频率特性对系统进行数学描述和性能分析。

3. 按系统的参数是否随时间而变化分类

可分为定常系统和时变系统，其中：

定常系统：如果系统中的参数不随时间变化，则这类系统称为定常系统。多数是属于这类系统，或可以合理地近似成这类系统。

时变系统：如果系统中的参数是时间的函数，则这类系统称为时变系统。

4. 按系统输入/输出数量分类

可分为单变量控制系统和多变量控制系统，其中：

单变量控制系统：如果一个系统的被控变量和作用被控对象的控制量均只有1个，那么这类系统称为单变量控制系统，也称为单输入单输出(SISO)控制系统，如图1-1所示蒸汽加热器温度控制系统。

多变量控制系统：被控变量和作用控制对象的控制量都多于 1 个，且各控制回路之间有耦合关系，这类系统称为多变量控制系统，也称为多输入多输出（MIMO）控制系统。如广泛应用于化工行业使液态混合物各成分物质分离的精馏塔系统则为多变量控制系统。

5. 按给定值特征分类

可分为定值控制系统、随动控制系统和程序控制系统，其中：

（1）定（恒）值控制系统（又称自动调整系统）

给定值是恒定不变，故称为恒值。由于扰动的出现，将使被控量偏离期望恒值而出现偏差，但定值系统能根据偏差的性质产生控制作用，使被控量以一定的精度回复到期望值附近。水位控制系统及转速闭环控制系统均为恒值控制系统。此外，生产过程中广泛应用的温度、压力、流量等参数的控制，多半是采用恒值控制系统来实现的。

① 特点：控制信号是常量。

② 目的：补偿干扰，使系统输出保持恒值。

（2）随动系统（又称伺服系统）

给定值是随时间变化的未知函数。控制系统能使被控量以尽可能高的精度跟随给定值的变化。随动系统也能克服扰动的影响，但一般说来，扰动的影响是次要的。许多自动化武器是由随动系统装备起来的，如鱼雷的飞行、炮瞄雷达的跟踪、火炮、导弹发射架的控制等等。民用工业中的船舶自动舵、数控切割机以及多种自动记录仪表等，均属随动系统之列。

① 特点：使被控对象跟踪给定值的变化。

② 目的：解决跟踪。

（3）程序控制系统

给定值是随时间变化的已知函数。加热处理炉温度控制系统中的升温、保温、降温等过程，都是按照预先设定的规律（程序）进行控制的。又如间歇反应、机械加工中的程序控制机床、加工中心均是典型的例子。

随着计算机应用技术的迅猛发展，为数众多的自动控制系统都采用数字计算机作为控制手段，当计算机引入控制系统之后，控制系统就由连续系统变成离散系统了。因此，随着数字计算机在自动控制中的广泛应用，离散系统理论得到迅速发展。

1.3.2 控制的基本方式

控制的基本方式常见有以下几种方式：①开环（开式）；②闭环（闭式）；③复合式。

1. 开环控制

指组成系统的控制装置与被控对象之间只有正向控制作用，而没有反向联系的控制，即系统的输出量对控制量没有影响。若系统的被控制量对系统的控制作用没有影响，则此系统叫开环控制系统。

例如，炉温控制系统如图 1-5 所示，电加热系统的控制目标是，通过改变自耦变压器滑动端的位置，来改变电阻炉的温度，并使其恒定不变，从而使炉温保持在希望的范围内。开环控制系统的方框示意图如图 1-6 所示，图中输出量亦称输出信号，是被控对象的某一被控参数。输入量亦称输入信号，它是用来控制系统输出量的控制信号。而控制量是控制器的输出量，同时也是被控对象的输入量。系统的输入量是通过改变控制量而实现对系统的输出量进行控制的。

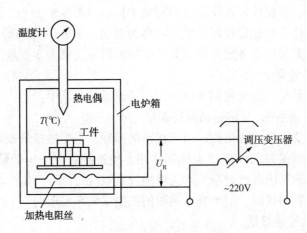

图 1-5　炉温自动控制系统示意图

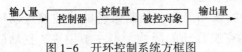

图 1-6　开环控制系统方框图

若工作条件变化大，如炉门的开闭引起炉温降低偏离希望值，所以炉温偏差一般无法自动修正。

① 特点：系统结构和控制过程简单，稳定性好，调试方便，成本低。在开环控制系统中，对于每一个输入量，就有一个与之对应的输出量。系统的控制精度完全取决于组成系统的各个元器件的精度。当系统所受到的干扰影响不大，并且控制精度要求不高时，可采用开环控制方式。

② 缺点：对无法预测的干扰难以控制；要求部件质量高时，难以保证。

③ 总结：开环系统的控制精度将取决于控制器及被控对象的参数稳定性。也就是说，欲使开环控制系统具有满足要求的控制精度，则系统各部分的参数值，在工作过程中，都必须严格保持在事先要求的量值上，这就必须对组成系统的元部件质量提出严格的要求。当出现干扰时，开环控制系统就不能完成既定的控制任务，因为开环控制系统不能辨认是起控制作用的控制信号，还是起妨碍控制作用的干扰信号，只要有外加的输入信号就会引起被控制信号的变化(系统内部参数的变化同样会引起不需要的被控制信号的变化)，这就是说开环控制系统没有抗干扰能力。

2. 闭环控制

指组成系统的控制装置与被控对象之间，不仅存在着正向控制作用，而且存在着反向联系的控制，即系统的输出量对控制量有直接影响。

① 反馈：将检测出来的输出量送回到系统的输入端，并与输入信号比较的过程称为反馈。

② 负反馈：若反馈信号与输入信号相减，则称为负反馈。

③ 正反馈：反之，若相加，则称为正反馈。

闭环控制系统的偏差信号作用于控制器上，使系统的输出量趋于要求的数值。闭环控制的实质就是利用负反馈的作用来减小系统的误差，因此闭环控制又称为反馈控制。

闭环控制系统的方框示意图如图 1-7 所示。图中，偏差量为输入量与反馈量之差。

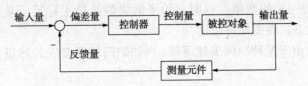

图 1-7　闭环控制系统方框图

① 特点：闭环系统对扰动有补偿，抵抗的能力。能用精度低的元件组成精度较高的控制系统。

② 结论：从系统的稳定性来考虑，开环控制系统容易解决，因而不是十分重要的问题。但对闭环控制系统来说，稳定性始终是一个重要问题。因闭环控制系统可能引起超调，从而造成系统振荡，甚至使得系统不稳定。

开环控制系统结构简单，容易建造，成本低廉，工作稳定。一般说来，当系统控制量的变化规律能预先知道，并且对系统中可能出现的干扰，可以有办法抑制时，采用开环控制系统是有优越性的，特别是被控制量很难进行测量时更是如此。目前，用于国民经济各部门的一些自动化装置，如自动售货机、自动洗衣机、产品生产自动线及自动车床等，一般都是开环控制系统。用于加工模具的线切割机也是开环控制的很好一例。只有当系统的控制量和干扰量均无法事先预知的情况下，采用闭环控制才有明显的优越性。如果要求实现复杂而准确度较高的控制任务，则可将开环控制与闭环控制适当结合起来，组成一个比较经济而性能较好的控制系统。

【例 1】图 1-8 为工业炉温闭环控制系统的工作原理图。分析系统的工作原理，指出被控对象、被控量和给定量，画出系统方框图。

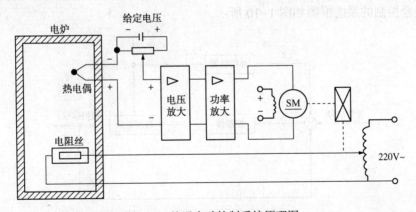

图 1-8　炉温自动控制系统原理图

解：加热炉采用电加热方式运行，加热器所产生的热量与调压器电压 u_c 的平方成正比，u_c 增高，炉温就上升，u_c 的高低由调压器滑动触点的位置所控制，该触点由可逆转的直流电动机驱动。炉子的实际温度用热电偶测量，输出电压 u_f。u_f 作为系统的反馈电压与给定电压 u_r 进行比较，得出偏差电压 u_e，经电压放大器、功率放大器放大成 u_a 后，作为控制电动机的电枢电压。

在正常情况下，炉温等于某个期望值 $T\,℃$，热电偶的输出电压 u_f 正好等于给定电压 u_r。

此时，$u_e = u_r - u_f = 0$，故 $u_1 = u_a = 0$，可逆电动机不转动，调压器的滑动触点停留在某个合适的位置上，使 u_c 保持一定的数值。这时，炉子散失的热量正好等于从加热器吸取的热量，形成稳定的热平衡状态，温度保持恒定。

当炉膛温度 T℃ 由于某种原因突然下降(例如炉门打开造成的热量流失)，则出现以下的控制过程：

控制的结果是使炉膛温度回升，直至 T℃ 的实际值等于期望值为止。

$$\rightarrow T℃ \downarrow \rightarrow u_f \downarrow \rightarrow u_e \uparrow \rightarrow u_1 \uparrow \rightarrow u_a \uparrow \rightarrow \theta \uparrow \rightarrow u_c \uparrow \rightarrow T℃ \uparrow$$

系统中，加热炉是被控对象，炉温是被控量，给定量是由给定电位器设定的电压 u_r (表征炉温的希望值)。系统方框图见图1-9。

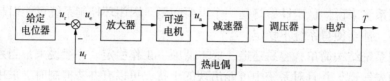

图1-9　炉温自动控制系统方框图

3. 复合控制

开环控制和闭环控制方式各有优缺点，在实际工程中应根据工程要求及具体情况来决定采用何种控制方式。如果事先预知给定值的变化规律，又不存在外部和内部参数的变化，则采用开环控制较好。如果对系统外部干扰无法预测，系统内部参数又经常变化，为保证控制精度，采用闭环控制则更为合适。如果对系统的性能要求比较高，为了解决闭环控制精度与稳定性之间的矛盾，可以采用开环控制与闭环控制相结合的复合控制系统或其他复杂控制系统。

复合控制是在闭环控制的基础上增加一个干扰信号的补偿控制，以提高控制系统的抗干扰能力。复合控制的系统框图如图1-10所示。

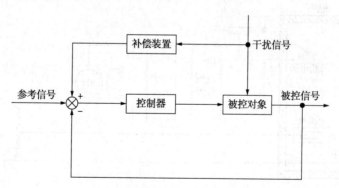

图1-10　复合控制系统方框图

补偿装置增加干扰信号的补偿控制作用，可以在干扰对被控量产生不利影响的同时及时提供控制作用以抵消此不利影响。纯闭环控制则要等待该不利影响反映到被控信号之后才引起控制作用，对干扰的反应较慢；但如果没有反馈信号回路，按干扰进行补偿控制时，则只有顺馈控制作用，控制方式相当于开环控制，被控量又不能得到精确控制。两者的结合既能得到高精度控制，又能提高抗干扰，因此获得广泛的应用。当然，采用这种复合控制的前提是干扰信号可以测量到。

1.4　对控制系统的基本要求

1.4.1　对自动控制系统的基本要求

要提高控制质量，就必须对自动控制系统的性能提出一定的具体要求。由于各种自动控制系统的被控对象和要完成的任务各不相同，故对性能指标的具体要求也不一样。但总的来说，都是希望实际的控制过程尽量接近于理想的控制过程。工程上把控制性能的要求归纳为稳定性、快速性和准确性三个方面。

对反馈控制系统最基本的要求是工作的稳定性，同时对准确性（稳态精度）、快速性及阻尼程度也要提出要求。上述要求通常是通过系统反应特定输入信号的过渡过程，及稳态的一些特征值来表征的。过渡过程是指反馈控制系统的被控制量 $c(t)$ 在受到控制量或干扰量作用时，由原来的平衡状态（或叫稳态）变化到新的平衡状态时的过程。

1. 稳定性

稳定性是指系统重新恢复平衡状态的能力。任何一个能够正常运行的控制系统，必须是稳定的。由于闭环控制系统有反馈作用，故控制过程有可能出现振荡或不稳定。一般来讲控制系统要求动态过程震荡要小，过大波动，会导致运动部件超载、松动和破坏。

在单位阶跃信号作用下，控制系统的过渡过程曲线如图 1-11 所示。如果系统的过渡过程曲线 $c(t)$ 随着时间的推移而收敛（振荡收敛见图中的曲线①；单调收敛见图中的曲线②）则系统稳定；若发散（单调发散见图中的曲线④；振荡发散见图中的曲线③），此时系统便不可能达到平衡状态，把这类系统叫做不稳定系统。显然，不稳定系统在实际中是不能应用的。

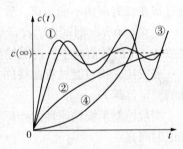

图 1-11　控制系统的过渡过程曲线

2. 快速性

快速性指动态过程进行的时间（过渡过程），如果控制系统动态过程进行得慢，则系统长久出现大偏差，影响质量，也说明系统响应迟钝。

由于系统的对象和元件通常具有一定的惯性，并受到能源功率的限制，因此，当系统输入（给定输入或扰动输入）信号改变时，在控制作用下，系统必然由原先的平衡状态经历一段时间才过渡到另一个新的平衡状态，这个过程称为过渡过程。过渡过程越短，表明系统的快速性越好。快速性是衡量系统质量高低的重要指标之一。

3. 准确性

准确性指误差，它反映系统的稳态精度，说明了系统的准确程度。控制系统的稳态精度表征系统的稳态品质。我们把被控制信号的希望值 $c(t)$ 与稳态值 $c(\infty)$ 之差叫做稳态误差。稳态误差和静差是表征系统稳态精度的一项性能指标。但也应注意：

① 对于一个控制系统，体现稳定性、动态特性和稳态特性的稳、快、准这三个指标要求是相互制约的。提高响应的快速性，可能会引起系统的强烈振荡。

② 改善控制系统的相对稳定性，则可能会使控制过程时间延长，反应迟缓以及精度变差。

③ 提高控制系统的稳态精度，则可能会引起动态特性（平稳性及过渡过程时间）变坏。

1.4.2 衡量控制系统工作质量的指标

控制系统在单位阶跃信号作用下的衰减过渡过程曲线如图1-12所示。

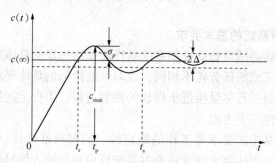

图1-12　单位阶跃信号作用下衰减过渡过程曲线

衡量控制系统稳定性能的指标主要有超调量σ_p和衰减比n及振荡次数N。σ_p定义如下式

$$\sigma_p = \frac{c(t_p) - c(\infty)}{c(\infty)}$$，而σ_p越小，说明在过渡过程中引起的超调越小。

值得注意的是超调现象严重不仅使组成系统的各个元件处于恶劣的工作条件下，而且过渡过程在长时间内不能结束，致使系统的误差不能很快地减小到允许范围之内。

定义在$0<t<t_s$时间内，$c(t)$穿越$c(\infty)$水平线的次数的一半为控制系统过渡过程的振荡次数N。N的数值越小，说明控制系统的阻尼性能越好。

衰减比n指过渡过程曲线同方向相邻两个波峰之比，衰减比n越大，振荡越小，控制系统的稳定性越好。

衡量控制系统快速性的指标主要有过渡过程时间t_s，上升时间t_r及超调时间t_p(t_p也称为峰值时间)。

t_s越小，说明系统从一个平衡状态过渡到另一个平衡状态所需的时间越短，反之则越长。因此，t_s是表征系统反应输入信号速度的性能指标。

有时还通过过渡过程达到第一个极值所需要的时间t_p(t_p称为峰值时间)以及上升时间t_r来衡量控制系统进行的快慢。t_r和t_p越小，说明系统的快速性越好。

衡量控制系统准确性的指标只有稳态误差e_{ss}，而且是唯一的一个静态指标。对一个稳定的系统而言，当过渡过程结束后稳态误差，它是衡量系统稳态精度的重要指标。系统输出量的实际值与期望值之差称为稳态误差，稳态误差e_{ss}越小系统的准确性越高。

对于同一系统，稳、快、准是相互制约的。过分提高过程的快速性，可能会引起系统强烈的振荡。而过分追求稳定性，又可能使系统反应迟钝，最终导致准确度变坏。一般来讲对随动控制系统要求要快，调速系统要稳。如何分析与解决这些矛盾，这便是本学科研究的重要内容。

本 章 小 结

（1）自动控制就是在没有人直接参与的情况下，利用控制装置使被控对象的某些物理量自动地按照预定的规律运行或变化。能实现自动控制的系统称为自动控制系统。自动控制系统涉及的范围很广。凡是没有人直接参与的控制系统都称为自动控制系统。它可以是一个物理系统，也可以是一个经济系统或社会系统。

（2）自动控制系统由两大部分组成，即被控对象和自动化装置。可以用方块图来描述控制系统的组成。

（3）控制系统按照不同的分类标准可分成不同的类型，如按给定值的不同分成定值控制系统、随动控制系统、程序控制系统等。

（4）开环控制和闭环控制是自动控制的两种最基本方式。它们的本质区别在于开环控制系统的输出量对控制量无影响，而闭环控制系统的输出量对控制量产生影响。

由于闭环控制系统(反馈控制系统)的控制精度比开环控制系统高得多，因此闭环控制系统得到了广泛的应用。

（5）稳定性、平稳性、快速性和准确性是对自动控制系统的基本要求。一个自动控制系统的最基本要求是稳定性，然后进一步要求快速性和准确性，当后两者存在矛盾时，设计自动控制系统要兼顾两方面的要求。

习 题

题1-1 什么是自动控制？什么是自动控制系统？

题1-2 自动控制系统通常由哪些环节组成？用系统的方块图来表示控制系统的组成，说明各环节在控制过程中的功能。

题1-3 图1-13为一反应器温度控制系统示意图。A、B两种物料进入反应器进行反应，通过改变进入夹套的冷却水流量来控制反应器内的温度不变。TC代表温度控制器。试画出该温度控制系统的方块图，并指出系统中的被控对象、被控变量、控制量及可能的干扰是什么？并说明为保持反应器温度为期望值，系统是如何工作的？

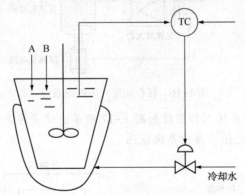

图1-13 反应器温度控制系统

题1-4 图1-14为一锅炉汽包液位控制系统示意图。工艺要求保证锅炉汽包液位保持恒定，通过改变供水流量来保持液位不变。LC代表液位控制器。指出系统的输入量和被控变量，区分控制对象和控制器。画出该液位控制系统的方块图，并说明系统是怎样出现偏差、检测偏差和消除偏差的。

题1-5 说明定值控制系统和随动控制系统有什么不同。

题1-6 什么是开环控制？什么是闭环控制？试比较开环控制系统和闭环控制系统的优缺点。

题1-7 图1-15是仓库大门自动控制系统原理示意图。试说

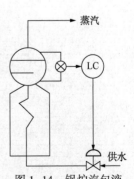

图1-14 锅炉汽包液位控制系统

明系统自动控制大门开、闭的工作原理，并画出系统方框图。

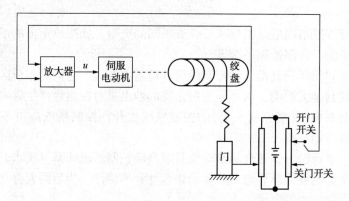

图 1-15　仓库大门自动开闭控制系统

题 1-8　衡量一个自动控制系统的性能指标通常有哪些？它们是怎样定义的？对自动控制系统最基本的要求是什么？

题 1-9　图 1-16 所示为转台速度闭环控制系统，当系统受转台负载扰动的影响使转台速度发生变化，试分析说明系统的调节过程，并画出系统方框图。

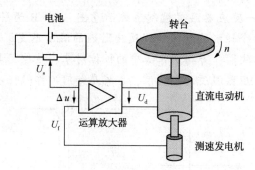

图 1-16　转台速度开闭控制系统

题 1-10　电冰箱制冷系统工作原理如图 1-17 所示。试简述系统的工作原理，指出系统的被控对象、被控量和给定值，画出系统框图。

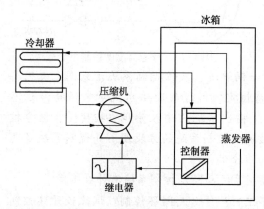

图 1-17　电冰箱制冷系统

第2章 控制系统的数学模型

系统的数学模型是对系统进行定量分析的基础和出发点。本章主要介绍由微分方程、传递函数和系统框图建立自动控制系统的数学模型。其他形式的数学模型，如频率特性、离散系统的数学模型将在后面有关章节介绍。本章主要内容包括系统微分方程的建立、传递函数的定义与性质、系统框图的建立、信号流图的建立、等效变换及化简、系统各种传递函数的求取以及典型环节的数学模型。

2.1 控制系统的微分方程数学模型

对自动控制系统的研究包括系统分析和系统设计，前提是建立系统的数学模型。许多表面上完全不同的系统(如机械系统、电气系统、液压系统和经济学系统等)却可能具有完全相同的数学模型，数学模型表达了这些系统的共性。所以研究通了一种数学模型，也就完全了解具有这种数学模型的各种各样系统的特性。因此数学模型建立以后，研究系统主要就是研究系统所对应的数学模型，而不再涉及实际系统的物理性质和具体特点。

2.1.1 数学模型

(1) 数学模型：描述系统中各变量间的关系的数学表达式。具体地说是系统(对象、环节)输出参数对输入参数的响应用一数学方程式表示。

(2) 建模意义：数学模型的建立和简化是定量或定性分析和设计控制系统的基础。也是目前许多学科向纵深发展共同需要解决的问题。

(3) 建模方法：建立系统的数学模型一般采用解析法或实验法(又称辨识)。所谓解析法(又称理论建模)就是根据系统或元件各变量之间所遵循的物理、化学等各种科学规律，用数学形式表示和推导变量间的关系，从而建立数学模型。实验法是人为地给系统施加某种测试信号，记录其输出响应，并用适当的数学模型去逼近，这种方法又称为系统辨识。近些年来，系统辨识已发展成一门独立的学科分支。本章主要采用解析法建立系统的数学模型。

2.1.2 控制系统微分方程式的建立

控制系统中的输出量和输入量通常都是时间的函数。很多常见的元件或系统的输出量和输入量之间的关系都可以用一个微分方程表示，方程中含有输出量、输入量及它们各自导数或积分。这种微分方程又称为动态方程或运动方程。微分方程的阶数一般是指方程中最高导数项的阶数，又称为系统的阶数。

对于单输入-单输出线性定常参数系统，采用下列微分方程来描述

$$a_n \frac{d^n c(t)}{dt^n} + a_{n-1} \frac{d^{n-1} c(t)}{dt^{n-1}} + \cdots + a_1 \frac{dc(t)}{dt} + a_0 c(t)$$

$$= b_m \frac{d^m r(t)}{d^m t} + b_{m-1} \frac{d^{m-1} r(t)}{d^{m-1} t} + \cdots + b_1 \frac{dr(t)}{dt} + b_0 r(t) \qquad (n \geqslant m) \qquad (2-1)$$

式中 $r(t)$——系统输入量；

$c(t)$——系统输出量。

用解析法列写微分方程的一般步骤是：

(1) 根据要求，确定输入量和输出量。

(2) 列写原始方程组。根据系统中元件的具体情况，按照它们所遵循的科学规律，围绕输入量、输出量及有关量，构成微分方程组。对于复杂的系统，不能直接写出输出量和输入量之间的关系式时，可以增设中间变量。

(3) 消去中间变量，整理出只含有输入量和输出量及其导数的方程。

(4) 标准化，一般将输出量及其导数放在方程式左边，将输入量及其导数放在方程式右边，各导数项按阶次由高到低的顺序排列。

列写微分方程的关键是元件或系统所涉及学科领域的有关规律而不是数学本身。但求解微分方程需要同样的数学工具。

下面通过几个例子，说明如何列写系统或元件的微分方程式。这里所举的例子都属于简单系统，实际系统往往是很复杂的。

【例 2-1】 试列写图 2-1 所示 RC 无源网络的微分方程，其中 $u_i(t)$ 为输入变量，$u_o(t)$ 为输出变量。

解：$u_i(t)$ 为输入变量，$u_o(t)$ 为输出变量

根据 KVL：

$$u_i(t) = i(t)R + u_o(t)$$

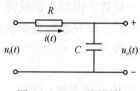

图 2-1   RC 无源网络

$$i(t) = C\frac{\mathrm{d}u_o(t)}{\mathrm{d}t} \tag{2-2}$$

消去上式中的中间变量 $i(t)$，得

$$u_i(t) = RC\frac{\mathrm{d}u_o(t)}{\mathrm{d}t} + u_o(t) \tag{2-3}$$

整理得

$$RC\frac{\mathrm{d}u_o(t)}{\mathrm{d}t} + u_o(t) = u_i(t) \tag{2-4}$$

【例 2-2】 试列写图 2-2 所示 RLC 无源网络的微分方程，其中 $u_r(t)$ 为输入变量，$u_c(t)$ 为输出变量。

解：这是一个电学系统，根据基尔霍夫定律可写出

$$u_r(t) = Ri(t) + L\frac{\mathrm{d}i(t)}{\mathrm{d}t} + u_c(t) \tag{2-5}$$

$$i(t) = c\frac{\mathrm{d}u_c(t)}{\mathrm{d}t} \tag{2-6}$$

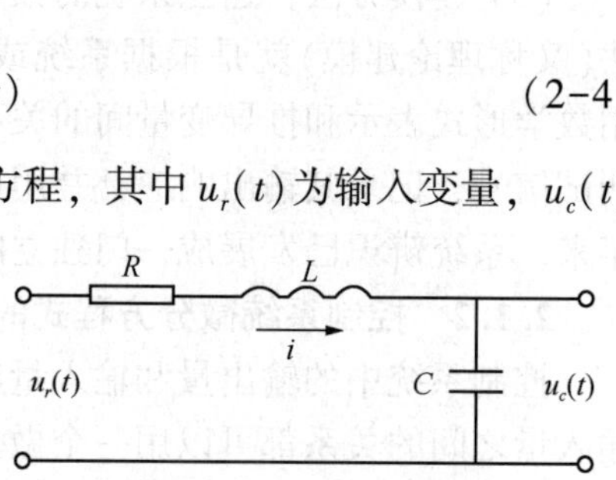

图 2-2   RLC 无源网络

将式(2-6)代入式(2-5)消去中间变量 $i(t)$，整理可得

$$LC\frac{\mathrm{d}^2u_c(t)}{\mathrm{d}t^2} + RC\frac{\mathrm{d}u_c(t)}{\mathrm{d}t} + u_c(t) = u_r(t) \tag{2-7}$$

假定 R，L，C 都是常数，则上式即为二阶线性常系数微分方程。

可令

$$T^2 = LC$$

$$2\zeta T = RC$$

或
$$T = \sqrt{LC} \ , \quad \zeta = R\sqrt{C}/(2\sqrt{L}) \tag{2-8}$$

将式(2-8)代入式(2-7)并整理，可得如下标准形式

$$T^2 \frac{d^2 u_c(t)}{dt^2} + 2\zeta T \frac{du_c(t)}{dt} + u_c = u_r \tag{2-9}$$

同样若令 $T = 1/\omega_n$ ，可将上式表示为另一种标准形式

$$\frac{d^2 u_c(t)}{dt^2} + 2\zeta\omega_n \frac{du_c(t)}{dt} + \omega_n^2 u_c = \omega_n^2 u_r$$

【例 2-3】 求直流电动机的微分方程。直流电动机电路如图 2-3 所示。

解： 直流电动机它是直流调速系统的控制对象，主要分析改变电枢电压 u_a 对电动机转速 n 的影响。因此电枢电压 u_a 为输入量，转速 n 为输出量，而将负载转矩 T_L 作为电动机的外扰动量。

直流电动机各物理量间的基本关系如下：

$$u_a = i_a R_a + L_a \frac{di_a}{dt} + e$$

$$T_e = K_T \Phi i_a$$

$$T_e - T_L = J_G \frac{dn}{dt}$$

$$e = K_e \Phi n$$

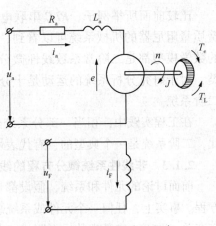

消去中间变量 i_a 、 T_e 、 e 并且予以标准化后，得

$$T_m T_d \frac{d^2 n}{dt^2} + T_m \frac{dn}{dt} + n = \frac{1}{K_e \Phi} u_a - \frac{R_a}{K_e K_T \Phi^2} (T_d \frac{dT_L}{dt} + T_L)$$

式中
$$T_m = \frac{J_G R_d}{K_e K_T \Phi^2}$$ ——电动机的机电时间常数

$$T_d = \frac{L_d}{R_d}$$ ——电枢回路的电磁时间常数

图 2-3 直流电动机电路

若不考虑电动机的负载转矩 T_L ，即设 $T_L = 0$ ，则有

$$T_m T_d \frac{d^2 n}{dt^2} + T_m \frac{dn}{dt} + n = \frac{1}{K_e \Phi} u_a$$

【例 2-4】 机械振动系统（弹簧-质量-阻尼器系统），如图 2-4 所示。弹簧常数为 k ，质量为 m ，阻尼系数为 f ，设系统的输入量为外作用力 f_r ，输出量为质量块的位移 x_c ，试写出外力 f_r 与质量位移 x_c 之间的动态方程。

解： 根据机械系统中的基本定律——牛顿定律，则有

$$f_r(t) - kx_c(t) - f \frac{dx_c}{dt} = m \frac{d^2 x_c}{dt^2}$$

或

$$m \frac{d^2 x_c}{dt^2} + f \frac{dx_c}{dt} + kx_c(t) = f_r(t) \tag{2-10}$$

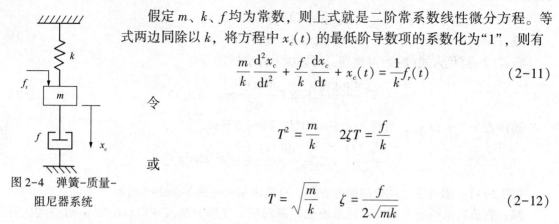

假定 m、k、f 均为常数，则上式就是二阶常系数线性微分方程。等式两边同除以 k，将方程中 $x_c(t)$ 的最低阶导数项的系数化为"1"，则有

$$\frac{m}{k}\frac{\mathrm{d}^2 x_c}{\mathrm{d}t^2} + \frac{f}{k}\frac{\mathrm{d}x_c}{\mathrm{d}t} + x_c(t) = \frac{1}{k}f_r(t) \qquad (2\text{-}11)$$

令

$$T^2 = \frac{m}{k} \qquad 2\zeta T = \frac{f}{k}$$

或

$$T = \sqrt{\frac{m}{k}} \qquad \zeta = \frac{f}{2\sqrt{mk}} \qquad (2\text{-}12)$$

图 2-4　弹簧-质量-阻尼器系统

将式(2-12)代入式(2-11)，得

$$T^2 \frac{\mathrm{d}^2 x_c}{\mathrm{d}t^2} + 2\zeta T \frac{\mathrm{d}x_c}{\mathrm{d}t} + x_c(t) = \frac{1}{k}f_r(t) \qquad (2\text{-}13)$$

比较前面所举例子，RLC 串联电路的电气系统，电枢控制的直流电机的机电系统，弹簧质量阻尼器的机械系统可以看到，虽然它们的物理性质各不相同，但是描述它们运动的数学模型都是二阶常系数线性微分方程。这也充分说明，按运动方程式将系统进行分类，对于研究分析系统的运动是十分有利地。通常把用二阶微分方程描述的系统简称为二阶系统。

在工程实践中，相当一部分系统经过简化以后可以近似的用二阶微分方程来描述。因此，二阶系统是一个典型的、有代表性的系统，我们将给予比较深入地研究。

2.1.3　非线性系统微分方程的线性化

前面讨论的元件和系统，假设都是线性的，因而，描述它们的数学模型也都是线性微分方程。事实上，任何一个元件或系统总是存在一定程度的非线性。例如，弹簧的刚度与其形变有关，并不一定是常数；电阻 R、电感 L、电容 C 等参数值与周围环境(温度、湿度、压力等)及流经它们的电流有关，也不一定是常数；电动机本身的摩擦、死区等非线性因素会使其运动方程复杂化而成为非线性方程等。严格地说，实际系统的数学模型一般都是非线性的，而非线性微分方程没有通用的求解方法。因此，在研究系统时总是力图将非线性问题在合理、可能的条件下简化为线性问题处理。工程系统中很多非线性特性都可以在一定的条件下近似做线性特性处理。如果做某些近似或缩小一些研究问题的范围，可以将大部分非线性方程在一定的工作范围内近似用线性方程来代替，这样就可以用线性理论来分析和设计系统。虽然这种方法是近似的，但它便于分析计算，在一定的工作范围内能反映系统的特性，在工程实践中具有实际意义。

非线性特性线性化的基本思路是当控制系统工作在一个平衡状态附近时，在平衡状态处将非线性特性展开成泰勒级数表示，若系统在工作中满足偏离静态工作点不大的条件，则可忽略泰勒级数展开式中那些偏差的非线性项，用只含有偏差线性项的关系式近似表示工作点附近的非线性特性。几何上表现为在静态工作点处的小范围内用工作点处的切线代替实际的非线性特性曲线来对系统进行分析。

【例 2-5】　图 2-5 是一个液体贮槽的示意图。液体经容器上部阀 1 流入贮槽，并经底部阀 2 流出，其流量分别为 q_1 和 q_2。试列写以 q_1 为输入量，液位 h 为输出量的微分方程。

解：若某一时刻阀 1 的开度突然增大，输入量流量增加，必将导致输出量液位 h 上升，从而使流出量 q_2 也相应增加。我们可对贮槽列出物料平衡方程，得出输出量液位 h 与输入量 q_1 之间的关系：

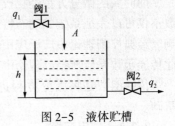

图 2-5　液体贮槽

$$\frac{\mathrm{d}V}{\mathrm{d}t} = q_1 - q_2$$

式中，$\dfrac{\mathrm{d}V}{\mathrm{d}t}$ 表示单位时间内贮槽中液体的变化量，若贮槽

的横截面 A 不变，则有 $\dfrac{\mathrm{d}V}{\mathrm{d}t} = A\dfrac{\mathrm{d}h}{\mathrm{d}t}$；

在式中，液体输入量 q_1 在阀前压力恒定的情况下，仅与阀的开度有关；而流出量 q_2 除与阀的流通面积有关，还与液位 h 有关，根据流体力学可知

$$q_2 = \alpha f \sqrt{h}$$

其中 α 是阀的节流系数，当流量不大时可近似为常数。将 q_2 代入式中整理得：

$$A\frac{\mathrm{d}h}{\mathrm{d}t} + \alpha f \sqrt{h} = q_1$$

上式就是用来描述液位过程动态特性的数学表达式，它是一个一阶常系数非线性微分方程。这个非线性特性是液体流出量与液位和阀的流通面积之间的非线性关系，即：

$q_2 = \alpha f \sqrt{h}$，设平衡工作点为 (q_{20}, f_0, h_0)，在平衡工作点的某个邻域内展开为泰勒级数，并忽略二次及高次项，则有下列近似表达：

$$q_2 = \alpha f \sqrt{h} = q_{20} + \left.\frac{\partial q_{20}}{\partial h}\right|_{\substack{h=h_0 \\ f=f_0}} (h - h_0) + \left.\frac{\partial q_{20}}{\partial f}\right|_{\substack{f=f_0 \\ h=h_0}} (f - f_0) = q_{20} + \frac{1}{2}\alpha f \sqrt{\frac{1}{h_0}}\Delta h + \alpha \sqrt{h_0}\,\Delta f$$

其中 $\dfrac{1}{2}\alpha f \sqrt{\dfrac{1}{h_0}}\Delta h$ 表示由于液位变化引起的流出量的变化，记为 $\dfrac{1}{R}\Delta h$（R 称为阻力系数），$\alpha \sqrt{h_0}\,\Delta f$ 表示由于阀开度变化即控制作用而引起的流出量的变化，记为 $k\Delta f$。

将线性化的式子代入得：$A\dfrac{\mathrm{d}h}{\mathrm{d}t} + q_{20} + kf + \dfrac{1}{R}\Delta h = q_{10} + \Delta q_1$

写成增量形式并整理得：$A\dfrac{\mathrm{d}\Delta h}{\mathrm{d}t} + \dfrac{1}{R}\Delta h = \Delta q_1 - k\Delta f$

这就是液位系统以增量形式表示的近似线性化数学模型。

2.2　传递函数

在控制理论中，为了描述线性定常系统及组成环节的动态特性，除了用线性常系数微分方程外，另一种常用的形式-传递函数。微分方程是在时域中描述系统动态过程的数学模型，在给定外作用及初始条件下，求解微分方程可以得到系统输出响应的全部时间信息。这种方法直观、准确，但是如果系统的结构改变或某个参数变化时，就要重新列写并求解微分

方程，不便于对系统分析和设计。

而时域的微分方程经拉氏变换后转化为易处理的复域的数学模型——传递函数。传递函数不仅可以表征系统的动态特性，而且可以用来研究系统的结构或参数变化对系统性能的影响。经典控制理论中广泛应用的根轨迹法和频域法，就是以传递函数为基础建立起来的，因此传递函数是经典控制理论中最基本也是最重要的数学模型。

传递函数是将微分方程进行拉氏变换后得到的，所以拉氏变换成为控制理论的数学基础。

2.2.1　拉氏变换

1. 定义

$$F(s) = L[f(t)] = \int_0^\infty f(t) e^{-st} dt$$

其中，原来的实变量函数 $f(t)$——原函数，t 为时间变量；

变换后的复变量函数 $F(s)$——象函数，s 为复变量，$s = \sigma + j\omega$；

$f(t)$ 和 $F(s)$ 之间具有一一对应的关系。另外，拉氏变换有逆运算

$$L^{-1}[F(s)] = f(t) = \frac{1}{2\pi j} \int_0^{\sigma+j\infty} F(s) e^{st} ds$$

上式为 $F(s)$ 的拉氏反变换。

2. 典型函数的拉氏变换

（1）单位阶跃函数

$$f(t) = 1(t) = \begin{cases} 1 & t \geq 0 \\ 0 & t < 0 \end{cases}$$

对应的拉氏变换式：$F(s) = \dfrac{1}{s}$

单位阶跃函数输入输出关系曲线如图 2-6 所示。

（2）单位斜坡函数

$$f(t) = \begin{cases} t & t \geq 0 \\ 0 & t < 0 \end{cases}$$

对应的拉氏变换式：$F(s) = \dfrac{1}{s^2}$

单位斜坡函数输入输出关系曲线如图 2-7 所示。

若 $f(t) = t^n$，对应的拉氏变换式：$F(s) = \dfrac{n!}{s^{n+1}}$

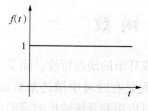

图 2-6　单位阶跃函数

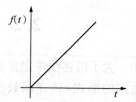

图 2-7　单位斜坡函数

（3）单位加速度函数

$$f(t) = \begin{cases} \dfrac{1}{2}t^2 & t \geqslant 0 \\ 0 & t < 0 \end{cases}$$

对应的拉氏变换式：$F(s) = \dfrac{1}{s^3}$

单位加速度函数输入输出关系曲线如图 2-8 所示。

（4）指数函数

$$f(t) = e^{-at}$$

对应的拉氏变换式：$F(s) = \dfrac{1}{s + a}$

单位加速度函数输入输出关系曲线如图 2-9 所示。

（5）单位脉冲函数

$$f(t) = \delta(t) = \begin{cases} \infty & t = 0 \\ 0 & t \neq 0 \end{cases}$$

对应的拉氏变换式：$F(s) = 1$

单位脉冲函数输入输出关系曲线如图 2-10 所示。

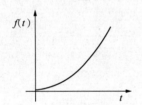

图 2-8　单位加速度函数

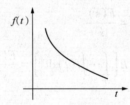

图 2-9　指数函数

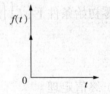

图 2-10　单位脉冲函数

（6）正弦函数、余弦函数

$f(t) = \sin\omega t$，对应的拉氏变换式：$F(s) = \dfrac{\omega}{s^2 + \omega^2}$

$f(t) = \cos\omega t$，对应的拉氏变换式：$F(s) = \dfrac{s}{s^2 + \omega^2}$

3. 拉氏变换基本定理

（1）线性定理

两个函数代数和的拉氏变换等于两个函数拉氏变换的代数和。

设 $F_1(s) = L[f_1(t)]$，$F_2(s) = L[f_2(t)]$，a 和 b 为常数，则有

$$L[af_1(t) \pm bf_2(t)] = aF_1(s) \pm bF_2(s)$$

两个函数代数和的拉氏变换等于两个函数拉氏变换的代数和。

（2）微分定理

设 $F(s) = L[f(t)]$

$$L\left[\frac{\mathrm{d}f(t)}{\mathrm{d}t}\right] = sF(s) - f(0)$$

$$L\left[\frac{\mathrm{d}^2 f(t)}{\mathrm{d}t^2}\right] = s^2 F(s) - sf(0) - f'(0)$$

$$L\left[\frac{\mathrm{d}^n f(t)}{\mathrm{d}t^n}\right] = s^n F(s) - s^{n-1}f(0) - s^{n-2}f'(0) - \cdots - f^{(n-1)}(0)$$

式中, $f(0)$、$f'(0)$、$f''(0)$、$\cdots$、$f^{(n-1)}(0)$ 为函数 $f(t)$ 及其各阶导数在 $t=0$ 时的值。当 $f(0) = f'(0) = \cdots = f^{(n-1)}(0) = 0$ 时，则有

$$L[f'(t)] = sF(s)$$

$$L[f^n(t)] = s^n F(s) \text{（零初始条件下）}$$

（3）积分定理

设 $F(s) = L[f(t)]$,

$$L\left[\int f(t)\,\mathrm{d}t\right] = \frac{1}{s}F(s) + \frac{1}{s}f^{(-1)}(0)$$

$$L\left[\iint f(t)\,\mathrm{d}t^2\right] = \frac{1}{s^2}F(s) + \frac{1}{s^2}f^{(-1)}(0) + \frac{1}{s}f^{(-2)}(0)$$

$$L\left[\int\cdots\int f(t)\,\mathrm{d}t^n\right] = \frac{1}{s^n}F(s) + \frac{1}{s^n}f^{(-1)}(0) + \cdots + \frac{1}{s}f^{(-n)}(0)$$

式中: $f^{(-1)}(0)$、$f^{(-2)}(0)$、$\cdots$、$f^{(-n)}(0)$ 为 $f(t)$ 的各重积分在 $t=0$ 时的值。

在零初始条件下, $L\left[\int f(t)\,\mathrm{d}t\right] = \dfrac{F(s)}{s}$

$$L\left[\underset{n\uparrow}{\int}\cdots\int f(t)\,\mathrm{d}t^n\right] = \frac{F(s)}{s^n}$$

（4）终值定理

设 $F(s) = L[f(t)]$，则

$$\lim_{t\to\infty} f(t) = \lim_{s\to 0} sF(s)$$

需要指出，终值定理使用条件是 $F(s)$ 在 s 平面的右半面及除原点外的虚轴上解析。

（5）初值定理

设 $F(s) = L[f(t)]$，则

$$\lim_{t\to 0} f(t) = \lim_{s\to\infty} sF(s)$$

（6）延迟定理

设 $F(s) = L[f(t)]$，则

$$L[f(t-\tau)] = e^{-\tau s}F(s)$$

延迟定理也称实域中的位移定理。

（7）复位移定理

设 $F(s) = L[f(t)]$，则

$$L[f(t)e^{-at}] = F(s+a)$$

【例2-6】　求取函数 te^{-at} 的拉氏变换式。

解：设 $f(t) = t$, $L[f(t)] = L[t] = \dfrac{1}{s^2} = F(s)$

则 $L[te^{-at}] = L[f(t)e^{-at}] = F(s + a) = \dfrac{1}{(s + a)^2}$

4. 拉氏反变换

由象函数 $F(s)$ 求取原函数 $f(t)$ 的运算称为拉氏反变换。

(1) 利用公式，求取拉氏反变换

拉氏变换的象函数与原函数是一一对应的，所以通常可以通过常见已知函数的拉氏变换或查表来求取原函数。

$$L^{-1}\left[\dfrac{1}{s}\right] = 1, \quad L^{-1}\left[\dfrac{1}{s^2}\right] = t, \quad L^{-1}\left[\dfrac{1}{s + a}\right] = e^{-at}$$

(2) 利用部分分式展开，求取拉氏反变换

设系统

$$F(s) = \dfrac{M(s)}{D(s)} = \dfrac{b_m s^m + b_{m-1} s^{m-1} + \cdots b_1 s + b_0}{a_n s^n + a_{n-1} s^{n-1} \cdots a_1 s + a_0} \quad (n \geqslant m)$$

① 极点互异

将 $F(s)$ 写成

$$F(s) = \dfrac{M(s)}{D(s)} = \dfrac{b_m s^m + b_{m-1} s^{m-1} + \cdots b_1 s + b_0}{(s - p_1)(s - p_2) \cdots (s - p_n)}$$

其中 p_1、$p_2 \cdots \cdots p_n$ 为互不相同的极点。

将 $F(s)$ 用部分方式展开

$$F(s) = \dfrac{c_1}{s - p_1} + \dfrac{c_2}{s - p_2} + \cdots\cdots + \dfrac{c_i}{s - p_i} + \cdots\cdots + \dfrac{c_n}{s - p_n}$$

式中　c_1、$c_2 \cdots \cdots c_n$ 均为待定系数，其中

$$c_i = F(s)(s - p_i)\big|_{s = p_i}$$

或 $c_i = \dfrac{M(s)}{D(s)'}\bigg|_{s = p_i}$

$$f(t) = c_1 e^{p_1 t} + c_2 e^{p_2 t} \cdots\cdots + c_i e^{p_i t} + \cdots\cdots + c_n e^{p_n t}$$

② 极点非互异(有重根)

假设 $F(s)$ 有 m 阶重极点 p_1，不同极点为 p_{m+1}，p_{m+2}，$\cdots$，p_n，则 $F(s)$ 可展成如下部分分式之和

$$F(s) = \dfrac{c_m}{(s - p_1)^m} + \dfrac{c_{m-1}}{(s - p_1)^{m-1}} + \cdots\cdots + \dfrac{c_1}{s - p_1} + \dfrac{c_{m+1}}{s - p_{m+1}} + \dfrac{c_n}{s - p_n}$$

式中系数

$$c_m = F(s)(s - p_i)^m\big|_{s = p_i}$$

$$c_{m-1} = \dfrac{\mathrm{d}}{\mathrm{d}s}[F(s)(s - p_i)^m]\big|_{s = p_i}$$

$$\vdots$$

$$c_1 = \dfrac{1}{(m - 1)!}\dfrac{\mathrm{d}^{m-1}}{\mathrm{d}s^{m-1}}[F(s)(s - p_i)^m]\bigg|_{s = p_i}$$

$$f(t) = \left(\frac{c_m}{(m-1)!} t^{m-1} + \frac{c_{m-1}}{(m-2)!} t^{m-2} + \cdots\cdots + c_2 t + c_1 \right) e^{p_1 t} + c_{m+1} e^{p_{m+1} t} + \cdots\cdots + c_n e^{p_n t}$$

【例 2-7】 求 $F(s) = \dfrac{s+3}{(s+1)^2 (s+2)}$ 的拉氏反变换。

解：$F(s) = \dfrac{c_2}{(s+1)^2} + \dfrac{c_1}{s+1} + \dfrac{c_3}{s+2}$

$c_2 = F(s)(s+1)^2 \big|_{s=-1} = 2$

$c_1 = \dfrac{\mathrm{d}}{\mathrm{d}s}[F(s)(s+1)^2]\Big|_{s=-1} = \dfrac{-1}{(s+2)^2}\Big|_{s=-1} = -1$

$c_3 = F(s)(s+2)\big|_{s=-2} = 1$

所以

$$F(s) = \frac{2}{(s+1)^2} + \frac{-1}{s+1} + \frac{1}{s+2}$$

$$L^{-1}[F(s)] = L^{-1}\left[\frac{2}{(s+1)^2} + \frac{-1}{s+1} + \frac{1}{s+2} \right] = 2te^{-t} - e^{-t} + e^{-2t}$$

2.2.2 传递函数的定义

1. 定义

在线性(或线性化)的定常系统中，初始条件为零时，系统(对象或环节)输出的拉氏变换与输入拉氏变化之比，称为系统(对象或环节)的传递函数。

$$\text{传递函数} = \frac{\text{输出量的拉氏变换}}{\text{输入量的拉氏变换}}\Bigg|_{\text{(初始条件为0)}} \qquad \text{即：} G(s) = \frac{C(s)}{R(s)} \tag{2-14}$$

应用条件：初始条件为 0

　　　　　单输入单输出系统

　　　　　只适用于线性定常系统(或线性化)

由传递函数 $G(s) = \dfrac{C(s)}{R(s)}$，可得到

$$C(s) = R(s)G(s) \tag{2-15}$$

由(2-15)式可知传递函数的名称的由来，即系统的输出 $C(s)$ 是由其输入 $R(s)$ 经过传递函数 $G(s)$ 的传递(或转换)而产生的。

2. 传递函数的表达形式

设系统的输入量为 $r(t)$，输出量为 $c(t)$，则系统微分方程一般形式为

$$\frac{\mathrm{d}^n c(t)}{\mathrm{d}t^n} + a_{n-1}\frac{\mathrm{d}^{n-1} c(t)}{\mathrm{d}t^{n-1}} + \cdots + a_1\frac{\mathrm{d}c(t)}{\mathrm{d}t} + a_0 c(t)$$

$$= b_m \frac{\mathrm{d}^m r(t)}{\mathrm{d}^m t} + b_{m-1}\frac{\mathrm{d}^{m-1} r(t)}{\mathrm{d}^{m-1} t} + \cdots + b_1\frac{\mathrm{d}r(t)}{\mathrm{d}t} + b_0 r(t) \qquad (n \geqslant m) \tag{2-16}$$

当初始条件为零时，对方程两边取拉氏变换，有

$$a_n s^n C(s) + a_{n-1} s^{n-1} C(s) + \cdots + a_1 s C(s) + a_0 C(s)$$

$$= b_m s^m R(s) + b_{m-1} s^{m-1} R(s) + \cdots + b_1 s R(s) + b_0 R(s) \qquad (n \geqslant m)$$

根据传递函数的定义，得传递函数的一般表达式为

$$G(s) = \frac{C(s)}{R(s)} = \frac{b_m s^m + b_{m-1} s^{m-1} + \cdots + b_1 s + b_0}{a_n s^n + a_{n-1} s^{n-1} + \cdots + a_1 s + a_0} \qquad (n \geq m) \qquad (2\text{-}17)$$

将上式改写成如下所谓"典型环节"的形式

$$G(s) = \frac{M(s)}{N(s)} = \frac{K \prod\limits_{k=1}^{m_1} (\tau_k s + 1) \prod\limits_{l=1}^{m_2} (\tau_l^2 s^2 + 2\zeta_l \tau_l s + 1)}{s^v \prod\limits_{i=1}^{n_1} (T_i s + 1) \prod\limits_{j=1}^{n_2} (T_j^2 s^2 + 2\zeta_j T_j s + 1)} \qquad (2\text{-}18)$$

还可以表示成如下零、极点形式

$$G(s) = \frac{M(s)}{N(s)} = \frac{K^* (s - z_1)(s - z_2) \cdots (s - z_m)}{(s - p_1)(s - p_2) \cdots (s - p_n)} \qquad (2\text{-}19)$$

式中　z_1，z_2，$\cdots$，z_m——传递函数分子多项式 $M(s)$ 等于零的根，称为传递函数的零点；

　　　p_1，p_2，$\cdots$，p_n——传递函数分母多项式 $N(s)$ 等于零的根，称为传递函数的极点。

需要注意的是：（1）传递函数是在零初始条件下定义的，利用传递函数只能求取系统的零状态响应；当初始条件不为零时，为求系统的全解还应该考虑非零初始条件对系统输出的影响。

（2）根据传递函数定义，一个传递函数只能反映控制系统中的一个输入量和一个输出量之间的关系，如果系统的输入量不止一个（如给定输入和扰动输入）或输出量不止一个（如被控制量和偏差），那么就需要同时使用多个传递函数来描述系统。

3. 传递函数的求取方法

1）直接变换法

先建立微分方程，然后在零初始条件下，对微分方程进行拉氏变换，即可根据传递函数的定义求得传递函数。

【例 2-8】　已知图 2-1 所示电路的微分方程为 $RC \dfrac{\mathrm{d}u_o(t)}{\mathrm{d}t} + u_o(t) = u_i(t)$，求此电路的传递函数。

解： 在零初始条件下，对微分方程进行拉氏变换，有

$$RCsU_o(s) + U_o(s) = U_i(s)$$

根据传递函数的定义，有

$$G(s) = \frac{U_o(s)}{U_i(s)} = \frac{1}{RCs + 1}$$

由上例题可见，求系统传递函数的一个方法，就是利用它的微分方程式并取拉氏变换。

【例 2-9】　已知图 2-2 所示 RLC 的微分方程为 $LC \dfrac{\mathrm{d}^2 u_c(t)}{\mathrm{d}t^2} + RC \dfrac{\mathrm{d}u_c(t)}{\mathrm{d}t} + u_c(t) = u_r(t)$，求此环节的传递函数。

解： 在零初始条件下，对微分方程进行拉氏变换，有

$$LCs^2 U_c(s) + RCs\, U_c(s) + U_c(s) = U_r(s)$$

根据传递函数的定义，有

$$G(s) = \frac{U_c(s)}{U_r(s)} = \frac{1}{LCs^2 + RCs + 1}$$

由以上例题可见，只要将微分方程中的微分算符 $\mathrm{d}(i)/\mathrm{d}t(i)$ 换成相应的 $s(i)$，即可求得传递函数。

2) 电路复阻抗法

在电工基础中，对于电阻、电感、电容，有

电阻　　$u = iR$　　　　　　拉氏变换式为　　$U(s) = I(s)R$

电感　　$u = L\dfrac{\mathrm{d}i}{\mathrm{d}t}$　　　　拉氏变换式为　　　$U(s) = LsI(s)$

电容　　$i = C\dfrac{\mathrm{d}u}{\mathrm{d}t}$　　　　拉氏变换式为　　$I(s) = CsU(s)$

由以上讨论可见，将电工基础复数阻抗中的 $j\omega$ 换成 s 即可。

【例 2-10】　用复数阻抗法求图 2-1 所示 RC 串联电路的传递函数。

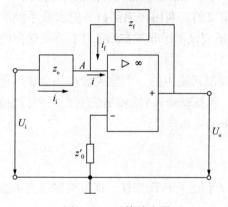

图 2-11　运算放大器

解：RC 串联电路中的流过电阻和电容的电流相等，则根据电工基础所学知识有，

$$\frac{U_o(s)}{U_i(s)} = \frac{\dfrac{1}{Cs}}{R + \dfrac{1}{Cs}} = \frac{1}{RCs + 1}$$

与例 2-8 直接变换法比较，所求的传递函数完全相同。

【例 2-11】　求图 2-11 所示运算放大器的传递函数 $G(s)$。

解：根据电子技术基础学过的知识，可知

$$I_i(s) + I_f(s) = I(s)$$

又因为 A 点为虚地，即 $U_A \approx 0$，所以 $I(s) \approx 0$

因此有
$$\frac{U_i(s)}{Z_i(s)} = -\frac{U_0(s)}{Z_f(s)}$$

$$\frac{U_0(s)}{U_i(s)} = -\frac{Z_f(s)}{Z_0(s)}$$

其中：$Z_o(s)$ 为运算放大器的输入回路总阻抗；

$Z_f(s)$ 为运算放大器的反馈回路总阻抗。

4. 传递函数的性质

(1) 传递函数是复变量 s 的有理分式，它具有复变函数的所有性质。因为实际物理系统总是存在惯性，并且能源功率有限，所以实际系统传递函数的分母阶次 n 总是大于或等于分子阶次 m，即 $n \geq m$。

(2) 传递函数只取决于系统的结构参数，与输入信号(外作用)的大小、形式无关。

(3) 传递函数和微分方程存在一一对应关系，对于一个确定的系统，微分方程是唯一的，所以其传递函数也是唯一的。

（4）传递函数是一种数学模型，它不代表系统或元件的物理结构，不同的系统或环节可能有相同的传递函数。物理性质和学科类别截然不同的系统可能具有完全相同的传递函数。

（5）传递函数的分母是它所对应的系统的微分方程的特征方程式。而特征方程的根反映系统动态过程的性质，所以由系统传递函数可以研究系统的动态特性。

应当注意传递函数的局限性及适用范围。传递函数是从拉氏变换导出的，拉氏变换是一种线性变换，因此传递函数只适应于描述线性定常系统。传递函数是在零初始条件下定义的，所以它不能反映非零初始条件下系统的自由响应运动规律。

2.2.3　典型环节及其传递函数

实际的系统往往是很复杂的。为了分析方便起见，一般把一个复杂的控制系统分成一个个小部分，称为环节。从动态方程、传递函数和运动特性的角度看，不宜再分的最小环节称为基本环节。控制系统虽然是各种各样的，但是常见的典型基本环节并不多。下面介绍常见的典型基本环节。

1. 比例环节

它的微分方程为　　$c(t) = Kr(t)$

其传递函数为　　$G(s) = K$

式中 K 为常数，称为放大系数。比例环节又称为放大环节，它的传递函数是一个常数。比例环节如图 2-12 所示。即它的输出量与输入量成比例。它是一种最基本且经常遇到的环节，这种环节的特点是输出不失真、不延迟、能够成比例地复现输入信号。其输入量与输出量之间的关系为一代数方程。

几乎每一个控制系统中都有比例环节。由电子线路组成的放大器是最常见的比例环节。机械系统中的齿轮减速器，以输入轴和输出轴的角位移（或角速度）作为输入量和输出量，也是一个比例环节。伺服系统中使用的绝大部分测量元件，如电位器、旋转变压器、感应同步器、光电码盘、光栅、直流测速发电机等，都可以看成是比例环节。图 2-13 为比例环节的模拟电路图。

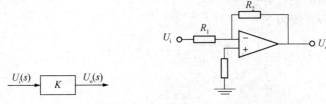

图 2-12　比例环节方框图　　　　图 2-13　比例环节模拟电路图

2. 积分环节

输出量与输入量对时间的积分成正比的环节称为积分环节。

积分环节的微分方程为：

$$c(t) = \frac{1}{T}\int r(t)\,\mathrm{d}t \tag{2-20}$$

其传递函数为：

$$G(s) = \frac{1}{Ts} \tag{2-21}$$

积分环节的方框图如图 2-14 所示，即输出量是输入量的积分。

积分电路是一个最典型的积分环节，其电路如图 2-15 所示。

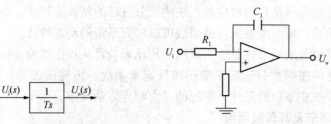

图 2-14　积分环节方框图　　　图 2-15　积分环节模拟电路图

3. 微分环节

输出量与输入量的变化速度成正比的环节称为微分环节。

理想微分环节的微分方程为

$$c(t) = \tau \frac{\mathrm{d}r(t)}{\mathrm{d}t} \tag{2-22}$$

其传递函数为

$$G(s) = \tau s \tag{2-23}$$

其方框图如图 2-16 所示，模拟电路图如图 2-17 所示，即输出量是输入量的微分。

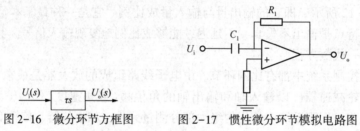

图 2-16　微分环节方框图　　　图 2-17　惯性微分环节模拟电路图

4. 一阶惯性环节

惯性环节也称一阶滞后环节。由于其中总含有惯性元件(储能元件)，所以当输入量突然变化时，输出量不能跟着突变。

惯性环节的微分方程为

$$T \frac{\mathrm{d}c(t)}{\mathrm{d}t} + c(t) = r(t) \tag{2-24}$$

其传递函数为

$$G(s) = \frac{1}{Ts + 1} \tag{2-25}$$

其方框图如图 2-18 所示，模拟电路图如图 2-19 所示。

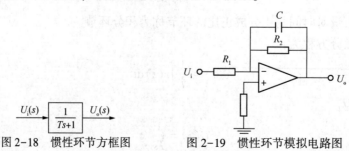

图 2-18　惯性环节方框图　　　图 2-19　惯性环节模拟电路图

5. 一阶超前环节

又叫做比例微分环节，比例微分环节的微分方程为

$$c(t) = \tau \frac{\mathrm{d}r(t)}{\mathrm{d}t} + r(t) \tag{2-26}$$

其传递函数为

$$G(s) = \tau s + 1 \tag{2-27}$$

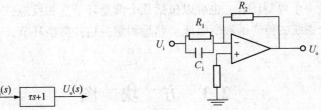

图 2-20　比例微分环节方框图　　图 2-21　比例微分环节模拟电路图

其方框图如图 2-20 所示，模拟电路图如图 2-21 所示。

6. 二阶振荡环节　（$0 < \zeta < 1$）

振荡环节的微分方程为

$$\frac{\mathrm{d}^2 c(t)}{\mathrm{d}t^2} + 2\zeta\omega_n \frac{\mathrm{d}c(t)}{\mathrm{d}t} + \omega_n^2 c(t) = \omega_n^2 r(t) \tag{2-28}$$

其传递函数为

$$G(s) = \frac{\omega_n^2}{s^2 + 2\zeta\omega_n s + \omega_n^2} \tag{2-29}$$

也可以表示为

$$G(s) = \frac{1}{T^2 s^2 + 2\zeta T s + 1} \tag{2-30}$$

其中 $T = \dfrac{1}{\omega_n}$ ，其方框图如图 2-22 所示。

图 2-22　二阶振荡环节方框图

7. 纯滞后环节

在实际的控制过程中，有许多系统具有信息传递滞后的特征，特别是液压、气动和机械传动系统。在有滞后作用的系统中，其输出信号与输入信号的形状完全相同，只是延迟一段时间 τ 后重现输入函数如图 2-23 所示。其结构如图 2-24 所示。纯滞后环节又叫做延迟环节。

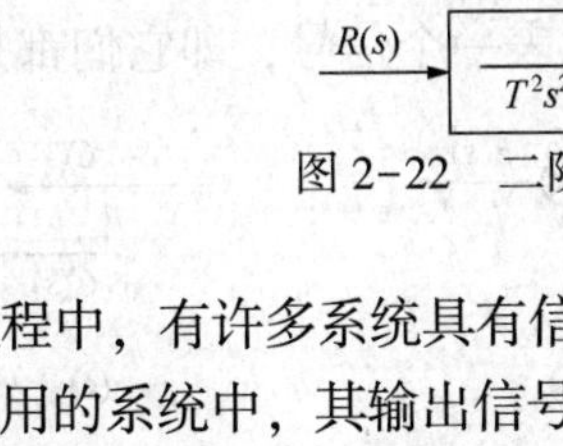

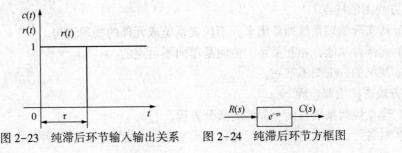

图 2-23　纯滞后环节输入输出关系 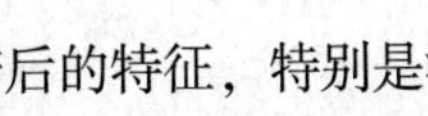　　图 2-24　纯滞后环节方框图

纯滞后环节的微分方程为

$$c(t) = r(t - \tau) \tag{2-31}$$

其传递函数为

$$G(s) = e^{-\tau s} \tag{2-32}$$

需要指出，组成系统的元件与典型环节不同。一个系统由若干个元件组成，每一个元件的传递函数可以是一个典型环节，也可以包括几个典型环节。相反地，一个典型环节也可以由许多部件或一个系统的传递函数所组成。熟悉和掌握这些典型环节，有助于分析研究复杂的控制系统。

2.3 方 块 图

方块图是将系统各环节用带信号线来表示的直观图形。它是描述系统各组成元件信号传递关系的数学图形。是描述复杂系统的一种简便方法。方块图又称框图又称动态结构图或方框图。方块图也作为一种数学模型，在控制理论中得到了广泛的应用。

2.3.1 方块图的组成和特点

1. 方块图的组成

方块图的组成有四大要素，即

（1）方块：代表组成系统的各个环节。也称传递方框或传递环节。表示接收输入信号，经方块内的传递函数转换成其他信号后输出，如图 2-25(a) 所示。

（2）带箭头线：即信号线，用箭头表示信号的传递方向，并具有单向性。

（3）相加点：即综合点，也称比较点。表示对两个或两个以上的信号进行代数运算，输入信号处应标明极性，如图 2-25(b) 所示，通常"+"可以省略。

（4）分支点：即引出点。表示把一个信号分几路取出，如图 2-25(c) 所示。

在实际系统中，一个环节可以输出几个相同的信号。为了表示这种情况，在方块图中，可以从一条信号流线上引出另一条或另几条信号流线，而信号引出的位置称为分支点或引出点。需注意的是，通过分支点的信号，它们都代表一个信号，即它们都是相等的。

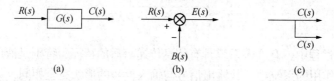

图 2-25　方块图组成符号

2. 方块图的特点

（1）从实际物理系统抽象出来，不代表系统或元件的物理结构。

（2）元部件功能，相互关系，流向是单向不可逆的。

（3）系统的方框图不唯一。

3. 方块图的绘制步骤

（1）建立控制系统各元、部件的微分方程。

（2）对各元、部件的微分方程进行拉氏变换，并做出各元、部件的方块图。

（3）按系统中各信号的传递顺序，依次将各元件方块图连接起来，便得到系统的方块图。

【例 2-12】　以图 2-1 所示 RC 网络为例，绘制该网络的方块图。

$$u_i(t) = i(t)R + u_o(t)$$

RC 网络的微分方程组为：

$$i(t) = C\frac{\mathrm{d}u_o(t)}{\mathrm{d}t}$$

对上两式进行拉氏变换，得

$$U_i(s) = RI(s) + U_o(s)$$

$$I(s) = CsU_o(s)$$

整理得

$$\frac{1}{R}[U_i(s) - U_o(s)] = I(s)$$

$$U_o(s) = \frac{1}{Cs}I(s)$$

分别画出它们的方块图如图 2-26 所示。

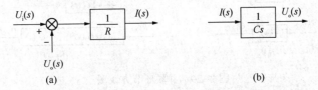

图 2-26　RC 各环节方块图

将图 2-26(a)、(b)按信号传递方向结合起来，网络的输入量置于图示的左端，输出量置于最右端，并将同一变量的信号连在一起，如图 2-27 所示，即得 RC 网络结构图。

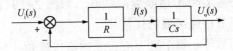

图 2-27　RC 网络结构图

2.3.2　方块图的基本连接方式

建立系统动态结构图的目的，一是可以直观形象地表明控制信号在系统内部的动态传递关系，以便从总体上把握系统的特点，而另一个重要目的是便于求解复杂系统的传递函数。所以有必要研究怎样把复杂的系统动态结构图变换成等效而简单的形式。

对于较复杂(有交叉反馈回路)的连接形式，可以通过等效变换，将方块图逐步化为三种基本连接关系，而后再利用其相对应的传递函数，求得整个系统的传递函数。

1. 串联

如果几个函数方块首尾相连，前一个方块的输出就是后一个方块的输入，称这种结构为环节串联，如图 2-28(a)所示。

两个环节串联，它们的传递函数分别为 $G_1(s)$ 和 $G_2(s)$，其等效传递函数等于这两个环节传递函数的乘积。

串联环节总的传递函数：$G(s) = G_1(s)G_2(s)$

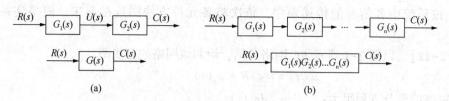

图 2-28　串联环节方块图

上述结论可以推广到任意多个环节传递函数的串联，如图 2-28(b)所示。即串联后系统总传递函数等于各个串联环节传递函数的乘积。

结论：串联系统总的传递函数等于串联每个环节的传递函数乘积。

2. 并联

两个或多个环节具有同一个输入量，而以各自环节输出量的代数和作为总的输出量，这种结构称为并联。

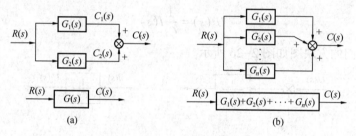

图 2-29　并联环节方块图

两个环节并联，它们的传递函数分别为 $G_1(s)$ 和 $G_2(s)$ ，其等效传递函数等于这两个传递函数的代数和。

并联环节总的传递函数：$G(s) = G_1(s) \pm G_2(s)$

上述结论可以推广到任意多个传递函数的并联，如图 2-29(b)所示。即：并联后系统总传递函数等于各个并联环节传递函数的代数和。

结论：并联总的传递函数等于每个环节的传递函数代数和。

3. 反馈连接

反馈回路：将输出信号取回来和输入信号相比较，按比较结果再作用在方块上去而形成一个闭合回路。反馈分为正反馈和负反馈。

图为具有正、负反馈闭环系统的方块图如图 2-30(a)所示。

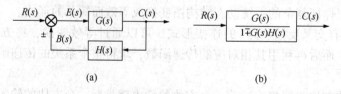

图 2-30　反馈环节方块图

图中 $R(s)$ 和 $C(s)$ 分别为该环节的输入量和输出量，$B(s)$ 称为反馈信号，$E(s)$ 称为偏差信号。由偏差信号 $E(s)$ 至输出信号 $C(s)$ ，这条通道的传递函数 $G(s)$ 称为前向通道传递函数。由输出信号 $C(s)$ 至反馈信号 $B(s)$ ，这条通道的传递函数 $H(s)$ 称为反馈通道传递函数。一般输入信号 $R(s)$ 在相加点前取"+"号。此时，若反馈信号 $B(s)$ 在相加点前取"+"，称为正反馈；取"−"，称为负反馈。负反馈是自动控制系统中常碰到的基本结构形式。

基本反馈回路的简化可写出

$$C(s) = G(s)E(s)$$

$$E(s) = R(s) \pm B(s)$$

$$B(s) = H(s)C(s)$$

消去中间变量 $E(s)$、$B(s)$，得

$$C(s) = \frac{G(s)}{1 \mp G(s)H(s)}R(s)$$

式中分母上的"加"号，对应于负反馈连接；"减"号对应于正反馈连接。

可以得到

$$\Phi(s) = \frac{C(s)}{R(s)} = \frac{G(s)}{1 \mp G(s)H(s)} \qquad (2-33)$$

则称 $\Phi(s)$ 为闭环传递函数。称前向通道与反馈通道传递函数之积 $G(s)H(s)$ 为该环节的开环传递函数，它相当于把反馈通道在输入端的相加点之前断开后，所形成的开环结构的传递函数。

$$反馈系统的传递函数 = \frac{前向通道传递函数}{1 \mp 前向通道传递函数 \times 反馈通道传递函数}$$

$$= \frac{前向通道传递函数}{1 \mp 开环传递函数}$$

前向通道传递函数：输出量 $C(s)$ 与偏差 $E(s)$ 之比；即 $G(s) = \dfrac{C(s)}{E(s)}$

反馈通道传递函数：$H(s) = \dfrac{B(s)}{C(s)}$

开环传递函数：$G(s)H(s)$

若反馈通道的传递函数 $H(s) = 1$，则此时系统称为单位反馈系统，此闭环传递函数为

$$\Phi(s) = \frac{G(s)}{1 \mp G(s)}$$

2.3.3 方块图的等效变换

对于较复杂(有交叉反馈回路)的连接形式，直接得到系统的传递函数一般比较困难。这种情况，可以通过等效变换(化简)，将方块图逐步化为三种基本连接关系，而后再利用其相对应的传递函数求得整个系统的传递函数。下面依据等效原理推导结构图变换的一般规则。所谓"等效"，就是不论结构图图形如何变化，变化前后有关变量之间的传递函数保持不变。方块图等效变换规则如下：

(1) 各支路信号相加减与加减的次序无关。

相邻相加点之间可以互相变位，即相加点和相加点之间可以相互越过。如图 2-31 所示等效前后移动不会影响总输入、输出信号。

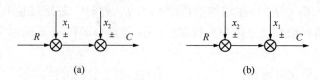

图 2-31　相邻相加点之间的等效变换

（2）在线路中引出支路与引出的次序无关。

若干个相邻引出点，表明同一个信号输出到不同的地方去。因此，引出点之间相互交换位置，不会改变引出信号的性质，如图 2-32 所示。

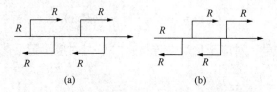

图 2-32　引出点之间的等效变换

（3）线路中的负号可在线路中前后移动，并可越过方块，但不能越过相加点和分支点。如图 2-33 中（a）为变换前的方块图，图（b）为变换后的方块图。两者完全等效。

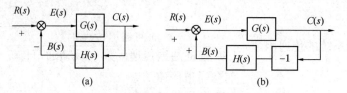

图 2-33　负号的等效变换

（4）相加点的移动

在方块图的变换中，常常需要改变相加点的位置，以消除互相交叉回路。

相加点移动总的规则是相加点可以越过方块，但不能越过分支点，越过方块分为以下两种情况。

① 相加点后移：

将一个相加点从一个函数方块的输入端移到输出端称为后移。如图 2-34，图（a）为变换前的方块图，图（b）为相加点后移后的方块图。

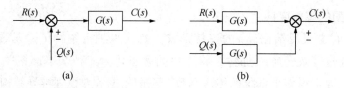

图 2-34　相加点后移的等效变换

移动前：$C(s) = G(s)[R(s) \pm Q(s)]$

移动后：$C(s) = R(s)G(s) \pm Q(s)G(s)$ 两者完全等效。

结论：相加点后移，必须在移动的相加支路中乘以（串入）越过方块的传递函数；

相加点后移注意：相加点可以越过方块，但不能越过分支点。

② 相加点前移：

将一个相加点从一个函数方块的输出端移到输入端称为前移。如图 2-35，图(a)为变换前的方块图，图(b)为相加点前移后的方块图。

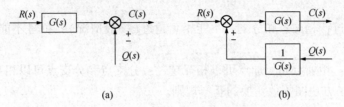

图 2-35 相加点前移的等效变换

原结构图的信号关系为 $C(s) = G(s)R(s) \pm Q(s)$

等效变换后的信号关系为

$$C(s) = G(s)\left[R(s) \pm \frac{1}{G(s)}Q(s)\right] = G(s)R(s) \pm Q(s)$$

结论：相加点前移，必须在移动的相加支路中除以越过方块的传递函数或串入相同传递函数的倒数；

相加点前移注意：相加点可以越过方块，但不能越过分支点。

(5) 分支点的移动

分支点移动总的规则是分支点可以越过方块，但不能越过相加点，越过方块也分为以下两种情况。

① 分支点前移：

分支点的前移与相加点的后移类似，如图 2-36 所示，图(a)为变换前的方块图，图(b)为分支点前移后的方块图。

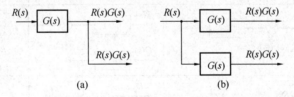

图 2-36 分支点前移的等效变换

结论：分支点前移，必须在移动的分支支路中乘以(串入)方块的传递函数；

② 分支点后移：

分支点的后移与相加点的前移类似，如图 2-37 所示，图(a)为变换前的方块图，图(b)为分支点后移后的方块图。

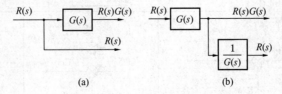

图 2-37 分支点后移的等效变换

结论：分支点后移，必须在移动的分支支路中除以方块的传递函数或串入相同传递函数的倒数；

注意：分支点的移动，它可以越过方块，但不能越过相加点。

总结：

① 两个不越过：相加点和分支点不能相互越过(一般情况)；负号不能越过分支点和相加点。

② 两个越过：相加点和相加点可以相互越过；分支点和分支点可以相互越过。

表 2-1 列出了方块图等效变换的基本规则。

表 2-1　结构图等效变换规则

变换方式	原结构图	等效结构图	等效运算关系
串联	$R(s) \to G(s) \to G(s) \to C(s)$	$R(s) \to G_1(s)G_2(s) \to C(s)$	$C(s) = G_1(s)G_2(s)R(s)$
并联	$R(s)$，$G_1(s)$，$G_2(s)$，$\pm$，$C(s)$	$R(s) \to G_1(s) \pm G_2(s) \to C(s)$	$C(s) = [G_1(s) \pm G_2(s)]R(s)$
反馈	$R(s) \to \pm \to G(s) \to C(s)$，$H(s)$	$R(s) \to \dfrac{G(s)}{1 \mp G(s)H(s)} \to C(s)$	$C(s) = \dfrac{G(s)R(s)}{1 \mp G(s)H(s)}$
相加点前移	$R(s) \to G(s) \to \pm \to C(s)$，$Q(s)$	$R(s) \to \pm \to G(s) \to C(s)$，$\dfrac{1}{G(s)} \leftarrow Q(s)$	$C(s) = R(s)G(s) \pm Q(s) = \left[R(s) \pm \dfrac{Q(s)}{G(s)}\right]G(s)$
相加点后移	$R(s) \to \pm \to G(s) \to C(s)$，$Q(s)$	$R(s) \to G(s) \to \pm \to C(s)$，$Q(s) \to G(s)$	$C(s) = [R(s) \pm Q(s)]G(s) = R(s)G(s) \pm Q(s)G(s)$
分支点前移	$R(s) \to G(s) \to C(s)$，$C(s)$	$R(s) \to G(s) \to C(s)$，$G(s) \to C(s)$	$C(s) = G(s)R(s)$
分支点后移	$R(s) \to G(s) \to C(s)$，$R(s)$	$R(s) \to G(s) \to C(s)$，$\dfrac{1}{G(s)} \to C(s)$	$C(s) = R(s)G(s)\dfrac{1}{G(s)}$ $C(s) = G(s)R(s)$
相加点与分支点之间的移动 (很少用)	$R_1(s) \to \otimes \to C(s)$，$C(s)$，$-R_2(s)$	$-R_2(s) \to \otimes \to C(s)$，$R_1(s) \to \otimes \to C(s)$，$-R_2(s)$	$C(s) = R_1(s) - R_2(s)$

有了上述运算规则，可将复杂方块图经过重新排列和组合后，可以得到简化。在简化过程中，一般采取方法是移动分支点和相加点，交换相加点，减少内反馈回路的方法。

【例 2-13】　简化图 2-38(a)所示系统结构图，并列写出闭环系统传递函数。

解： 这也是一个多回路系统结构图，且回路有交叉。为了从内回路到外回路逐步简化，首先，消除交叉回路。方法之一是将相加点 A 移动，然后交换相加点位置，将图 2-38(a)简化为图 2-38(b)。

第二步对图 2-38(b)中由 $G_2(s)$、$G_3(s)$ 和 $H_2(s)$ 组成的小回路进行串联及反馈变换，进而简化为图 2-38(c)。

第三步对图 2-38(c)中的内回路再进行串联及反馈变换，则只剩一个主反馈回路，如图 2-38(d)。

最后，变换为一个方框，如图 2-38(e)。

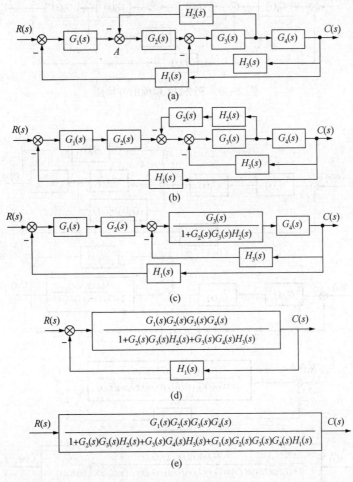

图 2-38　系统结构变换

得系统闭环传递函数为：

$$\Phi(s) = \frac{C(s)}{R(s)} = \frac{G_1(s)\,G_2(s)\,G_3(s)\,G_4(s)}{1 + G_2(s)\,G_3(s)\,H_2(s) + G_3(s)\,G_4(s)\,H_3(s) + G_1(s)\,G_2(s)\,G_3(s)\,G_4(s)\,H_1(s)}$$

第一步的变换也可采用其他移动的办法，读者可自行试做。

由上可见，简化结构图及闭环传递函数的一般步骤可归纳如下：

(1) 确定输入量与输出量，如果作用在系统上的输入量有多个(可以分别作用在系统的不同位置)，则必须分别对每一个输入量，逐个进行结构图变换简化，求得各自的传递函数，对于具有多个输出量的情况，也应分别变换。

(2) 若结构图有交叉连接，利用移动规则，首先将交叉消除，简化成无交叉的结构图。

(3) 对多回路结构图，由里向外进行交换直至变换成一个单回路结构图或一个方框图。最后写出系统闭环传递函数。

【例 2-14】 求如图 2-39 所示系统的闭环传递函数。

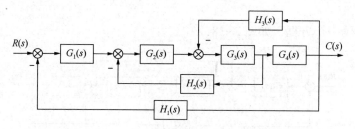

图 2-39　例 2-14 系统的方块图

解：

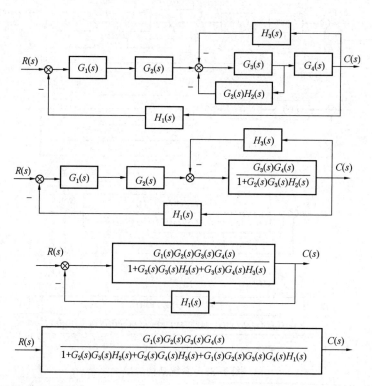

系统的闭环传递函数为：

$$\Phi(s)=\frac{C(s)}{R(s)}=\frac{G_1(s)G_2(s)G_3(s)G_4(s)}{1+G_2(s)G_3(s)H_2(s)+G_3(s)G_4(s)H_3(s)+G_1(s)G_2(s)G_3(s)G_4(s)H_1(s)}$$

【例 2-15】 求如图 2-40 所示系统的闭环传递函数。

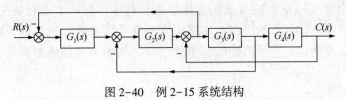

图 2-40　例 2-15 系统结构

解：

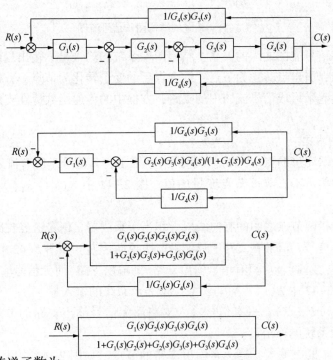

系统的闭环传递函数为：

$$\Phi(s) = \frac{C(s)}{R(s)} = \frac{G_1(s)G_2(s)G_3(s)G_4(s)}{1 + G_1(s)G_2(s) + G_2(s)G_3(s) + G_3(s)G_4(s)}$$

2.4 信号流图与梅逊增益

前面讲过，方块图是描述系统各部分之间信号传递关系一种图形表示方法，它是简化系统中各参数运算关系的一种有力工具。但是当参数间的关系较复杂，方块图的简化过程，还显得较麻烦，甚至会出现找不到有效办法可以解除的交叉回路。信号流图则是类似于方块图的另一种表示参数间关系的图解方法。借助于他，特别是利用梅逊增益公式，可使运算过程简化(加速)。它和方块图的主要不同之处在于用节点(表示为小圆圈，以替代信号以及分点、合点)表示变量，而在节点间有向的支路上标注传递函数的增益，又称传输系数。需要注意的是信号流图只能用来描述线性系统，而方块图不仅适用于线性系统，还可用于非线性系统。

2.4.1　信号流图

信号流图是由节点和连接两节点的支路组成。其中，每一节点代表一个变量(参数)。节点之间用有向线段连接，称为支路，支路相当于信号乘法器，乘法因子则标在支路线上，称为支路传输或支路增益。信号流图的基本单元与结构图中的函数框是等价的，如图2-41所示。

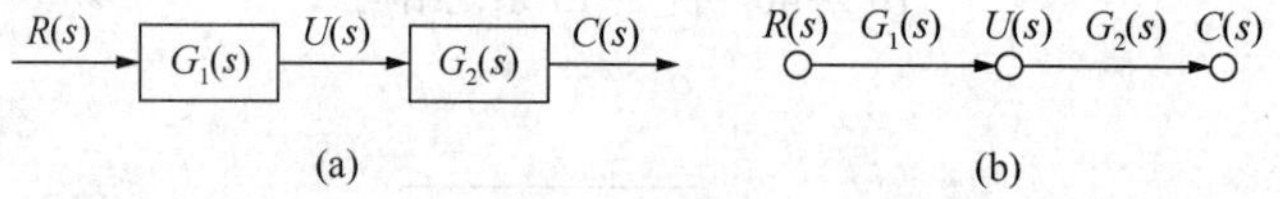

$$R(s) \rightarrow \boxed{G_1(s)} \xrightarrow{U(s)} \boxed{G_2(s)} \rightarrow C(s) \qquad R(s) \quad G_1(s) \quad U(s) \quad G_2(s) \quad C(s)$$

(a)　　　　　　　　　　　　　(b)

图2-41　系统的结构图与信号流图

可见结构图和信号流图之间的关系：结构图中系统的输入量、输出量以及中间变量转化信号流图中的节点，引出点转化为节点；综合点后的变量转化为节点，方框去掉，将方框的输入量和输出量连起来形成信号流图中的支路，方框中的传递函数标在支路上或下，即为支路增益。

1. 信号流图的术语

(1) 节点：表示变量的点(参数)。用符号"o"表示，其值等于所有流入该节点的信号之和。自节点流出的信号不影响该节点变量的值。图2-42中 $R(s)$、x_1、x_2、x_3、$C(s)$ 都是节点。

(2) 支路：连接两节点之间的有向线段。相当于乘法器，信号流经支路时，被乘以支路增益而变换为另一信号。信号在支路上只能沿箭头单向传递。如图2-42中 $x_1 = aR(s)$。

(3) 输入节点(或源点)：只有信号输出支路(即输出支路)而无信号输入支路(即输入支路)的节点。如图2-42中 $R(s)$、$N(s)$，它一般表示系统的输入量。

(4) 输出节点(或阱点)：只有信号输入支路而无信号输出支路的节点。如图2-42中 $C(s)$，它一般表示系统的输出量。

(5) 混合节点：既有输入支路又有输出支路的节点。如图2-42中 x_1、x_2、x_3，它一般表示系统的中间量。

(6) 通路：沿支路的箭头方向而穿过各相连支路的途径叫作通路。如果通路与任一节点相交不多于一次，则称为开通路。如果通路的终点就是通路的起点，并且与任何其他节点相交不多于一次，则称为闭通路。

如果通路通过某一节点多于一次，或其起点和终点不在同一节点上，这种通路既不是开通路，也不是闭通路。

(7) 前向通路：信号从输入节点到输出节点传递时，每个节点只通过一次的通路，又称为前向通道。

前向通道上各支路增益的乘积，称为前向通道总增益，图2-42中对于输入节点 $R(s)$ 和输出节点 $C(s)$，有一条前向通道，是 $R(s) \rightarrow x_1 \rightarrow x_2 \rightarrow x_3 \rightarrow C(s)$，其前向通路总增益为 abc；对于输入节点 $N(s)$ 和输出节点 $C(s)$，也有一条前向通道是 $N(s) \rightarrow x_2 \rightarrow x_3 \rightarrow C(s)$，其前向通路总增益为 fc。

(8) 回路：起点和终点在同一节点，而且信号通过每一个节点不多于一次的闭合通路，称为单独回路，简称回路。

如果从一个节点开始，只经过一个支路又回到该节点的，称为自回路。回路中所有支路增益之乘积叫回路增益，图 2-42 中共有两个回路，$L_1 = be$，$L_2 = d$，L_2 是自回路。

（9）不接触回路：如果一些回路之间没有任何公共节点，把它们叫不接触回路，在信号流图中可以有两个或两个以上不接触回路，在图 2-42 中，有一对不接触回路，L_1 和 L_2。

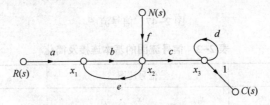

图 2-42 信号流图

2. 信号流图的运算

（1）串联

如图 2-43（a）为串联的连接方式，串联支路的总传输等于各支路传输的乘积，如图 2-43（b），这一结论可推广到多个支路串联。

（2）并联

如图 2-44（a）为并联的连接方式，并联支路的总传输等于各支路传输之和，如图 2-44（b），这一结论可推广到多个支路并联。

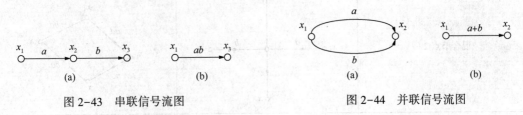

图 2-43 串联信号流图　　　　　图 2-44 并联信号流图

（3）分配规则（混合节点吸收）（图 2-45）

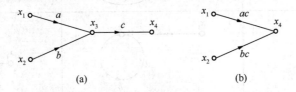

图 2-45 信号流图

（4）反馈回路化简（图 2-46）

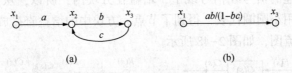

图 2-46 信号流图

（5）自回路化简（图 2-47）

信号流图的基本连接及简化列表 2-2 中。

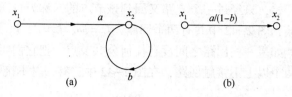

图 2-47　信号流图

表 2-2　信号流图的基本连接及简化

	信号流图	简化后
串联	x_1 —a→ x_2 —b→ x_3	x_1 —ab→ x_3
并联	x_1 $\overset{a}{\underset{b}{\rightrightarrows}}$ x_2	x_1 —$a+b$→ x_2
混合节点1	x_1 —a↘ x_3 —c→ x_4, x_2 —b↗	x_1 —ac↘ x_4, x_2 —bc↗
混合节点2	x_1 —a→ ●, ●—b→x_2, x_3—d→, ●—c→x_4	x_1→x_3 (ad), x_3→x_2 (bd), x_1→x_4 (ac), x_4→x_2 (bc)
回路	x_1 —a→ x_2 —b→ x_3, c	x_1 —$ab/(1-bc)$→ x_3
自回路	x_1 —a→ x_2 (b)	x_1 —$a/(1-b)$→ x_2

3. 由系统方块图绘制信号流图

在方块图中，传递的信号在信号线上，增益在方块内，所以，从方块图绘制信号流图时，将所传递的信号用小圆圈代表，得到了节点；方块中的增益直接放在支路上，于是就将方块图转换成了信号流图，如图 2-48 所示。

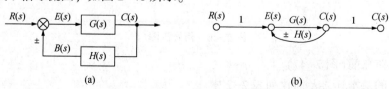

图 2-48　方块图转换成信号流图

【例 2-16】　绘制图 2-49 所示系统的信号流图。

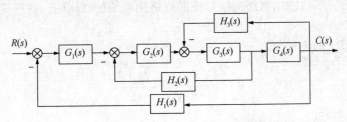

图 2-49　例 2-16 系统的方块图

将方块图中的各信号点均用节点表示，信号流图中不用区分引出点和综合点；将方块图中的增益表示在支路上，包含正负号，如负反馈 $H_1(s)$ 在信号流图中表示为 $-H_1(s)$，放在对应支路上，从而得到如图 2-50 所示系统的信号流图。

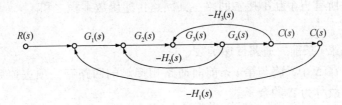

图 2-50　例 2-16 系统的信号流图

绘制出信号流图后，可以利用信号流图化简的等效原则进行简化，最终得出输入节点到输出节点的总增益，即控制系统的传递函数。

由方块图转换成信号流图时应尽量精简节点的数目，一般相邻的两个节点可以合并为一个，但对于输入节点和输出节点不能与其他节点合并掉。需要注意，在方块图中比较点可以与其后的引出点合并成一个节点，如图 2-51(a) 所示，但比较点不能与其前的引出点合并，需各自为一个节点，分别代表两个变量，之间增益为 1，如图 2-51(b) 所示。

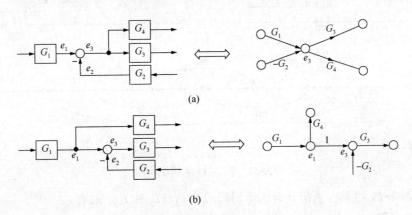

图 2-51　比较点与引出点位置不同得到的信号流图

2.4.2　梅逊(S. J. Mason)公式

从一个复杂的系统信号流图上，经过简化可以求出系统的传递函数，而且结构图的等效变换规则亦适用于信号流图的简化，但这个过程毕竟是很麻烦的。控制工程中常用梅逊增益公式直接求取从输入节点到输出节点的传递函数，而不需简化信号流图，应用梅逊公式直接写出系统传递函数，不仅适用系统的信号流图也适用系统的结构图，这里只给出公式，并举例说明其应用。

梅逊公式的表达形式

$$\Phi(s) = \frac{C(s)}{R(s)} = \frac{\sum p_i \Delta_i}{\Delta} \tag{2-32}$$

式中 Δ 称为特征式，且

$$\Delta = 1 - \sum L_i + \sum L_i L_j - \sum L_i L_j L_k + \cdots \tag{2-33}$$

式中 $\quad \sum L_i$ ——所有不同回路的回路传递函数之和。

$\quad \sum L_i L_j$ ——所有两两不接触回路，其回路传递函数乘积之和。

$\quad \sum L_i L_j L_k$ ——所有三个互不接触回路，其回路传递函数乘积之和。

$\qquad \cdots\cdots$

$\quad P_i$ ——第 i 条前向通路传递函数。

$\quad \Delta_i$ ——在 Δ 中，将与第 i 条前向通路相接触的回路有关项去掉后所剩余的部分，故称为 Δ 的余子式。

下面举例说明 P_i，Δ 和 Δ_i 的求法及梅逊公式的应用。

【例 2-17】 图 2-52(a) 所示为一控制系统的结构图，其对应的信号流图如图 2-52(b) 所示。试用梅逊公式计算该系统的闭环传递函数。

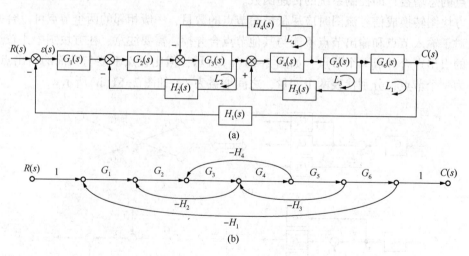

图 2-52 例 2-17 系统结构图

解：由图 2-52 可见，系统共有四个回路 L_1、L_2、L_3 和 L_4。故有

$$\sum L_i = L_1 + L_2 + L_3 + L_4$$
$$= -G_1(s)G_2(s)G_3(s)G_4(s)G_5(s)G_6(s)H_1(s) - G_2(s)G_3(s)H_2(s)$$
$$+ G_4(s)G_5(s)H_3(s) - G_3(s)G_4(s)H_4(s)$$

在以上四个回路中，只有 L_2 和 L_3 为互不接触回路。因此

$$\sum L_i L_j = L_2 L_3 = -\, G_2(s)\, G_3(s)\, G_4(s)\, G_5(s)\, H_2(s)\, H_3(s)$$

而

$$\sum L_i L_j L_k = 0$$

…

故可得特征方程式

$$\Delta = 1 - \sum L_i + \sum L_i L_j$$
$$= 1 - (L_1 + L_2 + L_3 + L_4) + L_2 L_3$$
$$= 1 + G_1(s)\, G_2(s)\, G_3(s)\, G_4(s)\, G_5(s)\, G_6(s)\, H_1(s)$$
$$\quad + G_2(s)\, G_3(s)\, H_2(s)\, -\, G_4(s)\, G_5(s)\, H_3(s)$$
$$\quad + G_3(s)\, G_4(s)\, H_4(s)\, -\, G_2(s)\, G_3(s)\, G_4(s)\, G_5(s)\, H_2(s)\, H_3(s)$$

前向通路只有一条

$$P_1 = G_1(s)\, G_2(s)\, G_3(s)\, G_4(s)\, G_5(s)\, G_6(s)$$

因为所有回路均与前向通路相接触，所以，其余子式

$$\Delta_1 = 1$$

利用梅逊公式(2-32)得

$$\Phi(s) = \frac{C(s)}{R(s)} = \frac{P_1 \Delta_1}{\Delta}$$

将 Δ、$P_1 \Delta_1$ 代入上式，就可得系统闭环传递函数。

$$\phi(s) = \frac{C(s)}{R(s)} = \frac{G_1 G_2 G_3 G_4 G_5 G_6}{1 + G_1 G_2 G_3 G_4 G_5 G_6 H_1 + G_2 G_3 H_2 - G_4 G_5 H_3 + G_3 G_4 H_4 - G_2 G_3 G_4 G_5 H_2 H_3}$$

从前面例子可见，应用梅逊公式不用对系统的信号流图进行简化，就可以直接写出系统的闭环传递函数。一般来说，简单的系统可直接由结构图进行等效变换化简运算，这样不仅各变量间的关系清楚，运算也不麻烦。对于复杂的系统，特别是用结构图进行等效变换化简比较困难的时候，采用梅逊公式计算较为方便，需要注意的是在应用梅逊公式时，必须要考虑周到，即不能遗漏或重复所需要计算的回路和前向通路，不然易得出错误的结果。

2.5　典型控制系统的传递函数

自动控制系统在实际工作中会受到两类信号的作用，统称外作用。一类是有用信号，一般称为参考输入、控制输入、指令输入及给定值，用 $r(t)$ 表示。另一类就是扰动输入信号或称干扰信号 $n(t)$。参考输入通常是加在控制装置的输入端，即系统的输入端。而干扰信号一般是作用在受控对象上，也可能出现在其他元部件中，甚至夹杂在指令信号之中。但通常，最主要的干扰信号是作用在被控对象上的扰动，例如电动机的负载扰动等。

如图 2-53 所示就是模拟这种实际情况的典型控制系统方块图。下面应用叠加原理可分别求出几种传递函数。

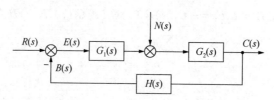

图 2-53　典型控制系统的结构图

2.5.1　系统的开环传递函数

在反馈控制系统中，定义前向通道的传递函数与反馈通道的传递函数之积为开环传递函数。图 2-53 所示系统的开环传递函数等于 $G_1(s)G_2(s)H(s)$，即 $G(s)H(s)$。显然，方块图中，将反馈信号 $B(s)$ 在相加点前断开后，反馈信号与偏差信号之比 $B(s)/E(s)$，就是该系统的开环传递函数。

2.5.2　系统的闭环传递函数

1. 给定值 $r(t)$ 作用下的闭环传递函数

令 $n(t)=0$，这时图 2-53 可简化成图 2-54。输出 $C(s)$ 对输入 $R(s)$ 之间的传递函数，称输入作用下的闭环传递函数，简称闭环传递函数，用 $\Phi(s)$ 表示。

$$\Phi(s) = \frac{C(s)}{R(s)} = \frac{G_1(s)G_2(s)}{1 + G_1(s)G_2(s)H(s)} \tag{2-34}$$

而输出的拉氏变换式为

$$C(s) = \frac{G_1(s)G_2(s)}{1 + G_1(s)G_2(s)H(s)} R(s) \tag{2-35}$$

2. 干扰 $n(t)$ 作用下的闭环传递函数

同样，令 $r(t)=0$，结构图 2-53 可简化为图 2-55。

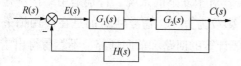

图 2-54　控制系统的结构图

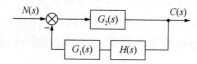

图 2-55　控制系统的结构图

以 $N(s)$ 作为输入，$C(s)$ 为在扰动作用下的输出，它们之间的传递函数，用 $\Phi_n(s)$ 表示，称为扰动作用下的闭环传递函数，简称干扰传递函数。

$$\Phi_n(s) = \frac{C(s)}{N(s)} = \frac{G_2(s)}{1 + G_1(s)G_2(s)H(s)} \tag{2-36}$$

系统在扰动作用下所引起的输出为

$$C(s) = \frac{G_2(s)}{1 + G_1(s)G_2(s)H(s)} N(s) \tag{2-37}$$

3. 系统的总输出

根据线性系统的叠加原理，系统在同时受 $r(t)$ 和 $n(t)$ 作用下，系统总输出 $C(s)$ 应等于它们各自单独作用时输出之和。故有：

$$C(s) = C_R(s) + C_N(s) = \frac{G_1(s)G_2(s)}{1 + G_1(s)G_2(s)H(s)}R(s) + \frac{G_2(s)}{1 + G_1(s)G_2(s)H(s)}N(s)$$

$$(2-38)$$

2.5.3 系统的闭环误差传递函数

偏差信号 $e(t)$ 的大小反映误差的大小，所以有必要了解偏差信号与参考输入和扰动信号的关系。

误差 $e(t)$ = 给定值 - 被控量

理论上误差定义 $e(t) = r(t) - c(t)$

工程研究上误差定义 $e(t) = r(t) - b(t)$

1. 给定值 $r(t)$ 作用下的误差传递函数

将结构图简化为如图 2-56。列写出输入 $R(s)$ 与输出 $E(s)$ 之间的传递函数，称为控制作用下偏差传递函数。用 $\Phi_{er}(s) = \dfrac{E(s)}{R(s)}$ 表示。

$$\Phi_{er}(s) = \frac{E(s)}{R(s)} = \frac{1}{1 + G_1(s)G_2(s)H(s)}$$

$$(2-39)$$

2. 干扰 $n(t)$ 作用下的误差传递函数

同理，干扰作用下的误差传递函数，称干扰误差传递函数，用 $\Phi_{en}(s)$ 表示。以 $N(s)$ 作为输入，$E(s)$ 作为输出的结构如图 2-57 所示。

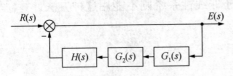

图 2-56　控制系统的结构图

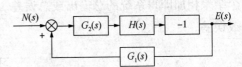

图 2-57　控制系统的结构图

$$\Phi_{en}(s) = \frac{E(s)}{N(s)} = \frac{-G_2(s)H(s)}{1 + G_1(s)G_2(s)H(s)}$$

$$(2-40)$$

3. 系统的总误差

同理，根据式(2-39)和式(2-40)可得系统总的偏差为

$$E(s) = \Phi_{er}(s)R(s) + \Phi_{en}N(s)$$

$$(2-41)$$

将上式推导的四种传递函数表达式进行比较，可以看出两个特点：

(1) 它们的分母完全相同，均为 $[1 + G_1(s)G_2(s)H(s)]$。

(2) 它们的分子各不相同，且与其前向通路的传递函数有关。因此，闭环传递函数的分子随着外作用的作用点和输出量的引出点不同而不同。显然，同一个外作用加在系统不同的位置上，对系统运动的影响是不同的。

本 章 小 结

1. 本章介绍了控制系统的最常见的几种数学模型：微分方程、传递函数、方块图和信号流图。系统的微分方程和传递函数是一一对应的，两者可以相互转化。

2. 微分方程是根据实际物理系统所遵循的运动规律而建立的数学模型，是描述控制系统动态特性最基本的数学模型。微分方程中含有两个函数：输入函数和输出函数。当输入函数一定时，输出函数也随之确定；当输入函数变化时，输出函数也随之变化。因此微分方程揭示了输入函数控制输出函数的数学本质。

3. 传递函数的概念只适用于线性定常系统。有些系统虽然是非线性系统，但经过线性化后可近似认为是线性系统，因此也可以用传递函数来描述。传递函数是在零初始条件下，输出量的拉氏变换与输入量的拉氏变换之比，它属于复域中的数学模型，是经典控制理论最重要的数学模型。

4. 方块图是数学模型的一种图解形式，它能直观、形象地表示出系统各组成部分的结构，以及系统中信号的传递关系。对于复杂系统的方块图可提高等效变换的方法进行化简，得到系统的传递函数。

5. 信号流图是另一种基于传递函数的系统模型，应用梅逊增益公式可以直接求解系统的传递函数，而不需简化信号流图，为系统传递函数的求取提供了一种简便的方法。

6. 通常一个控制系统可以看成由若干个典型环节组成，掌握各典型环节的数学表达式和响应特性，有助于对系统的分析和了解。

7. 线性系统遵守叠加原理，所以在计算输入信号及干扰信号同时作用下的系统总输出或总误差时，可以先分别计算输入信号及干扰信号单独作用时系统的输出或误差，然后再将两个结果相加即得系统的总输出或总误差。但是对于非线性系统则不能用这种方法计算总输出或误差。

习　题

题2-1　什么是系统的数学模型？在自动控制系统中常见的数学模型形式有哪些？

题2-2　什么是传递函数？传递函数的应用条件是什么？传递函数有哪些特点？

题2-3　自动控制系统常见的典型环节有哪些？各典型环节传递函数表达形式是什么？

题2-4　方块图由哪四大要素组成？系统的方块图有哪几种基本连接方式？

题2-5　试建立如图2-58所示电路的动态微分方程。

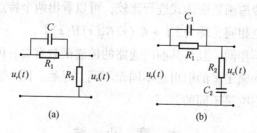

(a)　　　　　　(b)

图2-58　习题2-5图

题 2-6　求图 2-59 所示各有源网络的传递函数 $\dfrac{U_c(s)}{U_r(s)}$。

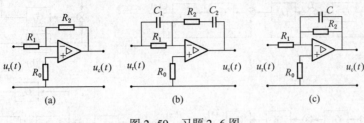

图 2-59　习题 2-6 图

题 2-7　飞机俯仰角控制系统结构图如图 2-60 所示，试求闭环传递函数 $Q_c(s)/Q_r(s)$。

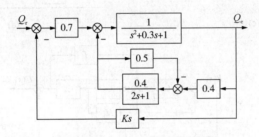

图 2-60　习题 2-7 图

题 2-8　已知在零初始条件下，系统的单位阶跃响应为 $c(t)=1-1.8e^{-4t}+0.8e^{-9t}$，试求系统的传递函数和脉冲响应。

题 2-9　试用结构图等效化简求图 2-61 所示各系统的传递函数 $\dfrac{C(s)}{R(s)}$。

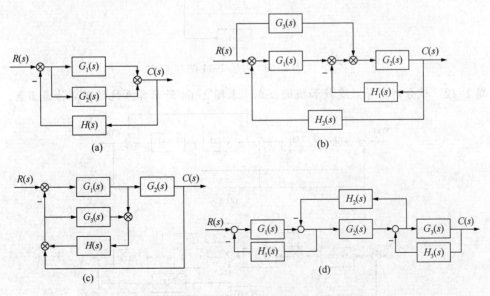

图 2-61　习题 2-9 图

题2-10　试求图2-62所示各系统的闭环传递函数。

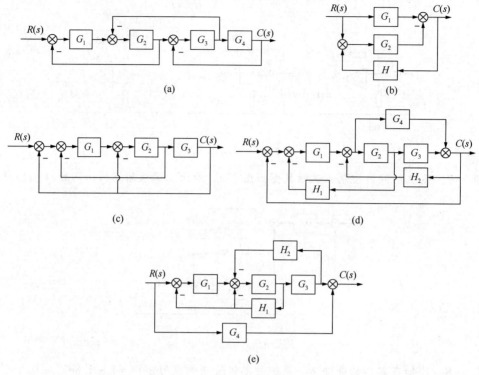

(a)

(b)

(c)

(d)

(e)

图 2-62　习题 2-10 图

题2-11　已知控制系统结构图如图2-63所示，求单输入 $r(t) = 3 \times 1(t)$ 时系统的输出 $c(t)$。

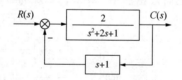

图 2-63　习题 2-11 图

题2-12　试分别用等效变换和梅逊公式，求图2-64所示各系统的闭环传递函数。

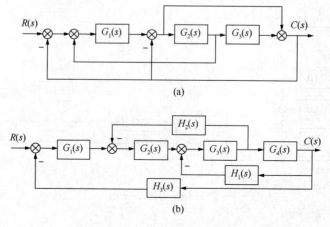

(a)

(b)

图 2-64　习题 2-12 图

题 2-13　试用梅逊增益公式求图 2-65 中各系统的闭环传递函数。

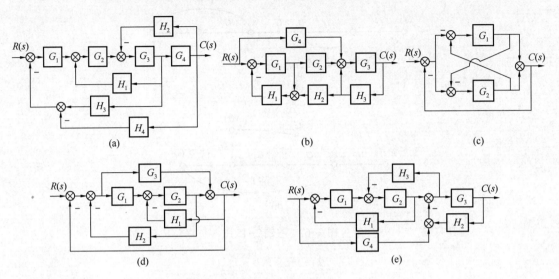

图 2-65　习题 2-13 图

题 2-14　已知系统信号流图如图 2-66 所示，试求出系统的闭环传函 $C(s)/R(s)$。

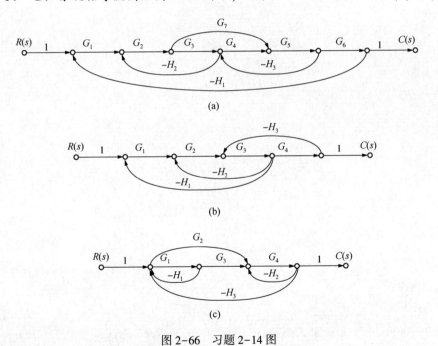

图 2-66　习题 2-14 图

题 2-15　某系统的信号流图如图 2-67 所示，用梅森公式求系统传递函数。

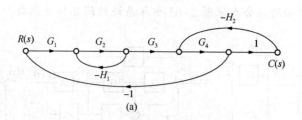

(a)

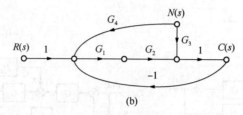

(b)

图 2-67　习题 2-15 图

第3章 控制系统的时域分析

控制系统的数学模型建立之后，就可以分析控制系统的性能，对于线性控制系统，工程上常用的分析方法有时域分析法、根轨迹分析法和频域分析法等。时域分析法是一种在时间域中对系统进行分析的方法，具有直观、准确、物理概念清楚、能提供系统响应的全部信息的优点。时域分析法就是根据控制系统的微分方程，以拉普拉斯变换作为数学工具，在给定输入信号作用下，求解控制系统输出变量的时间解，即时域响应。本章介绍时域分析法分析研究控制系统的动态性能和稳态性能。动态性能可以通过在典型输入信号作用下控制系统的过渡过程来评价，主要研究一阶系统、二阶系统的过渡过程，并对高阶系统的过渡过程作适当的介绍，同时阐述控制系统的稳定性概念及劳斯稳定判据。

对于稳定的控制系统，其稳态性能一般是根据系统在典型输入信号作用下引起的稳态误差来评价，因此，稳态误差是系统控制准确度(即控制精度)的一种度量。一个控制系统，只有在满足要求的控制精度的前提下，再对它进行过渡过程分析才有实际意义。

用时域分析法分析高阶系统时，根据高阶系统主导极点的情况将系统近似为一阶、二阶系统进行分析、处理。由于许多高阶系统的时间响应常用二阶系统来代替，故本章着重研究二阶系统的时域分析。

3.1 典型输入信号和时域性能指标

控制系统的动态性能，可以通过系统在输入信号作用下的过渡过程来评价。一般情况下，大多数控制系统的外加输入信号具有随机性质而无法预先知道，而且瞬时输入量不能以解析形式表示，这就给分析系统带来了困难。例如，火炮随动系统在跟踪敌机的过程中，由于敌机可以做任意机动飞行，致使飞行规律无法事先确定，因此火炮随动系统的输入信号便是一个随机信号。为了对各种控制系统的性能进行比较，就要有一个共同的基础，为此，预先规定一些特殊的试验信号作为系统的输入，然后比较各种系统对这些输入信号的响应。

选取试验输入信号时应注意，试验输入信号的典型形式应反映系统工作的大部分实际情况，并尽可能简单，以便于分析处理。

采用时域分析系统时，常对初始状态规定为零初始状态，同时对输入信号也规定了典型的试验信号。

3.1.1 典型输入信号

1. 阶跃信号

阶跃信号表示瞬间突变，然后保持的信号。

阶跃信号的数学表达式为

$$r(t) = \begin{cases} R & t \geq 0 \\ 0 & t < 0 \end{cases}$$

对应的拉氏变换式：$R(s) = \dfrac{R}{s}$

当取阶跃 $R=1$ 时，称为单位阶跃信号，

记作 $r(t) = I(t)$。

阶跃信号输入输出关系曲线如图 3-1 所示。它是最常用的一种试验输入信号。例如电源的突然接通，电动机负荷的突然改变，阀门的突开和突关等，均可视为阶跃信号。

2. 斜坡信号(恒速信号)

斜坡信号表示由零值开始，随时间 t 线性增长的信号。

斜坡信号的数学表达式为

$$r(t) = \begin{cases} vt & t \geq 0 \\ 0 & t < 0 \end{cases}$$

对应的拉氏变换式：$R(s) = \dfrac{v}{s^2}$

当取 $v=1$ 时，称为单位斜坡信号，记作 $r(t) = t$。

斜坡信号输入输出关系曲线如图 3-2 所示。

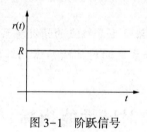

图 3-1　阶跃信号

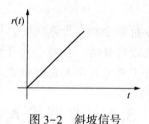

图 3-2　斜坡信号

3. 恒加速度信号(加速度函数)

恒加速度信号也称为抛物线信号，它表示随时间 t 以等加速度增长的信号。

加速度信号的数学表达式为

$$r(t) = \begin{cases} \dfrac{1}{2}at^2 & t \geq 0 \\ 0 & t < 0 \end{cases}$$

对应的拉氏变换式：$R(s) = \dfrac{a}{s^3}$

当取 $a=1$ 时，称为单位加速度信号，记作 $r(t) = \dfrac{1}{2}t^2$

加速度信号输入输出关系曲线如图 3-3 所示。

4. 脉冲信号

脉冲信号是一个持续时间极短的信号。

实际脉冲信号的数学表达式为

$$r(t) = \begin{cases} \dfrac{h}{\varepsilon} & 0 \leqslant t \leqslant \varepsilon \\ 0 & t < 0, \ t > \varepsilon \end{cases}$$

对实际脉冲的宽度 $\varepsilon \to 0$，则称为理想单位脉冲函数用 $\delta(t)$ 表示。

$$\delta(t) = \begin{cases} \infty & t = 0 \\ 0 & t \neq 0 \end{cases}$$

且

$$\int_{-\infty}^{\infty} \delta(t) \, dt = 1$$

$L[\delta(t)] = 1$ 对应的拉氏变换式：$R(s) = 1$，曲线如图 3-4 所示。

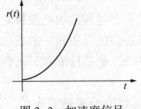
图 3-3 加速度信号

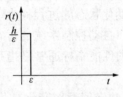
图 3-4 脉冲信号

　　理想的单位脉冲信号实际上是不存在的，它只是数学上有意义，工程上不可能发生。但在控制理论中它却是一个重要的输入信号。一些持续时间极短的脉冲信号，例如时间很短的冲击力、脉冲信号、天线上的阵风扰动、大气湍流等可用脉冲信号模拟，若已知系统对单位脉冲信号的响应，则系统对其他很多信号的响应，就可应用卷积分求得。

　　5. 正弦函数
　　正弦信号的数学表达式为

$$r(t) = A\sin\omega t$$

$L[r(t)] = \dfrac{A\omega}{s^2 + \omega^2}$，曲线如图 3-5 所示。

　　实际中如电源的波动、机械振动、元件的噪声干扰力等可近似于正弦信号。

　　系统对不同频率正弦输入信号的稳态响应，被称为频率响应。通过频率响应亦可获得关于正弦信号系统性能的全部信息。这部分内容将在第 5 章中介绍。

　　由于上述函数都是简单的时间函数，因此应用这些函数作为典型输入信号，选取的原因是：

　　① 输入信号形式的数学表达式简单，便于分析处理。

　　② 输入信号形式基本反映系统工作的实际情况，即具有与实际中信号相近的实用性。

　　③ 输入信号形式实验研究中易实现，可以很容易地对控制系统进行分析和试验研究。

　　分析、设计控制系统时，究竟采用哪一种或哪几种典型输入信号，取决于系统在正常工作情况下最常见的输入信号形式。如果控制系统的实际输入，大都是随时间逐渐变化的信号，则应用斜坡函数作为试验信号比较合适；如果系统的

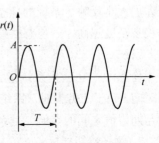
图 3-5 正弦信号

输入信号大多是有突变性质的，则选用阶跃函数最为恰当；刚当系统的输入信号是冲击输入量时，则采用脉冲函数最为合适；如果系统的输入信号是随时间变化的往复运动，则采用正弦函数是合适的。因此，究竟采用何种典型信号作为系统的试验信号，要视具体情况而定。但不管采用何种典型输入信号，对同一系统来说，由过渡过程所表征的系统特性应是统一的。

在实际分析工作中，一般采用阶跃函数作典型信号，原因：

① 阶跃信号比较容易产生，便于实验分析和计算。

② 一般认为阶跃干扰是最严重的，因为它突然发生，对系统破坏性大。如果对它能克服，那么对其他缓和干扰更能克服。

3.1.2 时域性能指标

按被控量处于变化状态的过程称为动态过程或暂态过程，而把被控量处于相对稳定的状态称为静态或稳态。自动控制系统的暂态品质和稳态性能可用相应的指标衡量。

自动控制系统的性能指标通常是指系统的稳定性、稳态性能和暂态性能。

1. 稳定性

当扰动作用(或给定值发生变化)时，输出量将偏离原来的稳定值，这时，由于反馈的作用，通过系统内部的自动调节，系统可能回到(或接近)原来的稳定值(或跟随给定值)稳定下来，如图3-6(a)所示。但也可能由于内部的相互作用，使系统出现发散而处于不稳定状态，如图3-6(b)所示。显然，不稳定的系统是无法工作的。

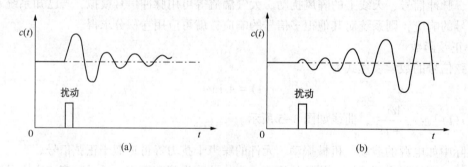

图 3-6   稳定系统与不稳定系统

2. 稳态性能指标

当系统从一个稳态过渡到新的稳态，或系统受扰动作用又重新平衡后，系统可能会出现偏差，这种偏差称为稳态误差。一个反馈控制系统的稳态性能用稳态误差来表示。系统稳态误差的大小反映了系统的稳态精度，它表明了系统控制的准确程度。稳态误差越小，则系统的稳态精度越高。若稳态误差为零，则系统称为无差系统；若稳态误差不为零，则系统称为有差系统。

稳态误差 e_{ss}，指系统进入稳态过程后，输出期望值与实际值的差值。一般定义如下：当时间 t 趋于无穷大时，系统单位阶跃响应的实际值与期望值之差，它反映了系统最终输出量与期望值之间的差值，是系统控制精度高低的标志。

3. 暂态性能指标

系统从一个稳态过渡到新的稳态都需要经历一段时间，亦即需要经历一个过渡过程。表征这个过渡过程性能的指标叫做暂态性能指标。输出量的暂态过程可能有以下几种情况：

（1）单调过程：这一过程的输出量单调变化，缓慢地到达新的稳态值。这种暂态过程具有较长的暂态过程时间。

（2）衰减振荡过程：这时被控制量变化很快，以致产生超调，经过几次振荡后，达到新的稳定工作状态。

（3）等幅振荡过程：这时被控制量持续振荡，始终不能达到新的稳定工作状态，这属于不稳定过程。

（4）发散振荡过程：这时被控制量发散振荡，不能达到所要求的稳定工作状态。在这种情况下，不但不能纠正偏差，反而使偏差越来越大。这也属于不稳定过程。

一般说来，在合理的结构和适当的系统参数下，系统的暂态过程多属于第二种情况。现以系统对突加给定信号（阶跃信号）的动态响应来介绍暂态性能指标。

图 3-7 是单位阶跃信号作用下的响应曲线。

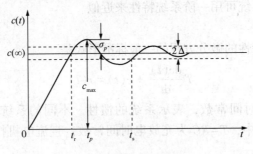

图 3-7 单位阶跃响应

（1）最大超调量 σ_p

最大超调量是输出最大值与输出稳态值的相对误差，即

$$\sigma_p = \frac{c(t_p) - c(\infty)}{c(\infty)} \times 100\%$$

最大超调量反映了系统的平稳性，最大超调量越小，则说明系统过渡过程越平稳。不同的控制系统，对超调量的要求也不同。

（2）上升时间 t_r

该时间是指系统的输出量第一次到达输出稳态值所对应的时刻。对于无振荡的系统，常把输出量从输出稳态值的 10% 到输出稳态值 90% 所对应的时间叫做上升时间。

上升时间越小，系统的快速性越好。

（3）超调时间 t_p

过渡过程达到第一个极值所需要的时间，称为超调时间（峰值时间）。峰值时间越小，系统的快速性越好。

（4）过渡过程时间或调节时间 t_s

调节时间是指系统的输出量进入并一直保持在稳态输出值附近的允许误差带内所需的时间。允许误差带宽度一般取稳态输出值的 ±2% 或 ±5%。调节时间的长短反映了系统的快速性。调节时间越小，系统的快速性越好。

（5）振荡次数 N

振荡次数是指在调节时间内，输出量在稳态值附近上下波动的次数。它也反映系统的平稳性。振荡次数越少，说明系统的平稳性越好。

（6）衰减比 n

指过渡过程曲线同方向相邻两个波峰之比，衰减比 n 越大，振荡越小，控制系统的稳定性越好。

3.2　一阶系统的时域分析

控制系统的输出信号与输入信号之间的关系凡可用一阶微分方程表示的，叫做一阶系统。

实际系统中如 RC 网络、室温系统、恒温箱、水位调节系统都是一阶系统，研究一阶系统的意义在于有些高阶系统可用一阶系统特性来近似。

3.2.1　数学模型

描述一阶系统动态特性的微分方程的一般标准形式是

$$T\frac{dc(t)}{dt} + c(t) = r(t) \tag{3-1}$$

式中，T——一阶系统的时间常数，表示系统的惯性，不同的系统，时间常数 T 的意义不同。如在 RC 充放电电路中，$T=RC$ 为充放电时间常数；直流电机控制电路，T 为机电时间常数。

一阶系统的闭环传递函数

$$\Phi(s) = \frac{C(s)}{R(s)} = \frac{1}{Ts + 1} \tag{3-2}$$

其方块图如图 3-8 所示，化简如图 3-9 所示。

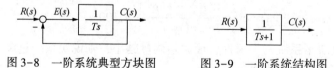

图 3-8　一阶系统典型方块图　　　图 3-9　一阶系统结构图

3.2.2　一阶系统的时域分析

1. 单位阶跃响应

输入信号：$r(t) = 1$，则有 $R(s) = \dfrac{1}{s}$

输出信号：

$$C(s) = \frac{1}{Ts+1}R(s) = \frac{1}{(Ts+1)s} = \frac{1}{s} - \frac{1}{s + \dfrac{1}{T}} \tag{3-3}$$

对(3-3)式进行拉氏反变换，得单位阶跃响应为

$$c(t) = 1 - e^{-\frac{1}{T}t} \tag{3-4}$$

当 $t=0$ 时，$c(t) = 0$。

当 $t=T$ 时，$c(t) = 0.632$。

当 $t = 2T$ 时，$c(t) = 0.865$。

当 $t = 3T$ 时，$c(t) = 0.950$。

当 $t = 4T$ 时，$c(t) = 0.982$。

一阶系统单位阶跃响应曲线如图 3-10 所示，它是一条从初始值为零开始，以指数规律上升到最终值为 1 的曲线，是收敛的、单调的、无超调的。

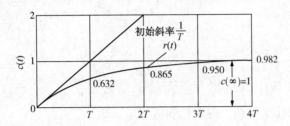

图 3-10　单位阶跃响应曲线

响应特点：

(1) 当 $t = 0$ 该处切线斜线为 $\dfrac{1}{T}$

$$\frac{dc(t)}{dt}\Big|_{t=0} = \frac{1}{T}e^{-\frac{t}{T}}\Big|_{t=0} = \frac{1}{T}$$

故时间常数可以求出：　从曲线初始点作切线与新的稳态值的交点和初始点对应的那段时间 $\tan\alpha = \dfrac{1}{T}$，$T$ 时间常数，它表示系统响应快慢，T 越小，响应越快。

随着时间增长，过渡过程曲线斜率下降至零。

(2) 当 $t = T$ 时，$c(t) = 0.632$ 可用实验方法求取一阶系统时间常数 T，这是用实验方法求取一阶系统时间常数的重要特征点。

(3) 理论上讲一阶系统过渡过程达稳态，需无限长的时间，但当 $t = 3T$ 时，$c(3T) = 0.95$，即过渡过程曲线 $c(t)$ 的数值已等于稳态输出值的 95%，与稳态输出值比较，仅相差 $\pm 5\%$。在工程实践中，常常认为此刻过渡过程已经结束，则过渡过程 t_s 等于 3 倍的时间常数，即 $t_s = 3T$，有时还规定：当过渡过程曲线 $c(t)$ 在数值上达到稳态输出值的 98%（即过渡过程曲线 $c(t)$ 与稳态输出值比较，还相差 $\pm 2\%$）时，认为过渡过程已经结束，则过渡过程时间 t_s 等于 4 倍时间常数，即 $t_s = 4T$。

故一般取

$$t_s = 3T(s)，（对应 \Delta = \pm 5\% 的误差带）$$

或　　　　　　　　　$$t_s = 4T(s)，（对应 \Delta = \pm 2\% 的误差带）$$

(4) 由图 3-10 可以看出，一阶系统的单位阶跃响应在稳态时与输入量之间没有误差，即

$$e_{ss} = 1 - c(\infty) = 1 - 1 = 0$$

该曲线特点：无振荡，无超调。过渡过程进行的快慢只取决于时间常数 T 的大小。一阶系统又称为惯性系统，显然，T 越大，系统惯性越大，调节时间越长，越难以达到稳态，如 RC 电路中，T 越大，充电时间越长，要想减小电池的充电时间，必须想办法减小时间常数。

2. 单位斜坡响应

输入信号：$r(t) = t$，则有 $R(s) = \dfrac{1}{s^2}$，

输出信号：

$$C(s) = \frac{1}{Ts+1} \times \frac{1}{s^2}$$

将上式展开成部分分式

$$C(s) = \frac{1}{s^2} - \frac{T}{s} + \frac{T^2}{Ts+1} \tag{3-5}$$

对式(3-5)进行拉氏反变换，得单位斜坡响应，即

$$C_t(t) = t - T + Te^{-\frac{1}{T}t} \qquad t \geqslant 0 \tag{3-6}$$

式中 $(t - T)$ 为响应的稳态分量；$Te^{-\frac{1}{T}t}$ 为响应的瞬态分量，当时间 t 趋于无穷时衰减到零。

由斜坡响应曲线(如图3-11所示)可见，一阶系统的单位斜坡响应在稳态时与输入信号之间是有差的，其差值为

$$e_{ss} = \lim_{t \to \infty}\left[t - c_t(t)\right] = \lim_{t \to \infty}\left[t - (t - T + Te^{-\frac{1}{T}t})\right] = T$$

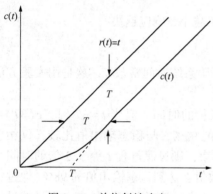

图3-11　单位斜坡响应

显然这个差值并不是指系统稳态时输出、输入在速度上的差值，而是由于输出滞后一个时间 T，使系统存在一个位置上的跟踪误差。其数值与时间常数 T 相等。因此，时间常数 T 越小，则响应越快，跟踪误差越小，输出量相对输入信号的滞后时间也越短。

一阶系统在单位斜坡函数作用下的过渡过程曲线是一条按照指数规律上升的曲线，它是单调的，无超调的，如图3-11所示。

显然，系统的时间常数越小，反应越快，跟踪误差越小，输出信号滞后于输入信号的时间也越短。

3. 单位脉冲函响应

当输入量为单位脉冲函数时，其拉氏变换式为 $R(s) = 1$。

系统输出量的拉氏变换式与系统的闭环传递函数相同，即

$$C(s) = \frac{1}{Ts+1} \tag{3-7}$$

对式(3-7)进行拉氏反变换，并用符号 $k(t)$ 表示系统的响应，则有

$$k(t) = \frac{1}{T}e^{-\frac{t}{T}} \qquad t \geqslant 0 \tag{3-8}$$

称(3-8)式为一阶系统的脉冲响应函数或叫权函数。单位脉冲响应曲线如图3-12所示。显然，一阶系统的单位脉冲响应只有暂态项，没有稳态项，即稳态值为零，响应是一条

单调下降的指数曲线。输出量的初始值为 $\frac{1}{T}$，当时间趋于无穷时输出量趋于零，它是收敛的、单调的、无超调的。时间常数 T 同样反映了响应过程的快速性，T 越小，响应的持续时间越短，快速性也越好。

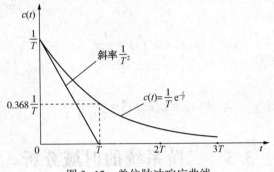

图 3-12 单位脉冲响应曲线

综合以上分析，从输入信号看，单位斜坡信号的导数为单位阶跃信号，而单位阶跃信号的导数为单位脉冲信号。相应地，从输出信号来看，单位斜坡响应的导数为单位阶跃响应，而单位阶跃响应的导数为单位脉冲响应。单位斜坡信号、单位阶跃信号和单位脉冲信号之间存在导数与积分关系，它们的响应也存在导数与积分关系，因此在研究系统的时域分析时，只要选取其中一种信号作为典型输入信号进行分析和计算，其他信号的响应可以通过相应的线性变换得到。

在单位斜坡输入、单位阶跃输入、单位脉冲输入这三种输入信号中，单位阶跃信号是变化最突兀、最严峻的情况，所以本章主要以单位阶跃输入信号为主进行分析。

3.2.3 线性定常系统的重要特性

比较一阶系统对斜坡、阶跃和脉冲输入信号的响应，发现它们与输入信号之间有如下关系，因为

$$\frac{\mathrm{d}}{\mathrm{d}t}t = 1(t)，\quad \frac{\mathrm{d}}{\mathrm{d}t}1(t) = \delta(t)$$

$$r_{脉冲}(t) = \frac{\mathrm{d}}{\mathrm{d}t}r_{阶跃}(t) = \frac{\mathrm{d}^2}{\mathrm{d}t^2}r_{斜坡}(t)$$

则一定有如下过渡过程之间关系与之对应

$$c_{脉冲}(t) = \frac{\mathrm{d}}{\mathrm{d}t}c_{阶跃}(t) = \frac{\mathrm{d}^2}{\mathrm{d}t^2}c_{斜坡}(t)$$

这个对应关系说明，系统对输入信号导数的响应，等于系统对该输入信号响应的导数。或者，系统对输入信号积分的响应，等于系统对该输入信号响应的积分，而积分常数由零输出初始条件确定。这是线性定常系统的一个重要特性，不仅适用于一阶线性定常系统，而且也适用于任何阶线性定常系统，但不适用于线性时变系统和非线性系统。

【例 3-1】 某温度计插入温度恒定的热水后，其显示温度随时间变化的规律为

$$h(t) = 1 - e^{-\frac{1}{T}t}$$

实验测得，当 $t = 60\mathrm{s}$ 时温度计读数达到实际水温的 95%，试确定该温度计的传递函数。

解： 依题意，温度计的调节时间为

$$t_s = 60 = 3T$$

故得

$$T = 20$$

$$h(t) = 1 - e^{-\frac{1}{T}t} = 1 - e^{-\frac{1}{20}t}$$

由线性系统性质

$$k(t) = h'(t) = \frac{1}{20}e^{-\frac{1}{20}t}$$

由传递函数性质

$$\Phi(s) = L[k(t)] = \frac{1}{20s + 1}$$

3.3　二阶系统的时域分析

由二阶微分方程描述的系统称为二阶系统。它在控制工程中应用非常广泛，例如 *RLC* 网络、忽略电枢电感 *La* 后的电动机、机械位移系统等。许多高阶控制系统在一定条件下也可简化为二阶系统进行研究。因此，详细讨论二阶系统的特性具有重要意义。

3.3.1　数学模型

二阶系统的微分方程为 $\dfrac{d^2c(t)}{dt^2} + 2\zeta\omega_n\dfrac{dc(t)}{dt} + \omega_n{}^2c(t) = \omega_n{}^2r(t)$　　　　　　(3-9)

其中，ζ 为阻尼比或衰减系数，ω_n 为自然振荡角频率。

二阶系统的标准闭环传递函数为

$$\Phi(s) = \frac{C(s)}{R(s)} = \frac{\omega_n{}^2}{s^2 + 2\zeta\omega_n s + \omega_n{}^2} \qquad\qquad (3-10)$$

其方块图如图 3-13 所示，化简如图 3-14 所示。

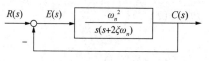

图 3-13　二阶系统典型方块图　　　　图 3-14　二阶系统典型方块图

二阶系统的动态特性可以用阻尼比 ζ 和自然振荡角频率 ω_n 两个参量加以描述。

二阶系统的特征方程为

$$s^2 + 2\zeta\omega_n s + \omega_n^2 = 0 \qquad\qquad (3-11)$$

由上式解得二阶系统的两个特征根（即闭环极点）为：

$$s_{1,2} = -\zeta\omega_n \pm \omega_n\sqrt{\zeta^2 - 1} \qquad\qquad (3-12)$$

上式说明，随着阻尼比 ζ 取值的不同，二阶系统的特征根（闭环极点）也不相同。下面逐一加以说明。

$\zeta>1$ 有两个相异实根，称为过阻尼。即

$$s_{1,2} = -\zeta\omega_n \pm \omega_n\sqrt{\zeta^2 - 1}$$

$\zeta=1$ 称为临界阻尼，为一对相等的负实根。即

$$s_{1,2} = -\omega_n$$

$0<\zeta<1$ 称为欠阻尼，特征根为一对实部为负的共轭复根，即

$$s_{1,2} = -\zeta\omega_n \pm \omega_n j\sqrt{1-\zeta^2}$$

$\zeta=0$ 称为零阻尼，为一对纯虚根。即

$$s_{1,2} = \pm\omega_n j$$

$\zeta<0$ 则称为负阻尼，系统将出现正实部的特征根。即

$$s_{1,2} = -\zeta\omega_n \pm \omega_n\sqrt{\zeta^2-1}$$

二阶系统正常工作的基本条件是，阻尼比 ζ 必须大于零。

3.3.2　单位阶跃响应

输入信号　$r(t)=1$，则有 $R(s)=\dfrac{1}{s}$

输出信号

$$C(s) = \phi(s)R(s) = \frac{\omega_n^2}{s^2 + 2\zeta\omega_n s + \omega_n^2} \cdot \frac{1}{s} \tag{3-13}$$

1. $\zeta>1$ 有两个相异负实根，称为过阻尼。

根的分布情况如图 3-15 所示。

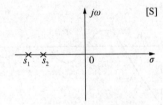

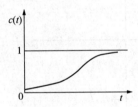

图 3-15　$\zeta>1$ 根的分布　　　　图 3-16　单位阶跃响应

两个相异实根为

$$s_{1,2} = -\zeta\omega_n \pm \omega_n\sqrt{\zeta^2-1}$$

将式(3-13)展成部分分式的形式

$$C(s) = \frac{\omega_n^2}{s(s-s_1)(s-s_2)} = \frac{A_1}{s} + \frac{A_2}{s-s_1} + \frac{A_3}{s-s_2}$$

其中，A_1，A_2，A_3 为待定系数，它们分别是复平面上 $s=0$，$s=s_1$，$s=s_2$ 处 $C(s)$ 的留数。

$$C(s) = \frac{\omega_n^2}{s(s-s_1)(s-s_2)} = \frac{A_1}{s} + \frac{A_2}{s-s_1} + \frac{A_3}{s-s_2}$$

$$= \frac{1}{s} - \frac{\left[2\sqrt{\zeta^2-1}(\zeta-\sqrt{\zeta^2-1})\right]^{-1}}{s+(\zeta-\sqrt{\zeta^2-1})\omega_n} + \frac{\left[2\sqrt{\zeta^2-1}(\zeta+\sqrt{\zeta^2-1})\right]^{-1}}{s+(\zeta+\sqrt{\zeta^2-1})\omega_n}$$

据此，可求得输出响应

$$c(t) = 1 - \frac{1}{2\sqrt{\zeta^2-1}}\left[\frac{e^{-(\zeta-\sqrt{\zeta^2-1})\omega_n t}}{\zeta-\sqrt{\zeta^2-1}} - \frac{e^{-(\zeta+\sqrt{\zeta^2-1})\omega_n t}}{\zeta+\sqrt{\zeta^2-1}}\right] \tag{3-14}$$

　　显然，这时系统的过渡过程 $c(t)$ 包含着两个衰减的指数项，因而随着时间的增长，对应的分量逐渐趋于零，输出响应最终趋于稳态值1。此时，系统输出随时间单调上升，无振荡和无超调。这是一个不振荡的衰减过程。如图 3-16 所示。

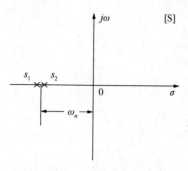

图 3-17　$\zeta = 1$ 时根的分布图

　　2. $\zeta = 1$ 称为临界阻尼，为一对相等的负实根，即 $s_{1.2} = -\omega_n$。

　　根的分布情况如图 3-17 所示。

$$C(s) = \frac{\omega_n^2}{s(s+\omega_n)^2} = \frac{1}{s} - \frac{\omega_n}{(s+\omega_n)^2} - \frac{1}{s+\omega_n}$$

$$c(t) = 1 - e^{-\omega_n t}(1+\omega_n t) \qquad (3-15)$$

　　这也是一个不振荡的衰减过程。二阶系统当阻尼比 $\zeta = 1$ 时，在单位阶跃函数作用下的过渡过程是一条无超调的单调上升的曲线。类似于图 3-16。

　　3. $0 < \zeta < 1$ 称为欠阻尼，特征根为一对实部为负的共轭复根。

　　根的分布情况如图 3-18 所示，响应曲线如图 3-19 所示。

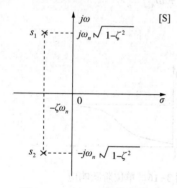

图 3-18　$0 < \zeta < 1$ 根的分布图

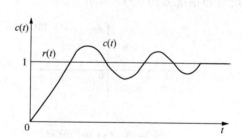

图 3-19　单位阶跃响应曲线图

$$C(s) = \frac{\omega_n^2}{s^2 + 2\zeta\omega_n s + \omega_n^2} \times \frac{1}{s}$$

$$s_{1,2} = -\zeta\omega_n \pm j\omega_n\sqrt{1-\zeta^2}$$

$$C(s) = \frac{\omega_n^2}{s^2 + 2\zeta\omega_n s + \omega_n^2} \times \frac{1}{s}$$

$$= \frac{1}{s} - \frac{s+\zeta\omega_n}{(s+\zeta\omega_n)^2 + \omega_d^2} - \frac{\zeta\omega_n}{(s+\zeta\omega_n)^2 + \omega_d^2}$$

$$c(t) = 1 - \frac{e^{-\zeta\omega_n t}}{\sqrt{1-\zeta^2}}\sin(\omega_d t + \theta) \qquad (3-16)$$

其中 $\theta = \arctan\dfrac{\sqrt{1-\zeta^2}}{\zeta}$

$\omega_d = \omega_n\sqrt{1-\zeta^2}$，$\omega_d$ 为振荡角频率，这是一个振荡的衰减过程。

4. $\zeta = 0$ 称为零阻尼，为一对纯虚根。

根的分布情况如图 3-20 所示。

$$c(t) = 1 - \cos\omega_n t \qquad (3-17)$$

这是一个等幅振荡的过程。

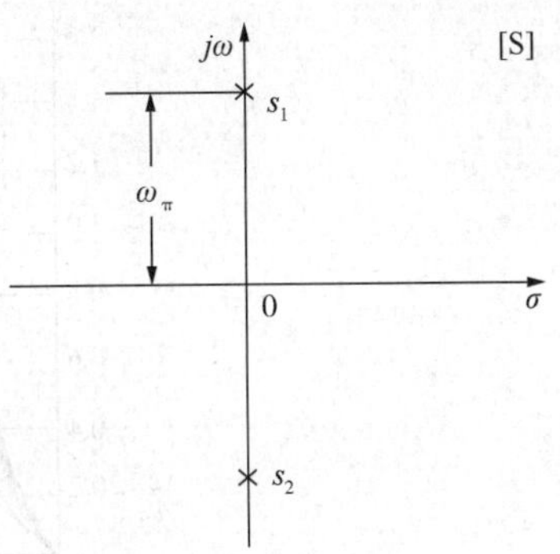

5. $\zeta < 0$ 则称为负阻尼，系统将出现正实部的特征根。

（1）$-1 < \zeta < 0$　正实部的虚根

$$s_{1,2} = -\zeta\omega_n \pm \omega_n j\sqrt{1-\zeta^2}$$

$$c(t) = 1 - \frac{e^{-\zeta\omega_n t}}{\sqrt{1-\zeta^2}}\sin(\omega_d t + \theta)$$

$$\theta = \arctan\frac{\sqrt{1-\zeta^2}}{\zeta}$$

图 3-20　$\zeta = 0$ 根的分布图

$\omega_d = \omega_n\sqrt{1-\zeta^2}$　ω_d 为振荡角频率

这是一个发散振荡的过程

（2）$\zeta < -1$　有两个正实根

$$s_{1,2} = -\zeta\omega_n \pm \omega_n\sqrt{\zeta^2-1}$$

$$c(t) = 1 - \frac{\zeta + \sqrt{\zeta^2-1}}{2\sqrt{\zeta^2-1}}e^{s_1 t} + \frac{\zeta - \sqrt{\zeta^2-1}}{2\sqrt{\zeta^2-1}}e^{s_2 t} \qquad (3-18)$$

这是一个单调发散的过程

在单位阶跃函数作用下对应不同阻尼比 ζ（$\zeta = 0$，$0 < \zeta < 1$，$\zeta > 1$）时，二阶系统的过渡过程曲线示于图 3-21 中。从图看出，二阶系统在单位阶跃函数作用下的过渡过程，随着阻尼比 ζ 的减小，振荡程度越加严重，以致当 $\zeta = 0$ 时出现等幅振荡。当 $\zeta = 1$ 及 $\zeta > 1$ 时，二阶系统的过渡过程具有单调上升的特性。就过渡过程持续时间来看，在无振荡、单调上升的特性中，以 $\zeta = 1$ 的过渡过程时间 t_s 为最短。在欠阻尼（$0 < \zeta < 1$）特性中，对应 $\zeta = 0.4 \sim 0.8$ 时的过渡过程，不仅具有比 $\zeta = 1$ 时更短的过渡过程时间，而且振荡程度也不严重。因此，一般来说，希望二阶系统工作在 $\zeta = 0.4 \sim 0.8$ 的欠阻尼状态。因为在这种状态下将有一个振荡特性适度、持续时间较短的过渡过程。但并不排除在某些情况下（例如在包含低增益、大惯性的温度控制系统设计中）需要采用过阻尼系统。此外，在有些不允许时间特性出现超调，而又希望过渡过程较快完成的情况下，例如在指示仪表系统和记录仪表系统中，需要采用临界阻尼系统。

结论：只有衰减的过渡过程，才是收敛的过程，系统的输出最终才能稳定在某一值，这样的系统才是稳定的，过渡过程发散的系统是不稳定的系统。

故在以上情况中，当 $\zeta > 0$，属于稳定状态；当 $\zeta < 0$，属不稳定状态；当 $\zeta = 0$ 处于稳定与不稳定之间，属于临界状态。

通常可以根据图 3-21 曲线来分析系统结构参数 ζ，ω_n 对阶跃响应性能的影响。

（1）平稳性：由曲线可以看出，阻尼比 ζ 越大，超调量 $\sigma_p\%$ 越小，响应振荡倾向越弱，平稳性越好；反之，阻尼比 ζ 越小，振荡越强，平稳性越差。在欠阻尼状态下，由于 $\omega_d = \omega_n\sqrt{1-\zeta^2}$，所以在一定的阻尼比 ζ 下，ω_n 越大，振荡频率 ω_d 也越高，系统响应的平稳性

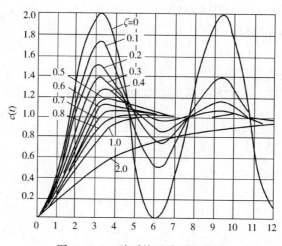

图 3-21　二阶系统过渡过程曲线

越差。

　　总的来说,阻尼比 ζ 大,自然振荡角频率 ω_n 小,是使系统单位阶跃响应的平稳性好的必要条件。

　　(2) 快速性:从图 3-21 中可见, ζ 过大,如 ζ 值接近于 1 时,系统响应迟钝,调节时间 t_s 长,快速性差; ζ 过小,虽然响应的起始速度较快,但因为振荡强烈,衰减缓慢,所以调节时间 t_s 也长,快速性亦差。图 3-22 给出了对于不同误差带的调节时间 t_s 与阻尼比 ζ 的关系曲线。

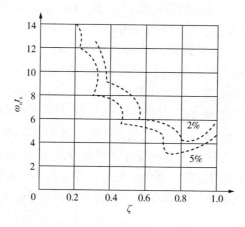

图 3-22　不同误差带的调节时间

　　从图 3-22 中可见,对于 5% 的误差带,当 $\zeta = 0.707$ 时,超调量 $\sigma_p \% < 5\%$,,平稳性也是令人满意的。因此称 $\zeta = 0.707$ 为最佳阻尼比。对于一定的阻尼比 ζ, ω_n 越大,快速性越好。

　　(3) 稳态精度:由式(3-16)可见, $c(t)$ 的瞬态分量随时间增长衰减到零,而稳态分量等于 1,所以欠阻尼二阶系统的单位阶跃响应不存在稳态误差。

3.3.3　二阶系统的性能指标

　　在许多实际情况中,评价控制系统动态性能的好坏,是通过系统反应单位阶跃函数的过渡过程的特征量来表示的。下面就来定义二阶系统单位阶跃响应的一些特征量,作为评价二阶系统的性能指标。

在一般情况下，希望二阶系统工作在 $\zeta = 0.4 \sim 0.8$ 的欠阻尼状态下。因此，下面有关性能指标的定义和定量关系的推导主要是针对二阶系统的欠阻尼工作状态进行的。系统在单位阶跃函数作用下的过渡过程与初始条件有关，为了便于比较各种系统的过渡过程质量，通常假设系统的初始条件为零。二阶系统在欠阻尼状态下阶跃响应的特征值规定如下（见图 3-23）。

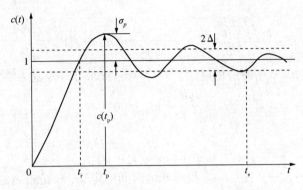

图 3-23　欠阻尼状态下阶跃响应曲线

1. 上升时间 t_r

对于欠阻尼系统，过渡过程曲线从零第一次上升到稳态值所需的时间叫上升时间 t_r。若为过阻尼系统，则把过渡过程曲线从稳态值的 10% 上升到 90% 所需的时间叫上升时间。

假设系统无余差，$c(t_r) = 1$

$$1 - e^{-\zeta\omega_n t_r}\left(\cos\omega_d t_r + \frac{\zeta}{\sqrt{1-\zeta^2}}\sin\omega_d t_r\right) = 1$$

因为

$$e^{-\zeta\omega_n t_r} \neq 0$$

所以

$$\cos\omega_d t_r + \frac{\zeta}{\sqrt{1-\zeta^2}}\sin\omega_d t_r = 0$$

则有

$$\tan\omega_d t_r = -\frac{\sqrt{1-\zeta^2}}{\zeta}$$

$$t_r = \frac{1}{\omega_d}\arctan\frac{-\sqrt{1-\zeta^2}}{\zeta}$$

$$\arctan\frac{-\sqrt{1-\zeta^2}}{\zeta} = \pi - \beta$$

所以

$$t_r = \frac{\pi - \beta}{\omega_d} \tag{3-19}$$

显然，当阻尼比 ζ 不变时，β 角也不变。如果无阻尼振荡频率 ω_n 增大，即增大闭环极点到坐标原点的距离，那么上升时间 t_r 就会缩短，从而加快了系统的响应速度；阻尼比越小（β 越大），上升时间就越短。

结论：要使系统反应快，必须减小 t_r。因此当阻尼比 ζ 一定时，ω_n 必须加大，即 t_r 与无阻尼自然频率成反比；若 ω_n 为固定值，则 ζ 越小，t_r 也越小。

2. 峰值时间 t_p

过渡过程曲线达到第一个峰值所需的时间，叫峰值时间 t_p。

由(3-16)式

$$c(t) = 1 - \frac{e^{-\zeta\omega_n t}}{\sqrt{1-\zeta^2}}\sin(\omega_d t + \theta)$$

t_p 是上式一阶导数为 0 所对应的时间，对(3-16)式求导并令其为零

$$\frac{dc(t)}{dt}\Big|_{t=t_p} = 0$$

将上式整理得

$$\tan\beta = \tan(\omega_d t_p + \beta)$$

则有 $\omega_d t_p = 0$，π，2π，3π，$\cdots$。根据峰值时间的定义，t_p 是指 $c(t)$ 越过稳态值，到达第一个峰值所需要的时间，所以应取 $\omega_d t_p = \pi$。因此峰值时间的计算公式为

$$\therefore t_p = \frac{\pi}{\omega_d} = \frac{\pi}{\omega_n \sqrt{1-\zeta^2}} \tag{3-20}$$

上式表明，峰值时间等于阻尼振荡周期一半。当阻尼比不变时，极点离实轴的距离越远，系统的峰值时间越短，或者说，极点离坐标原点的距离越远，系统的峰值时间越短。

结论：当阻尼比 ζ 一定时，t_p 与无阻尼自然频率成反比。t_p 愈小，表示系统反应愈灵敏。若 ω_n 为固定值，则 ζ 越小，t_p 也越小。

3. 最大超调量 σ_p

用下式定义控制系统的最大超调量，

$$\sigma_p = \frac{c(t_p) - c(\infty)}{c(\infty)} = \frac{c(t_p) - 1}{1} = e^{-\zeta\pi/\sqrt{1-\zeta^2}} \tag{3-21}$$

即式中 $c(t_p)$——过渡过程曲线第一次达到的最大输出值；$c(\infty)$——过渡过程的稳态值，σ_p 的大小直接说明控制系统的阻尼特性。

最大超调量 σ_p 发生在 $t=t_p$ 的时间上。通常用百分比来表示

$$\sigma_p = \frac{c(t_p) - c(\infty)}{c(\infty)} \times 100\% = \frac{c(t_p) - 1}{1} \times 100\% = e^{-\zeta\pi/\sqrt{1-\zeta^2}} \times 100\%$$

结论：σ_p 与阻尼比 ζ 有关，与无阻尼自然频率无关。当 ζ 确定，即可得超调量 σ_p；

当取 $\zeta = 0.4 \sim 0.6$ 时，$\sigma_p = 25\% \sim 9\%$；超调量 σ_p 表示被调参数偏离给定值的程度，若 σ_p 越大表示偏离生产规定的状态越远。

可见，超调量 σ_p 完全由 ζ 决定，ζ 越小，超调量越大，$\zeta\uparrow \to \sigma_p\downarrow$。当 $\zeta = 0$ 时，$\sigma_p\% = 100\%$，当 $\zeta = 1$ 时，$\sigma_p\% = 0$。σ_p 与 ζ 的关系曲线如图3-24所示。

4. 过渡过程时间 t_s

在过渡过程的稳态线上，用稳态值的百分数（通常取 $\Delta\% = \pm 5\%$ 或 $\Delta\% = \pm 2\%$），作一个允许误差范围，过渡过程曲线进入并永远保持在这一允许误差范围内，进入允许误差范围

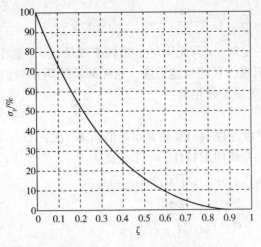

图 3-24 σ_p 与 ζ 的关系

所对应的时间叫做过渡过程时间 t_s（或叫调节时间）。过渡过程时间 t_s 的大小直接表征控制系统反应输入信号的快速性。

过渡过程时间 t_s（回复时间、调节时间）：从输入作用开始起，直至被调参数进入稳态值 $\pm 5\%$ 或 $\pm 2\%$ 的范围内所经历的时间。

由式（3-16）可知，二阶欠阻尼系统单位阶跃响应曲线 $c(t)$ 位于一对曲线 $1 \pm \dfrac{1}{\sqrt{\zeta^2-1}} e^{-\zeta\omega_n t}$

之内，这对曲线就称为响应曲线的包络线。即系统的输出曲线总是被包含在这一对包络线之内，如图 3-25 所示，因此可以根据包络线函数进入待定的误差范围来计算调节时间 t_s。可见，可以采用包络线代替实际响应曲线估算过渡过程时间结果一般略偏大。若允许误差带是 Δ，可认为 t_s 就是包络线衰减到 Δ 区域所需的时间，则有

$$\frac{e^{-\zeta\omega_n t_s}}{\sqrt{1-\zeta^2}} = \Delta$$

$$t_s = \frac{1}{\zeta\omega_n}\left(\ln\frac{1}{\Delta} + \ln\frac{1}{\sqrt{1-\zeta^2}}\right)$$

若取 $\Delta = 5\%$，并忽略 $\ln\dfrac{1}{\sqrt{1-\zeta^2}}$（$0 < \zeta < 0.9$）时，则得

$$t_s \approx \frac{3}{\zeta\omega_n}$$

若取 $\Delta = 2\%$，并忽略 $\ln\dfrac{1}{\sqrt{1-\zeta^2}}$，则得

$$t_s \approx \frac{4}{\zeta\omega_n}$$

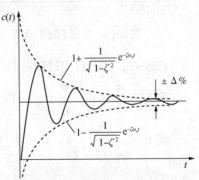

图 3-25 系统阶跃响应的包络线曲线

因此，t_s 通过二阶系统的包络线近似求得结果如下：

$$t_s \approx \frac{3}{\zeta\omega_n} = 3T \qquad \Delta\% = \pm 5\%$$

$$t_s \approx \frac{4}{\zeta \omega_n} = 4T \qquad \Delta\% = \pm 2\% \qquad\qquad (3-22)$$

结论：当阻尼比 ζ 一定时，t_s 与无阻尼自然频率成反比。t_s 愈小，表示系统过渡过程进行得快，即使干扰频繁出现，系统也能适应，这样的系统质量高。当 ω_n 一定，则 t_s 与 ζ 成反比，这与 t_p，t_r 与 ζ 的关系正好相反。

5. 振荡次数 N

在 $0<t<t_s$ 时间内，过渡过程 $c(t)$ 穿越其稳态值 $c(\infty)$ 次数的一半，定义为振荡次数。振荡次数也是直接反映控制系统阻尼特性的一个特征值。

欠阻尼振荡的频率为：$\omega_d = \omega_n \sqrt{1-\zeta^2}$

则振荡的周期为：$T_d = \dfrac{2\pi}{\omega_d} = \dfrac{2\pi}{\omega_n \sqrt{1-\zeta^2}}$

所以振荡次数为：$N = \dfrac{t_s}{T_d} = \dfrac{(3 \sim 4)/\zeta \omega_n}{2\pi/\omega_n \sqrt{1-\zeta^2}} = \dfrac{(1.5 \sim 2)}{\pi} \dfrac{\sqrt{1-\zeta^2}}{\zeta}$ （3-23）

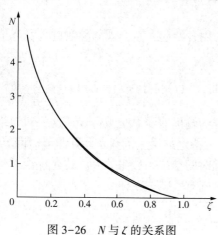

图 3-26 N 与 ζ 的关系图

N 与 ζ 的关系如图 3-26 所示。二阶系统的振荡次数 N 与 ζ 有关，且成反比。

6. 衰减比 n 　过渡过程曲线上同方向的相邻两个波峰之比，即：

$$n = \frac{B}{B'}$$

n 越小，衰减程度越小，振荡越激烈；$n=1$ 等幅振荡；n 越大，衰减大，稳定度越高。n 究竟多大合适，没有严格要求，若从过程进行快考虑，$n \to \infty$ 接近于非周期临界情况最好，但这种过程不便于操作人员掌握。从便于操作管理和过程快两方面考虑，希望是稍带振荡的过程，根据操作经验希望过程有两个波左右，这时对应过程取 $4：1 \sim 10：1$。

将 $t_p = \dfrac{\pi}{\omega_d} = \dfrac{\pi}{\omega_n \sqrt{1-\zeta^2}}$ 　代入 $c(t)$ 求 B 　　$B = e^{-\pi\zeta/\sqrt{1-\zeta^2}}$

将 $t_3 = \dfrac{3\pi}{\omega_n \sqrt{1-\zeta^2}}$ 　　代入 $c(t)$ 求 B' 　　$B' = e^{-3\pi\zeta/\sqrt{1-\zeta^2}}$

$$n = \frac{B}{B'} = \frac{e^{-\pi\zeta/\sqrt{1-\zeta^2}}}{e^{-3\pi\zeta/\sqrt{1-\zeta^2}}} = e^{2\pi\zeta/\sqrt{1-\zeta^2}} \qquad\qquad (3-24)$$

从式（3-24）可知，衰减比 n 与 ζ 有关，且成正比。

根据以上分析，可以看出欠阻尼二阶系统瞬态响应的性能指标取决于阻尼比 ζ 和无阻尼自然振荡频率 ω_n。如何选取 ζ 和 ω_n 来满足系统设计要求，总结几点如下：

上升时间 t_r、峰值时间 t_p、过渡过程时间 t_s，均与阻尼比 ζ 和无阻尼自振频率 ω_n 有关，而最大超调量 σ_p 只是阻尼比 ζ 的函数，与 ω_n 无关。当二阶系统的阻尼比 ζ 确定后，即可求得所对应的超调量 σ_p。反之，如果给出了超调量 σ_p 的要求值，也可求出相应的阻尼比 ζ 的数值。图 3-24 给出了 ζ 与 σ_p 的关系曲线。一般，为了获得良好的过渡过程，阻尼比 ζ 在 0.4 到 0.8 之间为宜，相应的超调量为 $\sigma_p = 25\% \sim 2.5\%$。小的 ζ 值，例如 $\zeta < 0.4$ 时会造成系统过渡过程严重超调，而大的 ζ 值，例如 $\sigma_p > 0.8$ 时，将使系统的调节时间变长。

阻尼比 ζ 值通常根据对最大超调量 σ_p 的要求来确定，这样过渡过程时间 $t_s(t_p$ 或 $t_r)$ 就可以主要依据无阻尼自振频率来确定。也就是说，在不改变最大超调量的情况下，阻尼比 ζ 值通常根据对最大超调量 σ_p 的要求来确定，这样过渡过程时间 $t_s(t_p$ 或 $t_r)$ 就可以主要依据无阻尼自振频率来确定。即在不改变最大超调量的情况下，通过调整无阻尼自振频率可以改变控制系统的快速性。

当 ω_n 一定，要减小 t_r 和 t_p，必须减少 ζ 值，要减少 t_s 则应增大 $\zeta\omega_n$ 值，而且 ζ 值有一定范围，不能过大；增大 ω_n，能使 t_r，t_p 和 t_s 都减少；所以，在实际系统中，一般根据 σ_p 的要求选择 ζ 值（一般在 0.4~0.8 之间），而对各种时间的要求，则可通过 ω_n 的选取来满足。要实现这一点，一般需要对二阶系统进行校正。

【例 3-2】　控制系统结构图如图 3-27 所示。

(1) 开环增益 $K = 10$ 时，求系统的动态性能指标；

(2) 确定使系统阻尼比 $\zeta = 0.707$ 的 K 值。

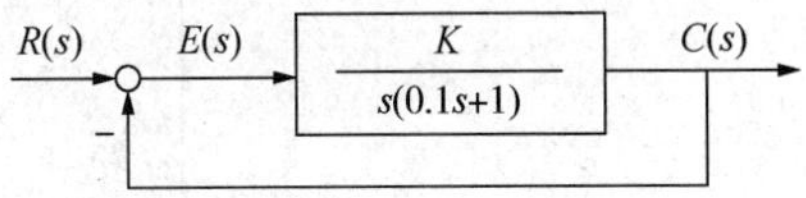

解：（1）$K = 10$ 时，系统闭环传递函数

图 3-27　例 3-2 控制系统结构

$$\Phi(s) = \frac{G(s)}{1 + G(s)} = \frac{100}{s^2 + 10s + 100}$$

$$\omega_n = \sqrt{100} = 10, \qquad \zeta = \frac{10}{2 \times 10} = 0.5$$

$$t_p = \frac{\pi}{\sqrt{1 - \zeta^2}\,\omega_n} = \frac{\pi}{\sqrt{1 - 0.5^2} \times 10} = 0.363$$

$$\sigma\% = e^{-\zeta\pi/\sqrt{1-\zeta^2}} = e^{-0.5\pi/\sqrt{1-0.5^2}} = 16.3\%$$

$$t_s = \frac{4}{\zeta\omega_n} = \frac{4}{0.5 \times 10} = 0.8$$

（取 $\pm 2\%$ 误差带）

(2) $\Phi(s) = \dfrac{10K}{s^2 + 10s + 10K}$

$$\begin{cases} \omega_n = \sqrt{10K} \\ \zeta = \dfrac{10}{2\sqrt{10K}} \end{cases}$$

令 $\zeta = 0.707$ 得　$K = \dfrac{100 \times 2}{4 \times 10} = 5$

【例 3-3】　某二阶系统的结构图及单位阶跃响应分别如图 3-28 所示。试确定系统参数 K_1，K_2，a 的值。

解：由系统结构图可得

$$\Phi(s) = \frac{C(s)}{R(s)} = \frac{K_1 K_2}{s^2 + as + K_2}$$

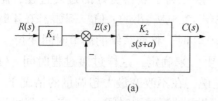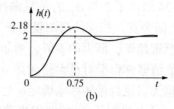

图 3-28　二阶系统的结构图及单位阶跃响应

$$\begin{cases} K_2 = \omega_n^2 \\ a = 2\zeta\omega_n \end{cases}$$

由单位阶跃响应曲线有

$$h(\infty) = 2 = \lim_{s \to 0} s\Phi(s)R(s) = \lim_{s \to 0} \frac{K_1 K_2}{s^2 + as + K_2} = K_1$$

$$\begin{cases} t_p = \dfrac{\pi}{\sqrt{1 - \zeta^2}\,\omega_n} = 0.75 \\[2mm] \sigma\% = \dfrac{2.18 - 2}{2} = 0.09 = e^{-\zeta\pi/\sqrt{1-\zeta^2}} \end{cases}$$

联立求解得 $\begin{cases} \zeta = 0.608 \\ \omega_n = 5.278 \end{cases}$

将 ζ，ω_n 代入后得

$$\begin{cases} K_2 = 5.278^2 = 27.85 \\ a = 2 \times 0.608 \times 5.278 = 6.42 \end{cases}$$

因此有 $K_1 = 2$，　$K_2 = 27.85$，　$a = 6.42$。

3.3.4　二阶系统的动态响应指标在 S 平面上的表示

二阶系统在欠阻尼状态下的两个闭环极点为一对共轭复极点，即 $s_{1,2} = -\zeta\omega_n \pm j\omega_n$ $\sqrt{1 - \zeta^2} = -\zeta\omega_n \pm j\omega_d$

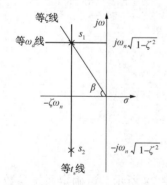

图 3-29　三条特殊的关系曲线

其中，$\omega_d = \omega_n \sqrt{1 - \zeta^2}$ 称为阻尼振荡频率。

将极点 s_1 表示在 S 平面上后，可得三条特殊的关系曲线，如图 3-29 所示。

（1）等 t_s 线

通过极点 s_1 做一条与虚轴平行的直线，该直线上各点与虚轴的距离相等，均为 $\zeta\omega_n$，即为极点 s_1 实部的绝对值。由于二阶振荡系统的调整时间 t_s 仅与 $\zeta\omega_n$ 有关，所以极点位于该直线上的二阶系统具有相同的 t_s 值，故通常将该直线称为等 t_s 线。

等 t_s 线离虚轴越近，系统的调整时间和过渡过程越长。

（2）等 ω_d 线

通过极点 s_1 画一条与实轴平行的直线，该直线上各点与实轴的距离相等，均为 $\omega_d = \omega_n$ $\sqrt{1 - \zeta^2}$，即极点 s_1 虚部的值。由于极点位于该直线上的二阶系统具有相同的 ω_d 值，故通

常将该直线称为等 ω_d 线。

等 ω_d 线离实轴越远，系统的振荡频率越高。

（3）等 ζ 线

通过原点到极点 s_1 做一条射线。假设此射线上各点与负实轴间的夹角为 β ，则有

$$\cos\beta = \frac{\zeta\omega_n}{\sqrt{(\zeta\omega_n)^2 + (\omega_n\sqrt{1 - \zeta^2})^2}} = \zeta$$

由此可见，该直线上各点与负实轴间的夹角相等，均为 $\arccos\zeta$ ，仅与 ζ 有关。即极点位于该射线上的二阶系统具有相同的 ζ 值，故通常将其该射线称为等 ζ 线。

等 ζ 线与负实轴间的夹角越小，ζ 就越大，则最大超调量 σ_p 越小，表明系统的相对稳定性越高。

如果对二阶系统的动态响应指标给出具体的数值，则可在 s 平面上作出对应于这些给定性能指标的等值线，如图 3-30 所示。这样，如果所设计二阶系统的极点位于这些等值线所限制的阴影区域中，则该二阶系统的动态响应特性就一定优于给定的要求。

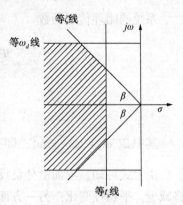

图 3-30　最佳动态响应特性区域

3.3.5　二阶系统性能的改善

合理选择系统参数，可以改善系统性能，但仅仅靠调整参数，稳、快、准之间的矛盾总是难以兼顾的。因此常常在系统中加入一些附加环节，用改变系统结构的办法来改善系统性能。

1. 引入比例微分控制

图 3-31 为采用比例微分控制的二阶系统。该二阶系统的开环传递函数为

$$G(s) = \frac{(\tau s + 1)\omega_n^2}{s(s + 2\zeta\omega_n)}$$

系统的闭环传递函数

$$\begin{aligned}
\Phi(s) = \frac{C(s)}{R(s)} &= \frac{(\tau s + 1)\omega_n^2}{s^2 + 2\zeta\omega_n s + \tau\omega_n^2 s + \omega_n^2} \\
&= \frac{(\tau s + 1)\omega_n^2}{s^2 + (2\zeta\omega_n + \tau\omega_n^2)s + \omega_n^2} \\
&= \frac{(\tau s + 1)\omega_n^2}{s^2 + 2\zeta'\omega_n s + \omega_n^2}
\end{aligned}$$

其中 $2\zeta'\omega_n = 2\zeta\omega_n + \tau\omega_n^2$，即有 $\zeta' = \zeta + \dfrac{\tau\omega_n}{2}$

式中，ζ' 称为等效阻尼比。

由以上分析可知，二阶系统的等效阻尼比增大，超调量将减少；若等效阻尼比 ζ 是小于 1 的情况，随着等效阻尼比的增加，调节时间也将减少。

2. 引入微分负反馈控制

在二阶系统中加入微分负反馈环节，如图 3-32 所示。将输出量的导数信号（速度信号）

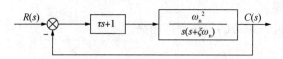

图 3-31　引入比例微分控制的二阶系统

反馈到输入端，并与误差信号 $e(t)$ 比较，构成一个内回路，也称为速度反馈控制。

这时系统的开环传递函数

$$G(s) = \frac{\omega_n^2}{s^2 + 2\zeta\omega_n s + \tau\omega_n^2 s}$$

系统的闭环传递函数

$$\Phi(s) = \frac{\omega_n^2}{s^2 + (2\zeta\omega_n + \tau\omega_n^2)s + \omega_n^2}$$

$$= \frac{\omega_n^2}{s^2 + 2\zeta'\omega_n s + \omega_n^2}$$

其中 $2\zeta'\omega_n = 2\zeta\omega_n + \tau\omega_n^2$，即有 $\zeta' = \zeta + \dfrac{\tau\omega_n}{2}$

由上式可知，与加微分负反馈之前相比，二阶系统的等效阻尼比增大，一方面，超调量将减少，平稳性变化；另一方面，在阻尼比较小的情况下，随着等效阻尼比的增加，调节时间也将减少，快速性也得到改善。

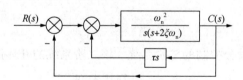

图 3-32　引入微分负反馈的二阶系统

速度反馈控制的闭环传递函数没有零点，因此其输出响应的平稳性优于比例微分控制。它可采用测速发电机、速度传感器、RC 网络或运算放大器与位置传感器的组合等部件来实现。从实现的角度看，速度反馈控制部件比比例微分的要复杂、昂贵一些。然而它却能使内回路中被包围部件的非线性特性、参数漂移等不利影响大大削弱。因此，速度反馈控制在实际中得到了广泛的应用。

【例 3-4】　对于如图 3-33 所示的控制系统结构图。在 $\tau \neq 0$ 时，系统单位阶跃响应的最大超调量 $\sigma_p = 16.4\%$，峰值时间 $t_p = 1.14$。试确定参数 K 和 τ，并计算系统在 $\tau = 0$ 和 $K = 10$ 时的单位阶跃响应 $c(t)$ 及其最大超调量和峰值时间。

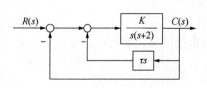

图 3-33　系统结构图

解：（1）当 $\tau \neq 0$ 时，系统的传递函数为

$$\Phi(s) = \frac{C(s)}{R(s)} = \frac{K}{s^2 + (1 + K\tau)s + K}$$

与典型二阶系统的标准形式比较

$$\Phi(s) = \frac{\omega_n^2}{s^2 + 2\zeta\omega_n s + \omega_n^2}$$

有

$$\begin{cases} 2\zeta\omega_n = 1 + K\tau \\ \omega_n^2 = K \end{cases}$$

根据 $\sigma\% = e^{-\zeta\pi/\sqrt{1-\zeta^2}} = 16.4\%$

$$t_p = \frac{\pi}{\omega_n\sqrt{1-\zeta^2}} = 1.14$$

求得

$$\zeta = 0.5, \ \omega_n = 3.16$$

$$K = \omega_n^2 = 3.16^2 = 10$$

$$\tau = \frac{(2\zeta\omega_n - 1)}{K} = 0.216$$

根据式(3-16)可得单位阶跃响应为

$$C(t) = 1 - \frac{1}{\sqrt{1-\zeta^2}} e^{-\zeta\omega_n t} \sin(\omega_n\sqrt{1-\zeta^2}\, t + \beta) = 1 - 1.154 e^{-1.58t}\sin(2.74t + 60°)$$

(2)当 $\tau = 0$ 和 $K = 10$ 时，系统的传递函数为

$$\Phi(s) = \frac{C(s)}{R(s)} = \frac{K}{s^2 + s + K} = \frac{10}{s^2 + s + 10}$$

与典型二阶系统的标准形式比较，有

$$\zeta = 0.158, \ \omega_n = 3.16$$

系统的最大超调量和峰值时间分别为

$$\sigma_p = e^{-\zeta\pi/\sqrt{1-\zeta^2}} \times 100\% = 60\%, \ t_p = \frac{\pi}{\omega_n\sqrt{1-\zeta^2}} = 1.01$$

单位阶跃响应为 $C(t) = 1 - 1.016 e^{-0.55t}\sin(3.12t + 80.9°)$

从上例计算表明：系统引入速度反馈控制后，其自然振荡频率 ω_n 不变，而阻尼比 ζ 加大，系统阶跃响应的最大超调量减小。系统的质量提高。

3.4　高阶系统的过渡过程

控制系统的输出信号与输入信号之间的关系，凡是用高于二阶的常微分方程描述的，均称为高阶系统。严格地说，大多数控制系统都是高阶系统。对于高阶系统的分析是比较复杂的。它的动态性能指标比较困难，如果将二阶系统分析结果与计算方法应用于高阶系统的分析，那么高阶系统动态性能指标确定又变得十分简单了，这里应用主导极点及忽略偶极子的影响。以便将高阶系统在一定的条件下转为具有一对闭环主导极点的二阶系统进行分析研究。

对于一般的高阶系统的微分方程为

$$a_n \frac{d^n}{dt^n} c(t) + a_{n-1} \frac{d^{n-1}}{dt^{n-1}} c(t) + \cdots + a_1 \frac{d}{dt} c(t) + a_0 c(t)$$

$$= b_m \frac{\mathrm{d}^m}{\mathrm{d}t^m} r(t) + b_{m-1} \frac{\mathrm{d}^{m-1}}{\mathrm{d}t^{m-1}} r(t) + \cdots + b_1 \frac{\mathrm{d}}{\mathrm{d}t} r(t) + b_0 r(t)$$

其中 a_0, a_1, ……, a_n 及 b_0, b_1, ……, b_m 是与系统结构和参数有关的常系数。

其传递函数可表示为

$$\frac{C(s)}{R(s)} = \frac{b_m s^m + b_{m-1} s^{m-1} + \cdots + b_1 s + b_0}{a_n s^n + a_{n-1} s^{n-1} + \cdots + a_1 s + a_0}$$

将上式写成为零极点的形式，则

$$\frac{C(s)}{R(s)} = \frac{K^* \prod\limits_{i=1}^{m} (s - z_i)}{\prod\limits_{j=1}^{q} (s - p_j) \prod\limits_{k=1}^{r} (s^2 + 2\zeta_k \omega_k s + \omega_k^2)}$$

式中，$K^* = b_m / a_n$，$q + 2r = n$。p_j 为系统实根，$p_k = -\omega_k \zeta_k \pm \mathrm{j} \omega_k \sqrt{1 - \zeta_k^2}$ 为系统的共轭复根

对于单位阶跃响应，则

$$C(s) = \frac{K^* \prod\limits_{i=1}^{m} (s - z_i)}{\prod\limits_{j=1}^{q} (s - p_j) \prod\limits_{k=1}^{r} (s^2 + 2\zeta_k \omega_k s + \omega_k^2)} \times \frac{1}{s} \tag{3-25}$$

假如没有重极点，展成部分分式之和的形式，则

$$C(s) = \frac{K}{s} + \sum_{j=1}^{q} \frac{A_j}{(s - p_j)} + \sum_{k=1}^{r} \frac{B_k}{(s^2 + 2\zeta_k \omega_k s + \omega_k^2)} \tag{3-26}$$

上式中，$K = b_0 / a_0 = K^* \prod\limits_{i=1}^{m} (-z_i) / \prod\limits_{j=1}^{n} (-p_j)$，$A_j$，$B_k$ 为留数。

则其单位阶跃响应为

$$c(t) = K + \sum_{j=1}^{q} A_j e^{p_j t} + \sum_{k=1}^{r} C_k e^{-\omega_k \zeta_k t} \sin(\omega_k \sqrt{1 - \zeta_k^2} t + \beta_k) \tag{3-27}$$

式中　C_k ——常数。

式(3-27)中，第一项为稳态分量，第二项为指数曲线(一阶系统)，第三项为振荡曲线(二阶系统)。因此，一个高阶系统的响应可以看成是多个简单函数组成的响应之和，而这些简单函数的响应，决定于 p_j、ζ_k、ω_k 及系数 A_j、C_k，即与零极点的分布有关。因此，了解零极点分布情况，就可以对系统性能进行定性分析。

3.4.1　极点分布对系统稳定性的影响

当系统闭环极点全部在 s 平面的左边时，其特征根有负实根及其复根有负实部，第二、三两项均为衰减，因此系统总是稳定的。各分量衰减的快慢，取决于极点离虚轴的距离。当 p_j、ζ_k、ω_k 越大，即离虚轴越远时，衰减越快。

3.4.2　零极点分布对分量中系数的影响

各系数 A_j、C_k 即各分量的幅值，不仅与极点位置而且与零点位置有关。

(1) 如果极点 p_j 远离原点，则相应的系数 A_j 将很小。

(2) 如果某极点 p_j 与一个零点十分靠近，又远离原点及其他极点，则相应的系数 A_j 将比较小。

(3) 如果某极点 p_j 远离零点，又与原点较近，则相应系数 A_j 就比较大。

系数大而且衰减慢的那些分量，将在动态过程中起主导作用。

3.4.3　主导极点

如果高阶系统中离虚轴最近的极点，其实部小于其他极点实部的 1/5，并且附近不存在零点，可以认为系统的动态响应主要由这一极点决定，为主导极点，起主要作用的闭环极点称为主导极点。闭环主导极点可以是实数极点，也可以是复数极点，或者是它们的组合。除闭环主导极点外，所有其他闭环极点由于离虚轴很远，则它对应的瞬态响应分量衰减得很快，只在响应的起始部分起一点作用，对系统的时间响应过程影响很小，因而统称为非主导极点。

利用主导极点的概念，可将系统近似处理成一阶（一个主导极点）或二阶系统（主导极点为共轭复极点），按照一阶、二阶系统对平稳性、快速性的分析方法，求超调量和调节时间。应用闭环主导极点的概念，常常可把高阶系统近似地看成具有一对共轭复数极点的二阶系统来研究。

例如，三阶系统

$$\phi(s) = \frac{20}{(s+10)(s^2+2s+2)}$$

$$C(s) = \phi(s)R(s) = \frac{20}{(s+10)(s^2+2s+2)} \frac{1}{s} = \frac{A_1}{s} + \frac{A_2}{s+10} + \frac{A_3}{s+1+j} + \frac{A_4}{s+1-j}$$

拉氏反变换

$$C(t) = L^{-1}\left[\frac{20}{(s+10)(s^2+2s+2)}\frac{1}{s}\right] = 1 - 0.024e^{-10t} + 1.55e^{-t}\cos(t+129°)$$

其中指数项 $-0.024e^{-10t}$ 是由闭环极点 $S_1 = -10$ 产生的，余弦项 $1.55e^{-t}$、$\cos(t+129°)$ 是由共轭复数极点 $S_{2,3} = -1 \pm j$ 产生的，比较：指数项衰减迅速且幅值很小，可忽略，故：

$$c(t) \approx 1 + 1.55e^{-t}\cos(t+129°)$$

说明：系统动态性能基本上由靠近原点的复数极点 $S_{2,3} = -1 \pm j$ 决定，这样的极点称为闭环主导极点。

一般来说在 [S] 平面上最靠近虚轴的闭环极点是主导极点，如果只有一对共轭复数主导极点，其他极点均为非主导极点，这种情况的高阶系统基本上像一个欠阻尼二阶系统。

3.4.4　偶极子

一个相距很近的闭环极点和闭环零点称为偶极子。偶极子有实数偶极子和复数偶极子之分，而复数偶极子必共轭出现。只要偶极子不十分接近坐标原点，它们对系统动态性能的影响就甚微，从而可以忽略它们的存在。工程上，当某极点和某零点之间的距离比它们的模值小一个数量级，就可认为这对零、极点为偶极子。

偶极子的概念对控制系统的综合校正是很有用的，可以有意识地在系统中加入适当的零点，以抵消对系统动态响应过程影响较大的不利极点，使系统的动态特性得以改善。闭环传递函数中，如果零、极点数值上相近，则可将该零点和极点一起消掉，称之为偶极子相消。例：

$$\phi(s) = \frac{2a}{(a+\delta)} \frac{(s+a+\delta)}{(s+a)(s^2+2s+2)}$$

$$R(s) = 1/s$$

式中 $\delta \to 0$ 系统有一对复数极点和一个偶极子，极点为 $-a$，零点为 $-(a+\delta)$

$$C(s) = \frac{2a}{(a+\delta)} \frac{(s+a+\delta)}{s(s+a)(s+1-j)(s+1+j)}$$

$$c(t) = L^{-1}\left[\frac{2a}{(a+\delta)} \frac{(s+a+\delta)}{s(s+a)(s+1-j)(s+1+j)}\right] = L^{-1}\left[\frac{1}{s} + \frac{c_0}{s+a} + \frac{c_1 e^{j\theta}}{s+1+j} + \frac{c_2 e^{-j\theta}}{s+1-j}\right]$$

式中 $c_1 \approx -\dfrac{4\delta}{2a(a^2-2a+2)}$

$$c_2 \approx \frac{\sqrt{2}}{8}$$

$\because \delta \to 0. \therefore c_1 \leqslant c_2$

即偶极子影响可以忽略，阶跃响应主要由极点 $-1\pm j$ 所决定。

闭环零、极点之间的距离比它们的模值小一个数量级，则这对零、极点就构成了偶极子。略去偶极子和比主导极点与距虚轴远 5 倍以上零、极点，这样，在全部闭环零、极点中，选留最近接近虚轴，而又不十分靠近闭环零点的一个或几个闭环极点作为主导极点，因此在设计中所遇到的绝大多数有实际意义的高阶系统，常可简化为有两个闭环极点的系统，从而使高阶系统分析设计简单。在许多实际应用中，比主导极点距离虚轴远 2~3 倍的闭环零、极点，也可以考虑为略去之列。在略去偶极子和非主导零、极点时，闭环传递函数的常系数会发生改变。基于闭环主导极点概念，求取高阶系统过渡过程的方法，实质上是把高阶系统作为二阶系统来处理的重要近似方法。

这里对高阶系统时间响应进行简要的总结：

(1) 当系统的特征根在复平面的左边时，系统的单位阶跃响应是收敛的，系统稳定；

(2) 当特征根距离虚轴越远，衰减系数越大，所产生的响应衰减越快，产生的影响越小；

(3) 如果某特征根附近有零点时，该特征根与该零点在响应中产生的效果是相反的，可以互相抵消，把这一对零极点称为偶极子；

(4) 当某闭环极点相对于其他闭环极点距离虚轴较远而附近又没有零点时，该闭环极点产生的响应在整个系统响应中的作用很小，可以忽略不计，这样就可以将高阶系统近似处理为低阶系统；

(5) 当系统中闭环极点相对于其他极点靠近虚轴，而附近又没有零点时，系统的响应主要由该极点决定，该极点称为主导极点。

工程上，一般当远离虚轴的极点的实部是主导极点的实部的 2~4 倍，附近没有零点时，该极点产生的响应衰减速度很快，其响应可以忽略不计。通常，高阶系统均可以处理成一阶或二阶系统，按照一阶或二阶系统的时域分析法进行性能指标的估算。

3.5　系统的稳定性分析

稳定性是控制系统的重要性能，也是系统能够正常运行的首要条件。一个不稳定的系统根本谈不上控制系统的动态性能与稳态性能。控制系统在实际运行过程中，总会受到外界和内部的一些因素的扰动，例如负载和能源的波动、系统参数的变化、环境条件的改变等。如果系统不稳定，就会在任何微小的扰动作用下偏离原来的平衡状态，并且随着时间的增长，系统离原来的平衡状态越来越远，从而使系统无法正常工作。因此，分析系统的稳定性并提出保证系统稳定的措施是自动控制理论的基本任务之一。

3.5.1 稳定的概念和定义

1. 稳定性

指自动控制系统在受到扰动作用使平衡状态被破坏后，经过调节，能重新达到平衡状态的性能。

当系统受到扰动作用后，偏离了原来状态，若偏离越来越大，即使扰动消失，系统也不能回到平衡状态，称该系统为不稳定。

若通过系统的自身调节作用，使偏差逐渐减少，系统又逐渐恢复平衡状态，则称该系统为稳定。

2. 稳定

若控制系统在初始扰动的作用下，其动态响应随时间的增长逐渐衰减并趋近于零（原平衡状态），则称系统是稳定的。

反之，若在初始扰动作用下，系统的动态响应随时间的增长而发散，则称系统是不稳定的。

可见，稳定性是系统在去掉扰动以后，自身具有的一种恢复能力，所以是系统自身的一种固有特性。这种特性只取决于系统的结构、参数而与初始条件及外作用无关。

3.5.2 线性系统稳定的充要条件

由上所述，稳定性所研究的问题是当扰动消失后系统的运动情况，显然可以用系统的脉冲响应函数来描述。如果脉冲响应函数是收敛的，即

$$\lim_{t \to \infty} k(t) = 0$$

系统是稳定的。

由于单位脉冲函数的拉氏变换等于 1，所以系统的脉冲响应函数就是系统闭环传递函数的拉氏反变换。

设系统闭环传递函数为

$$\Phi(s) = \frac{M(s)}{D(s)} = \frac{b_m(s - z_1)(s - z_2) \cdots (s - z_m)}{a_n(s - p_1)(s - p_2) \cdots (s - p_n)}$$

式中　$z_1, z_2, \cdots, z_m$ ——闭环零点；

　　　$p_1, p_2, \cdots, p_n$ ——闭环极点。

脉冲响应函数的拉氏变换式，即为

$$C(s) = \Phi(s) = \frac{b_m(s - z_1) \cdots (s - z_m)}{a_n(s - p_1) \cdots (s - p_n)}$$

如果闭环极点为互不相同的实数根，那么把方程 $C(s)$ 展开成部分分式

$$C(s) = \frac{A_1}{s - p_1} + \frac{A_2}{s - p_2} + \cdots + \frac{A_n}{s - p_n} = \sum_{i=1}^{n} \frac{A_i}{s - p_i} \tag{3-28}$$

式中　A_i ——待定常数。

对 (3-28) 式进行拉氏反变换，即得单位脉冲响应函数 $k(t)$

$$k(t) = \sum_{i=1}^{n} A_i e^{p_i t}$$

根据稳定性定义

$$\lim_{t \to \infty} k(t) = \lim_{t \to \infty} \sum_{i=1}^{n} A_i e^{\lambda_i t} = 0$$

考虑到系数 A_i 的任意性，必须使上式中的每一项都趋于零，所以应有

$$\lim_{t \to \infty} A_i e^{p_i t} = 0$$

其中 A_i 为常值，上式表明，系统的稳定性仅取决于特征根 p_i 的性质。

若系统的传递函数的极点即有实数极点还有共轭复极点两种，其复数域数学模型可以写成如下形式

$$G(s) = \frac{C(s)}{R(s)} = \frac{K \prod_{i=1}^{m} (s - z_i)}{\prod_{j=1}^{q} (s - p_j) \prod_{k=1}^{r} (s^2 + 2\zeta_k \omega_k s + \omega_k^2)}$$

其中实数极点为 p_j，复数极点 $p_k = -\omega_k \zeta_k \pm j\omega_k \sqrt{1 - \zeta_k^2}$ 是以共轭的形式出现的。

当输入信号 $r(t) = \delta(t)$，$R(s) = 1$，则输出响应

$$C(s) = G(s) R(s) = \frac{K \prod_{i=1}^{m} (s - z_i)}{\prod_{j=1}^{q} (s - p_j) \prod_{k=1}^{r} (s^2 + 2\zeta_k \omega_k s + \omega_k^2)}$$

将上式写成部分分式之和的形式

$$C(s) = \sum_{j=1}^{q} \frac{A_j}{(s - p_j)} + \sum_{k=1}^{r} \frac{B_K}{(s^2 + 2\zeta_k \omega_k s + \omega_k^2)}$$

则系统的单位脉冲响应为

$$c(t) = \sum_{j=1}^{q} A_j e^{p_j t} + \sum_{k=1}^{r} C_k e^{-\omega_k \zeta_k t} \sin(\omega_k \sqrt{1 - \zeta_k^2} \, t + \beta_k)$$

响应的第一项是由实数极点产生的，是单调的指数函数；第二项是由共轭复根产生的，是振荡的，振荡函数的幅值是指数函数，指数函数的系数恰恰是共轭复根的实部。对于实根产生的响应，只要 p_j 小于 0，其响应随着时间推移越来越小，是收敛的。对于共轭复根产生的响应，只要 p_k 的实部小于 0，正弦函数的幅值会随着时间推移也越来越小，最终趋于 0。

显然，对于线性系统，只要其传递函数的闭环极点均具有负实部，或处于复平面的左边，系统的输出响应就是收敛的，系统稳定。因此可得到，系统稳定的充分必要条件是系统闭环特征方程的所有根都具有负的实部，或者说都位于[S]平面的左半平面。

由此，得出控制系统稳定的必要和充分条件是：系统特征方程式的根全部具有负实部。或者说

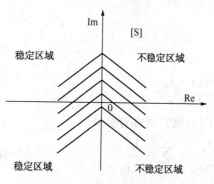

图 3-34　稳定基本条件示意图

系统全部特征根都在根平面的左面，系统就是稳定的，否则系统不稳定。

系统特征方程式的根就是闭环极点，所以控制系统稳定的充分和必要条件又可说成是闭环传递函数的极点全部具有负实部，或者说闭环传递函数的极点全部在[S]平面的左半平面。如图 3-34 所示。

表 3-1 给出了一阶、二阶简单控制系统稳定性的实例。从表中可以看出若系统全部特征根都在根平面的左面，对应系统的阶跃响应也是衰减的，则系统稳定；否则，系统有[S]右半平面的根，对应系统的阶跃响应就是发散的，则系统不稳定。

表 3-1 系统稳定性的实例

系统特征方程及其特征根	极点分布	单位阶跃响应	稳定性
$s^2+2\zeta\omega_n s+\omega_n^2=0$ $s_{1.2}=-\zeta\omega_n\pm j\omega_n\sqrt{1-\zeta^2}$ $(0<\zeta<1)$	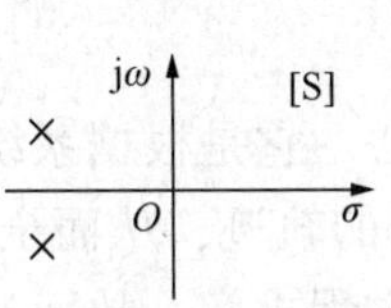	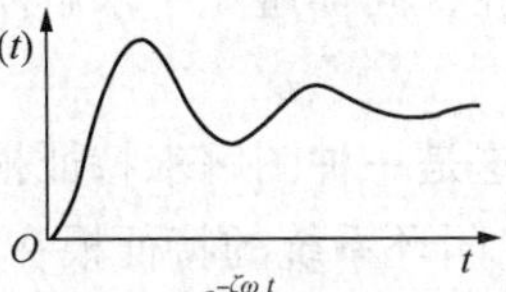 $c(t)=1-\dfrac{e^{-\zeta\omega_n t}}{\sqrt{1-\zeta^2}}\sin(\omega_d t+\phi)$	稳定
$s^2+\omega_n^2=0$ $s_{1.2}=\pm j\omega_n$ $(\zeta=0)$	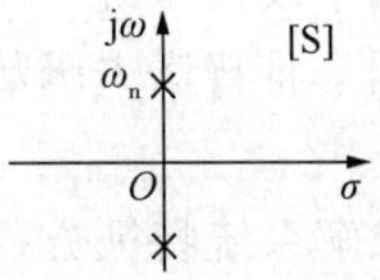	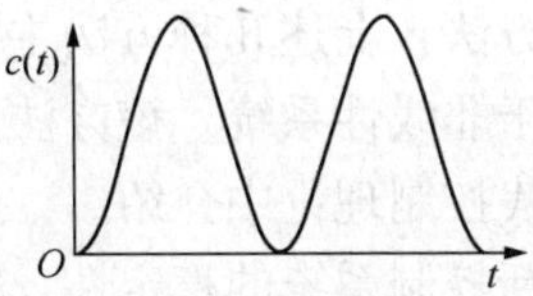 $c(t)=1-\cos\omega_n t$	临界（属不稳定）
$s^2+2\zeta\omega_n s+\omega_n^2=0$ $s_{1.2}=-\zeta\omega_n\pm j\omega_n\sqrt{1-\zeta^2}$ $(0>\zeta>-1)$	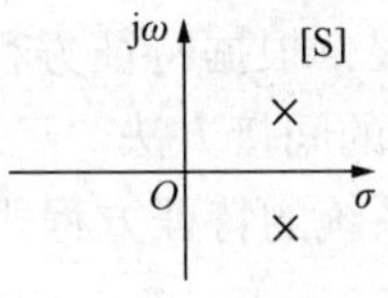	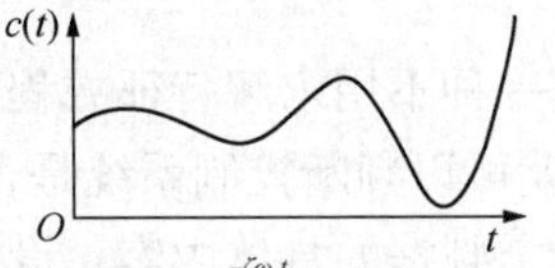 $c(t)=1-\dfrac{e^{-\zeta\omega_n t}}{\sqrt{1-\zeta^2}}\sin(\omega_d t+\theta)$	不稳定
$Ts+1=0$ $s=-\dfrac{1}{T}$	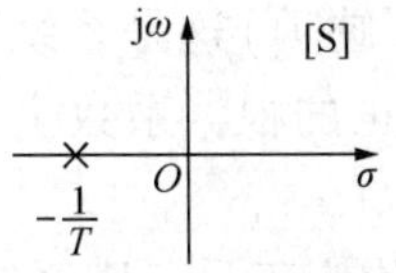	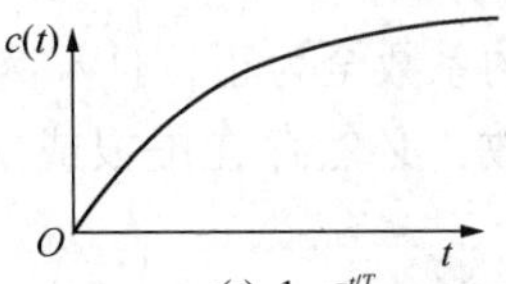 $c(t)=1-e^{-t/T}$	稳定
$Ts-1=0$ $s=\dfrac{1}{T}$	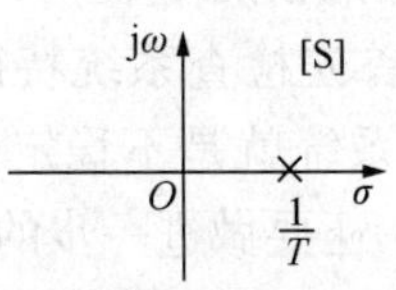	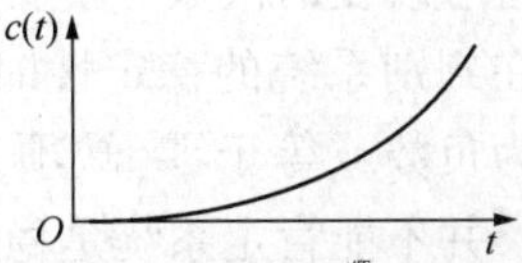 $c(t)=-1+e^{t/T}$	不稳定

以上提出的判断系统稳定性的条件是根据系统特征方程根，假如特征方程根能求得，系统稳定性自然就可断定。然而，当系统的阶次大于等于四阶或更高阶时，系统的特征根求取

非常困难，往往需要借助于数字计算机；下面介绍的劳斯判据就是避免求根困难而采用的一种代数方法，它是根据特征方程的系数来判断系统的稳定性的。

3.5.3　劳斯稳定判据

常用的判断控制系统的稳定性分析方法如下：

（1）直接求根法：直接通过求解系统特征方程的根在[S]平面的分布情况来判断系统的稳定性。当阶次高于4时，求根困难；

（2）劳斯判据：这是时域分析法中的一种代数判据方法。它是根据系统特征方程式来判断特征根在[S]平面的位置，从而决定系统的稳定性。本小节将详细介绍该判据的内容。

（3）奈氏判据：这是频域分析法中的一种图解分析的方法。它根据系统的开环频率特性确定闭环系统的稳定性，同样避免了求解闭环系统特征根的困难。这一方法在工程上是得到了比较广泛的应用。

（4）根轨迹法：这是一种图解求特征根的方法。它是根据系统开环传递函数以某一（或某些）参数为变量作出闭环系统的特征根在S平面的轨迹，从而全面了解闭环系统特征根随该参数的变化情况。由于它不是直接对系统特征方程求解，故而避免了数学计算上的麻烦，但是，该求根方法带有一定的近似性。

（5）李雅普诺夫方法：上述几种方法主要适用于线性系统，而李雅普诺夫方法不仅适用于线性系统，更适用于非线性系统。该方法是根据李雅普诺夫函数的特征来决定系统的稳定性。此方法主要在现代控制理论中介绍。

根据稳定条件判断控制系统的稳定性，需要求解系统特征方程式的根，但当系统阶次高于4时，求解特征方程将会遇到较大的困难，计算工作将相当麻烦。劳斯稳定判据正好解决了这个困难。

劳斯稳定判据是一种不用求解特征方程式的根，根据特征方程式（特征方程必须是有限项的多项式）的系数就可以判断控制系统是否稳定的间接方法。

下面介绍劳斯稳定判据的具体内容。设控制系统的特征方程式为

$$D(s) = a_n s^n + a_{n-1} s^{n-1} + \cdots + a_1 s + a_0 = 0 \tag{3-29}$$

1. 劳斯稳定判据的内容

首先，特征方程的系数全为正，且不为零（不缺项）这是系统稳定的必要条件。如果存在等于0或负值的系数，必然存在虚根或实部为正的根，系数全为正也不一定没有正实部的根。

其次，劳斯阵列中第一列系数（所有项）符号均为正号，则系统稳定，否则系统不稳定。劳斯表中第一列系数符号改变的次数等于实部为正的根的个数。

根据这一原则，在判别系统的稳定性时，可首先检查系统特征方程的系数是否都为正数，假如有任何系数为负数或等于零（缺项），则系统就是不稳定的。但是，假若特征方程的所有系数均为正数，并不能肯定系统是稳定的，还要做进一步的判别。因为上述所说的原则只是系统稳定性的必要条件，而不是充分必要条件。

2. 劳斯表的列法

如果上式所有系数都是正值，将多项式的系数排成下面形式的行和列，即为劳斯阵列，劳斯表中各项系数如表3-2所示。

表 3-2　劳斯表

s^n	a_n	a_{n-2}	a_{n-4}	a_{n-6}	$\cdots$
s^{n-1}	a_{n-1}	a_{n-3}	a_{n-5}	a_{n-7}	$\cdots$
s^{n-2}	$b_1 = \dfrac{a_{n-1}a_{n-2} - a_n a_{n-3}}{a_{n-1}}$	$b_2 = \dfrac{a_{n-1}a_{n-4} - a_n a_{n-5}}{a_{n-1}}$	$b_3 = \dfrac{a_{n-1}a_{n-6} - a_n a_{n-7}}{a_{n-1}}$	$\cdots$	$\cdots$
s^{n-3}	$c_1 = \dfrac{b_1 a_{n-3} - a_{n-1} b_2}{b_1}$	$c_2 = \dfrac{b_1 a_{n-5} - a_{n-1} b_3}{b_1}$	$c_3 = \dfrac{b_1 a_{n-7} - a_{n-1} b_4}{b_1}$	$\cdots$	$\cdots$
$\vdots$	$\vdots$	$\vdots$	$\vdots$	$\vdots$	$\vdots$
s^0	a_0				

系数 b 的计算，一直进行到其余的 b 值全部等于零时为止，用同样的前两行系数交叉相乘的方法，可以计算其他各行的系数，即这种过程一直进行到 s^0 行被算完为止。

系数的完整阵列呈现为三角形。在展开的阵列中，为了简化其后的数值运算，可以用一个正整数去除或乘某一整个行，这时并不改变稳定性结论。

【例 3-4】　系统特征方程为

$$D(s) = s^4 + 2s^3 + 3s^2 + 4s + 5 = 0$$

试用劳斯判据判别系统的稳定性。

解：由已知条件可知，$a_i > 0$，满足必要条件。列劳斯表

$$
\begin{array}{c|ccc}
s^4 & 1 & 3 & 5 \\
s^3 & 2 & 4 & 0 \\
s^2 & \dfrac{2 \times 3 - 1 \times 4}{2} = 1 & \dfrac{2 \times 5 - 1 \times 0}{2} = 5 & \\
s^1 & \dfrac{1 \times 4 - 2 \times 3}{1} = -6 & 0 & \\
s^0 & 5 & &
\end{array}
$$

可见，劳斯表第一列系数不全大于零，所以系统不稳定。劳斯表第一列系数符号改变的次数等于系统特征方程正实部根的数目。因此本题系统有两个正实部的根，或者说有两个根处在 [S] 平面的右半平面。

3. 关于劳斯稳定判据的几点说明

① 劳斯判据给出了系统稳定的两个条件，一个是系统稳定的必要条件，一个是系统稳定的充分条件。应用时，应先判别系统是否满足必要条件，若不满足，则可断定该系统不稳定；若满足，再应用充分条件判别。

② 当系统特征方程式中各项的系数均为负数时，可将方程两边同乘 -1，这时也认为系统是满足必要条件的。当特征方程中缺项时，即方程中某一项或某几项的系数为零，这时系统不满足必要条件，系统不稳定。

③ 在计算劳斯阵列时，如果第一列出现负数或零，表明系统不稳定或临界稳定，可停止计算。

4. 用劳斯判据分析系统参数对稳定性的影响

利用劳斯判据除能判断系统是否稳定外，还可以确定系统中一个或两个参数的变化对系统稳定性的影响。

【例3-5】 已知闭环控制系统如图3-35所示，确定满足系统稳定的 K 的取值范围。

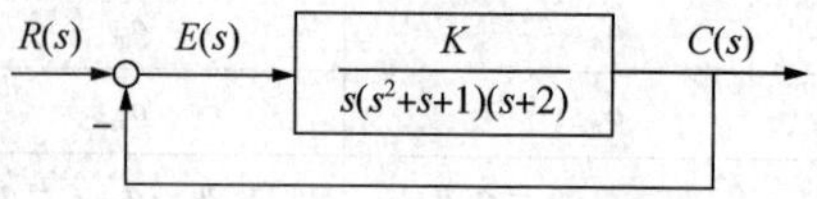

图3-35　例3-5控制系统结构

解： 系统闭环传递函数：

$$\frac{C(s)}{R(s)} = \frac{K}{s(s^2 + s + 1)(s + 2) + K}$$

由上式得系统的特征方程为

$$D(s) = s^4 + 3s^3 + 3s^2 + 2s + K = 0$$

欲满足稳定的必然条件，必须使 $K>0$

列劳斯表

$$
\begin{array}{cccc}
s^4 & 1 & 3 & K \\
s^3 & 3 & 2 & \\
s^2 & 7/3 & K & \\
s^1 & 2 - \dfrac{9}{7}K & & \\
s^0 & K & &
\end{array}
$$

根据劳斯判据，若系统稳定，第一列系数均为正

即 $K>0$；$2 - \dfrac{9}{7}K > 0$

所以保证系统稳定 K 值范围 $0<K<14/9$

为了分析和设计，可将稳定性分为绝对稳定性和相对稳定性。绝对稳定性指的是稳定或不稳定的条件。一旦判断出系统是稳定的，重要的是如何确定它的稳定程度，稳定程度则用相对稳定性来衡量。

【例3-6】 单位负反馈系统的开环传递函数为

$$G(s) = \frac{K}{s(0.1s + 1)(0.25s + 1)}$$

试确定系统稳定时 K 值的范围，并确定当系统所有特征根都位于平行 [S] 平面虚轴线 $s = -1$ 的左侧时的 K 值范围。

解： 系统闭环特征方程

$$s(0.1s + 1)(0.25s + 1) + K = 0$$

整理得　　　　　　　　　　　$0.025s^3 + 0.35s^2 + s + K = 0$

系统稳定的必要条件 $a_i > 0$，则要求 $K > 0$。列劳斯表

$$
\begin{array}{c|cc}
s^3 & 0.025 & 1 \\
s^2 & 0.35 & K \\
s^1 & \dfrac{0.35 - 0.025K}{0.35} & \\
s^0 & K &
\end{array}
$$

使

$$\frac{0.35 - 0.025K}{0.35} > 0$$

得

$$K < 14$$

可见，当系统增益 $0 < K < 14$ 时，系统才稳定。

以上劳斯判据主要用于判断系统是否稳定和确定系统参数的允许范围，绝对稳定性。但不能给出系统稳定的程度，相对稳定性，即不能表明特征根距虚轴的远近。如果一个系统负实部的特征根紧靠虚轴，尽管满足稳定条件，但其动态过程会具有过大的超调和过于缓慢的响应，甚至会由于系统内部参数的微小变化，就使特征根转移到 S 右半平面，导致系统不稳定。为了保证系统稳定，且具有良好的动态特性，希望特征根在 S 左半平面且与虚轴有一定的距离，通常称之为稳定裕度。为了能够运用上述代数判据，用新的变量 $s_1 = s + a$ 代入原系统的特征方程，即将 S 平面的虚轴左移一个常值 a，此值就是要求的特征根与虚轴的距离（即稳定裕度）。因此，判别以 s_1 为变量的系统的稳定性，相当于判别原系统的稳定裕度。如果这时满足稳定条件，就说明原系统不但稳定，而且所有特征根均位于 $-a$ 的左侧。

根据题意第二部分的要求，特征根全部位于 $s = -1$ 线左侧，所以取 $s = s_1 - 1$ 代入原特征方程得

$$D(s_1) = 0.025 (s_1 - 1)^3 + 0.35 (s_1 - 1)^2 + (s_1 - 1) + K = 0$$

整理得

$$s_1^3 + 11s_1^2 + 15s_1 + (40K - 27) = 0$$

要求 $a_i > 0$，则 $(40K - 27) > 0$ 得

$$K > 0.675$$

列劳斯表

$$
\begin{array}{c|cc}
s_1^3 & 1 & 15 \\
s_1^2 & 11 & 40K - 27 \\
s_1^1 & \dfrac{11 \times 15 - (40K - 27)}{11} & \\
s_1^0 & 40K - 27 &
\end{array}
$$

若使

$$11 \times 15 - (40K - 27) > 0$$

则

$$K < 4.8$$

$40K - 27 > 0$ 与 $a_i > 0$ 的条件相一致。

因此，K 值范围为 $0.675 < K < 4.8$

显然，K 值范围比原系统要小。

5. 劳斯判据的两种特殊情况

需要指出在运用劳斯稳定判据分析系统的稳定性时，有时会遇到下列两种特殊情况，在这两种情况下，表明系统在 [S] 平面内存在正根或存在两个大小相等符号相反的实根或存在两个共轭虚根，系统处在不稳定状态或临界稳定状态。

（1）在劳斯阵列的任一行中，出现第一个元素为零，而其余各元素均不为零，或部分不为零的情况；可用一个很小的正数 ε 代替为零的元素，然后继续进行计算，完成劳斯阵列。

当得到完整的劳斯阵列后，令 $\varepsilon \to 0$ 并检验第一列的符号变化次数来判断系统实部为正的特征根个数，若符号没有变化，说明系统具有一对纯虚根存在，表面系统处于稳定与不稳定之间。

【例3-7】 系统的特征方程为 $D(s)=s^4+2s^3+3s^2+6s+1=0$，判断系统的稳定性。

$$
\begin{array}{c|ccc}
s^4 & 1 & 3 & 1 \\
s^3 & 2 & 6 & \\
s^2 & 0 \to \varepsilon & 1 & \\
s^1 & \dfrac{6\varepsilon - 2}{\varepsilon} \to -\infty & & \\
s^0 & 1 & &
\end{array}
$$

因为劳斯阵列的第一列元素改变符号两次，所以系统不稳定，且有两个具有正实部的特征根。

（2）若劳斯阵列中某行的元素全为零，说明系统具有成对的实根或存在两个共轭虚根，这时用上一行元素构成一个辅助方程，再将上述辅助方程对 s 求导，用求导后的方程系数代替全零行的元素，继续完成劳斯阵列。它的次数总是偶数，它表示特征根中出现数值相同符号不同的根的数目。那些符号相反，大小相等的实根和共轭虚根可通过解辅助方程得到。

【例3-8】 系统的特征方程为 $D(s)=s^3+10s^2+16s+160=0$，判断系统的稳定性。

其劳斯阵列为：

$$
\begin{array}{c|cc}
s^3 & 1 & 16 \\
s^2 & 10 & 160 \\
s^1 & 0 & 0 \\
& (20) & \\
s^0 & 160 &
\end{array}
$$

辅助方程：$10s^2+160=0$

解出：$s^2+16=0$

即 $s = \pm 4j$

长除法求第三个解：$s=-10$

由上看出，劳斯阵列第一列元素符号相同，故系统不含具有正实部的根，而含一对纯虚根，可由辅助方程 $10s^2+160=0$ 解出 $s = \pm 4j$。

3.5.4 结构不稳定系统的改进措施

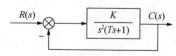

图3-36 结构不稳定系统结构图

有些系统无论怎样调整系统的参数，也无法使其稳定，则称这类系统为结构不稳定系统。如图3-36所示系统，其闭环传递函数为

$$\Phi(s)=\frac{C(s)}{R(s)}=\frac{K}{Ts^3 + s^2 + K}$$

系统特征方程式为

$$Ts^3 + s^2 + K = 0$$

特征方程的系数 $a_3=T^3$，$a_2=1$，$a_1=0$，$a_0=K$。由于 $a_1=0$，故不满足系统稳定的充分

必要条件，所以系统是不稳定的。而且无论怎样调整参数 T 和 K，都不能使系统稳定，即这是一个结构不稳定系统。欲使系统稳定，必须改变原系统的结构。

上述系统结构不稳定，主要是由于闭环特征方程的缺项（s 的一次项系数为零）造成的。而缺项又是因为结构图前向通路中有两个积分环节串联，传递函数的分子又只有增益 K。因此，消除结构不稳定的措施可以有以下两种方法解决此类问题：一是改变积分性质；二是引入比例微分控制。总之，都是为了补上特征方程中的缺项。

（1）改变环节的积分性质。在积分环节外面加单位负反馈，如图 3-37（a）所示，这时，环节的传递函数变为

$$\frac{C(s)}{R(s)} = \frac{1}{s+1}$$

从而使原来的积分环节变成了惯性环节。图 3-36 所示系统中的一个积分环节加上单位负反馈后，系统结构如图 3-37（b）所示，开环传递函数变成了

$$G(s) = \frac{K}{s(s+1)(Ts+1)}$$

系统的闭环传递函数

$$\frac{C(s)}{R(s)} = \frac{K}{s(s+1)(Ts+1)+K}$$

系统特征方程式 $\qquad Ts^3 + (1+T)s^2 + s + K = 0$

根据劳斯判据，系统稳定的条件为

$$\begin{cases} T > 0, \ K > 0, \ 1+T > 0 \\ 1+T > TK \end{cases}$$

所以，K 的取值范围为 $\quad 0 < K < 1 + \dfrac{1}{T}$

可见，此时只要适当选取 K 值就可使系统稳定。

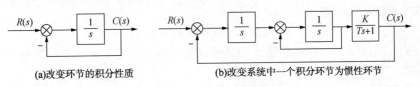

(a)改变环节的积分性质　　　　(b)改变系统中一个积分环节为惯性环节

图 3-37　改变积分环节性质

除了包围其中的一个积分环节外，还可以采用反馈包围一阶惯性环节的传递函数，积分性质也能被破坏了。破坏了积分性质（串联积分环节的其中之一），就相当于补上了特征方程的缺项，变结构不稳定为结构稳定了。这里积分性质的破坏，改善了系统的稳定性，但会使系统的稳态精度下降，因此常采用下面第二种措施。

（2）加入比例微分环节。如图 3-38 所示，在前述结构性不稳定系统的前向通道中加入比例微分环节，系统的闭环传递函数变为

$$\Phi(s) = \frac{K(\tau s + 1)}{Ts^3 + s^2 + K\tau s + K}$$

系统特征方程式 $Ts^3 + s^2 + K\tau s + K = 0$

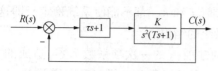

图3-38 系统中加入比例微分环节

很明显，补上了 s 的一次项系数。故只要适当匹配参数，即可使系统稳定。

根据劳斯判据，系统稳定的条件为

$$\begin{cases} T > 0, \ K\tau > 0, \ K > 0 \\ K\tau > KT \end{cases} \quad 即 \quad \begin{cases} K > 0 \\ \tau > T > 0 \end{cases}$$

可见，只要按上述条件选取系统参数，便可使系统稳定。

3.6 控制系统的稳态误差

稳态误差是一个静态指标，当过程结束后，稳态精度是一项很重要的技术指标。求稳态误差必须是稳定的系统，不稳定的系统无稳态误差而言。

系统的稳态误差是系统控制精度的一种度量，它是衡量系统稳态性能的一种指标。当给定值发生变化(包括给定值的变化规律发生变化)或者外部扰动变化时，输出值与给定值之间将产生偏差，经过调整系统的过渡过程结束后，系统达到稳态。在稳态条件下输出值的期望值与稳态值之间存在的误差，称为系统的稳态误差。稳态误差大小主要由系统结构、参数及外作用信号的形式和位置所决定。

3.6.1 误差及稳态误差

1. 误差的定义

典型控制系统结构图如图3-39所示。通常将被控量的希望值与实际被控制量之差定义为控制系统的误差，记为 $e(t)$，其中 $c(t)$ 是系统实际的被控量，用 $r(t)$ 表示控制系统的希望值，系统误差反映了系统输出跟踪输入的能力。

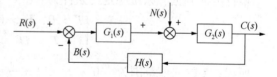

图3-39 典型控制系统结构图

误差有两种不同定义方法，一种是采用的从系统输入端定义的方法。系统误差是指反馈量与输入量之间的偏差，即

$$e(t) = r(t) - b(t) \quad 或 \ E(s) = R(s) - B(s)$$

这种方法定义的误差，在实际系统中是可以测量的，因而具有一定的物理意义。当系统为单位反馈时，有

$$e(t) = r(t) - c(t) \quad 或 \ E(s) = R(s) - C(s)$$

另一种误差定义的方法是从系统输出端定义的，它定义为系统输出量的实际值与输出量希望值之差，

$$e(t) = c^*(t) - c(t)$$

其中 $c^*(t)$ 为实际系统中的期望值，符合误差的常规定义，但在控制系统中表达困难。若为单位反馈系统即 $H(s) = 1$，则两个误差公式相同。

2. 稳态误差的定义

误差响应 $e(t)$ 如同系统的输出响应 $c(t)$ 一样，也包含稳态响应分量和瞬态响应分量两部分，对于一个稳定系统，误差响应 $e(t)$ 的瞬态响应分量随着时间的推移逐渐消失，而稳态响应分量趋于一定值。

稳态误差反映了系统进入稳态过程后的控制精度，即反映了输出信号跟随输入信号的能力。当系统为单位反馈系统时，稳态误差即为系统输入信号与输出信号的稳态值之差。稳态误差越小，控制精度越高。

稳态误差定义为系统达到稳态时的误差，将误差取极限得：

$$e_{ss} = \lim_{t \to \infty} e(t) \tag{3-30}$$

3.6.2 稳态误差的计算

稳态误差 e_{ss} 反映控制系统复现或跟踪输入信号的能力。除了可用定义式(3-30)计算稳态误差之外，稳定系统的稳态误差还可以借助拉氏变换中的终值定理方便地计算出，其表达式为

$$e_{ss} = \lim_{t \to \infty} e(t) = \lim_{s \to 0} sE(s) \tag{3-31}$$

需要注意终值定理的应用条件，是在 S 右半平面及虚轴上(除原点外)处处解析，即 $E(s)$ 的极点均在 S 平面的左边(含原点上的极点)，也就是说系统必须稳定。

它适用于各种情况下的稳态误差计算，既可以用于求输入作用下的稳态误差，也可以用于求干扰作用下的稳态误差。具体计算分三步进行。

(1) 判定系统的稳定性。稳定是系统正常工作的前提条件，系统不稳定时，求稳态误差没有意义。另外，计算稳态误差要使用终值定理时，要注意终值定理应用的条件是否满足，判断除原点外，$sE(s)$ 在右半 S 平面及虚轴上解析。当系统不稳定，或 $R(s)$ 的极点位于虚轴上以及虚轴右边时，该条件不满足。

(2) 求误差传递函数

$$\Phi_{er}(s) = \frac{E(s)}{R(s)}, \quad \Phi_{en}(s) = \frac{E(s)}{N(s)} \tag{3-32}$$

(3) 用终值定理求稳态误差

$$e_{ss} = \lim_{s \to 0} [\Phi_{er}(s)R(s) + \Phi_{en}(s)N(s)] \tag{3-33}$$

【例 3-9】 系统结构如图 3-40 所示，试求系统在单位斜坡输入信号作用下的稳态误差。

解： 只有当系统稳定时计算稳态误差才有意义。因此，在计算系统的稳态误差之前，应先判别系统的稳定性。

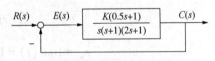

图 3-40 控制系统结构图

1. 判别系统的稳定性

系统的闭环传递函数为：

$$\Phi(s) = \frac{C(s)}{R(s)} = \frac{G(s)}{1 + G(s)} = \frac{K(0.5s + 1)}{s(s + 1)(2s + 1) + K(0.5s + 1)}$$

系统的特征方程为 $s(s + 1)(2s + 1) + K(0.5s + 1) = 0$

整理得 $2s^3 + 3s^2 + (1 + 0.5K)s + K = 0$

列劳斯表

s^3	2	$1 + 0.5K$
s^2	3	K
s^1	$\dfrac{2K - 3(1 + 0.5K)}{3}$	0
s^0	K	

由劳斯判据得系统稳定的条件为 0<K<6。

2. 求 $E_r(s)$

输入信号为单位斜坡，所以

$$R(s) = \frac{1}{s^2}$$

$$\Phi_{er}(s) = \frac{E(s)}{R(s)} = \frac{1}{1 + G_1(s)G_2(s)H(s)} = \frac{1}{1 + \dfrac{K(0.5s+1)}{s(s+1)(2s+1)}}$$

$$= \frac{s(s+1)(2s+1)}{s(s+1)(2s+1) + K(0.5s+1)}$$

$$E_r(s) = \phi_{er}(s)R(s) = \frac{s(s+1)(2s+1)}{s(s+1)(2s+1) + K(0.5s+1)} \frac{1}{s^2}$$

3. 求 e_{ssr}

$$e_{ssr} = \lim_{s \to 0} E_r(s) = \lim_{s \to 0} s \frac{s(s+1)(2s+1)}{s(s+1)(2s+1) + K(0.5s+1)} \frac{1}{s^2} = \frac{1}{K}$$

结果可见，稳态误差 e_{ssr} 与 K 成反比，K 越大，稳态误差越小。由此可见，稳态精度与稳定性是矛盾的。

另外，在求稳态误差时也可以直接根据误差定义，再利用终值定理来求，这样会很方便的计算稳态误差。

另解：系统的闭环传递函数为：

$$\Phi(s) = \frac{C(s)}{R(s)} = \frac{G(s)}{1 + G(s)} = \frac{K(0.5s+1)}{s(s+1)(2s+1) + K(0.5s+1)}$$

根据误差定义 $E(s) = R(s) - C(s) = R(s) - R(s)\Phi(s) = R(s)[1 - \Phi(s)]$

$$\because r(t) = t \quad \therefore R(s) = \frac{1}{s^2}$$

$$e_{ss} = \lim_{t \to \infty} e(t) = \lim_{s \to 0} sE(s) = \lim_{s \to 0} sR(s)[1 - \Phi(s)]$$

$$= \lim_{s \to 0} s \cdot \frac{1}{s^2} \cdot \left[1 - \frac{K(0.5s+1)}{s(s+1)(2s+1) + K(0.5s+1)} \right]$$

$$= \lim_{s \to 0} \frac{(s+1)(2s+1)}{s(s+1)(2s+1) + K(0.5s+1)} = \frac{1}{K}$$

【例 3-10】 系统的结构如图 3-41 所示。设输入信号 $r(t) = I(t)$ 干扰信号 $n(t) = I(t)$，试求系统的总稳态误差。

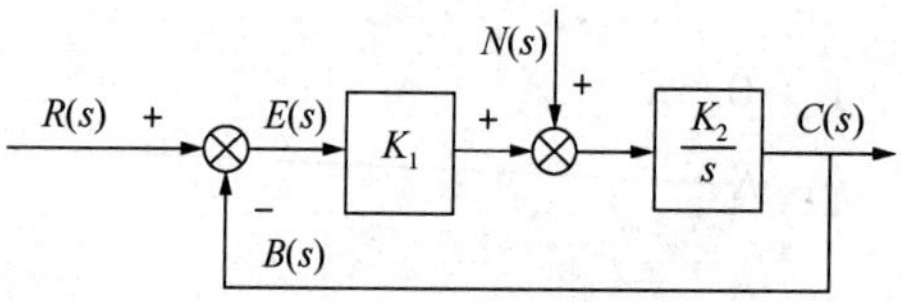

图 3-41　控制系统结构图

解：1. 判别系统的稳定性

系统的特征方程为

$$s + K_1 K_2 = 0$$

根据劳斯判据得系统稳定的条件为 $K_1 K_2 > 0$。在控制系统中，K_1、K_2 均是大于零的参数，因此系统稳定的条件是 $K_1 > 0$，$K_2 > 0$。

2. 求 $E(s)$

$$E(s) = E_r(s) + E_n(s) = \phi_{er}(s)R(s) + \phi_{en}(s)N(s)$$

$$= \frac{1}{1 + \dfrac{K_1K_2}{s}} \frac{1}{s} + \frac{-\dfrac{K_2}{s}}{1 + \dfrac{K_1K_2}{s}} \frac{1}{s} = \frac{s - K_2}{s + K_1K_2} \frac{1}{s}$$

3. 求 e_{ss}

$$e_{ss} = \lim_{s \to 0} sE(s) = \lim_{s \to 0} s \frac{s - K_2}{s + K_1K_2} \frac{1}{s} = -\frac{1}{k_1}$$

从稳态误差的表达式和例题可知，系统的稳态误差不仅与输入信号 $r(t)$ 的形式有关，而且与系统开环传递函数，即系统的结构有关。

3.6.3　静态误差系数法

静态误差系数法是根据系统的型别，输入信号作用形式，利用静态误差系数求稳态误差。应注意，静态误差系数法仅适用于给定信号作用下求稳态误差。

1. 典型输入信号

(1) 单位阶跃信号：　　　$r(t) = 1$　　　$R(s) = \dfrac{1}{s}$

(2) 单位斜坡信号：　　　$r(t) = t$　　　$R(s) = \dfrac{1}{s^2}$

(3) 单位加速度（抛物线）信号：　　　$r(t) = \dfrac{1}{2}t^2$　　　$R(s) = \dfrac{1}{s^3}$

2. 型别

假设系统的开环传递函数 $G(s)H(s)$ 可表示为

$$G(s)H(s) = \frac{K(\tau_1 s + 1)(\tau_2 s + 1)\cdots(\tau_m s + 1)}{s^v(T_1 s + 1)(T_2 s + 1)\cdots(T_{n-v} s + 1)} \tag{3-34}$$

式中，K 为开环增益（开环放大倍数），v 称为系统的型别，它表示系统开环传递函数 $G(s)H(s)$ 中积分环节的个数。

$v = 0$，称为 0 型系统；$v = 1$，称为 Ⅰ 型系统；$v = 2$，称为 Ⅱ 型系统。

由于含两个以上积分环节的系统不易稳定，所以很少采用 Ⅱ 型以上的系统。

3. 稳态误差与输入信号、型别的关系

不同类型的系统，在不同输入信号作用下的稳态误差是不同的。下面分别加以研究。

1) 输入信号为单位阶跃信号

$$e_{ssr} = \lim_{s \to 0} sE_r(s) = \lim_{s \to 0} s \frac{1}{1 + G(s)H(s)} R(s) = \lim_{s \to 0} s \frac{1}{1 + G(s)H(s)} \frac{1}{s} = \frac{1}{1 + \lim_{s \to 0} G(s)H(s)}$$ 定义

静态位置误差系数

$$K_p = \lim_{s \to 0} G(s)H(s) \tag{3-35}$$

则

$$e_{ssr} = \frac{1}{1 + K_p} \tag{3-36}$$

① 对于 0 型系统

$$e_{ssr} = \frac{1}{1 + \lim_{s \to 0} G(s)H(s)} = \frac{1}{1 + K}$$

② 对于Ⅰ型及Ⅰ型以上系统

$$e_{ssr} = \frac{1}{1 + \lim_{s \to 0} G(s)H(s)} = \frac{1}{1 + \infty} = 0$$

由上面的分析可以看出：

（1）K_p 的大小反映了系统在阶跃输入下消除误差的能力。K_p 越大，稳态误差越小。

（2）0 型系统对阶跃输入引起的稳态误差为一常值，其大小与开环增益 K 有关，K 越大，e_{ss} 越小，但总是有差存在，所以把 0 系统常称为有差系统。

（3）在阶跃输入时，若要求系统稳态误差为零，则系统至少为Ⅰ型或Ⅰ型以上的系统。

2）输入信号为单位斜坡信号

$$e_{ssr} = \lim_{s \to 0} sE_r(s) = \lim_{s \to 0} s \frac{1}{1 + G(s)H(s)} R(s) = \lim_{s \to 0} s \frac{1}{1 + G(s)H(s)} \frac{1}{s^2} = \frac{1}{\lim_{s \to 0} G(s)H(s)}$$ 定义静态速度误差系数

$$K_v = \lim_{s \to 0} G(s)H(s) \tag{3-37}$$

则

$$e_{ssv} = \frac{1}{K_v} \tag{3-38}$$

① 对于 0 型系统

$$e_{ssr} = \frac{1}{\lim_{s \to 0} G(s)H(s)} = \infty$$

② 对于Ⅰ型系统

$$e_{ssr} = \frac{1}{\lim_{s \to 0} G(s)H(s)} = \frac{1}{K}$$

③对于Ⅱ型及Ⅱ型以上系统

$$e_{ssr} = \frac{1}{\lim_{s \to 0} G(s)H(s)} = 0$$

由上面的分析可以看出：

（1）K_v 的大小反映了系统跟踪斜坡输入信号的能力，K_v 越大，系统稳态误差越小；

（2）0 型系统在稳态时，无法跟踪斜坡输入信号；

（3）Ⅰ型系统在稳态时，输出与输入在速度上相等，但有一个与 K 成反比的常值位置误差；

（4）Ⅱ型或Ⅱ型以上系统在稳态时，可完全跟踪斜坡信号。

3）输入信号为单位加速度信号

$$e_{ssr} = \lim_{s \to 0} sE_r(s) = \lim_{s \to 0} s \frac{1}{1 + G(s)H(s)} R(s) = \lim_{s \to 0} s \frac{1}{1 + G(s)H(s)} \frac{1}{s^3} = \frac{1}{\lim_{s \to 0} s^2 G(s)H(s)}$$

定义静态加速度误差系数

$$K_a = \lim_{s \to 0} s^2 G(s)H(s) \tag{3-39}$$

则

$$e_{ssa} = \frac{1}{K_a} \tag{3-40}$$

① 对于 0 型系统

$$e_{ssr} = \frac{1}{\lim\limits_{s \to 0} s^2 G(s)H(s)} = \infty$$

② 对于 I 型系统

$$e_{ssr} = \frac{1}{\lim\limits_{s \to 0} s^2 G(s)H(s)} = \infty$$

③ 对于 II 型系统

$$e_{ssr} = \frac{1}{\lim\limits_{s \to 0} s^2 G(s)H(s)} = \frac{1}{K}$$

④ 对于 II 型以上系统

$$e_{ssr} = \frac{1}{\lim\limits_{s \to 0} s^2 G(s)H(s)} = 0$$

上述分析表明：

(1) K_a 的大小反映了系统跟踪加速度输入信号的能力，K_a 越大，系统跟踪精度越高；

(2) 0 型和 I 型系统输出不能跟踪加速度输入信号，在跟踪过程中误差越来越大，稳态时达到无限大；

(3) II 型系统能跟踪抛物线输入，但有误差为常值，其大小与 K 成反比；

(4) 要想准确跟踪抛物线输入，系统应为 III 型或高于 III 型的系统。

综合以上讨论可以列出 0 型、I 型和 II 型系统在典型输入作用下的稳态误差如表 3-3 所示。从表中可以看出，在对角线以下，稳态误差为 0；在对角线以上，稳态误差则为无穷大。误差系数 K_p、K_v 和 K_a 反映了系统消除稳态误差的能力，系统型别越高，消除稳态误差的能力越强，但却使系统稳定性变差。

表 3-3　典型输入信号作用下的稳态误差

系统型别	静态误差系数			阶跃输入 $r(t) = A \cdot 1(t)$ 位置误差 $e_{ss} = \dfrac{A}{1+K_p}$	斜坡输入 $r(t) = At$ 速度误差 $e_{ss} = \dfrac{A}{K_v}$	加速度输入 $r(t) = \dfrac{A \cdot t^2}{2}$ 加速度误差 $e_{ss} = \dfrac{A}{K_a}$
	K_p	K_v	K_a			
0	K	0	0	$\dfrac{A}{1+K}$	∞	∞
I	∞	K	0	0	$\dfrac{A}{K}$	∞
II	∞	∞	K	0	0	$\dfrac{A}{K}$

综合以上，给定输入作用下系统稳态误差与系统结构、参数及输入形式变化的规律有关。即在输入一定时，增大开环增益 K，可以减小稳态误差；增加开环传递函数中的积分环节数，可以消除稳态误差。

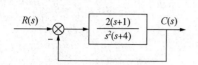

图 3-42   系统结构图

【例 3-11】 某系统结构如图 3-42 所示，求当输入信号 $r(t) = 1+t+t^2$ 时的系统稳态误差。

解：

线性系统符合叠加原理，输入信号 $r(t)$ 可以看作是 $r_1(t) = 1$、$r_2(t) = t$、$r_3(t) = t^2$ 的线性叠加，则系统在输入信号 $r(t)$ 下产生的稳态误差，可以看作是 $r_1(t)$、$r_2(t)$、$r_3(t)$ 分别单独作用于系统时产生的稳态误差的代数和。

方法一：根据误差定义和终值定理

当 $r_1(t) = 1$ 单独作用时，系统产生的稳态误差为

$$e_{ss1} = \lim_{s \to 0} sE(s) = \lim_{s \to 0} s\frac{1}{1 + G(s)}R(s) = \lim_{s \to 0} s \frac{1}{1 + \dfrac{2(s+1)}{s^2(s+4)}}\frac{1}{s} = 0$$

当 $r_2(t) = t$ 单独作用时，系统产生的稳态误差为

$$e_{ss2} = \lim_{s \to 0} sE(s) = \lim_{s \to 0} s\frac{1}{1 + G(s)}R(s) = \lim_{s \to 0} s \frac{1}{1 + \dfrac{2(s+1)}{s^2(s+4)}}\frac{1}{s^2} = 0$$

当 $r_3(t) = t^2$ 单独作用时，系统产生的稳态误差为

$$e_{ss3} = \lim_{s \to 0} sE(s) = \lim_{s \to 0} s\frac{1}{1 + G(s)}R(s) = \lim_{s \to 0} s \frac{1}{1 + \dfrac{2(s+1)}{s^2(s+4)}}\frac{2}{s^3} = 4$$

所以，在 $r(t)$ 作用下系统的稳态误差为

$$e_{ss} = e_{ss1} + e_{ss2} + e_{ss3} = 4$$

方法二：静态误差系数法

当 $r_1(t) = 1$ 单位阶跃信号单独作用时，系统稳态误差公式为

$$e_{ss} = \frac{1}{1 + K_p}$$

静态位置误差系数

$$K_p = \lim_{s \to 0} G(s) = \lim_{s \to 0} \frac{2(s+1)}{s^2(s+4)} = \infty$$

所以 $e_{ss1} = \dfrac{1}{1 + K_p} = 0$

当 $r_2(t) = t$ 单位斜坡信号单独作用时，系统稳态误差公式为

$$e_{ss} = \frac{1}{K_v}$$

静态速度误差系数

$$K_v = \lim_{s \to 0} sG(s) = \lim_{s \to 0} s \frac{2(s+1)}{s^2(s+4)} = \infty$$

所以 $e_{ss2} = \dfrac{1}{K_v} = 0$

当 $r_3(t) = t^2$ 单位斜坡信号单独作用时，系统稳态误差公式为

$$e_{ss} = \frac{2}{Ka}$$

静态速度误差系数

$$K_a = \lim_{s \to 0} s^2 G(s) = \lim_{s \to 0} s^2 \frac{2(s+1)}{s^2(s+4)} = \frac{1}{2}$$

所以 $e_{ss3} = \frac{2}{Ka} = 4$

所以，在 $r(t)$ 作用下系统的稳态误差为

$$e_{ss} = e_{ss1} + e_{ss2} + e_{ss3} = 4$$

方法三：直接根据误差定义，再利用终值定理来求。

系统的闭环传递函数为：

$$\Phi(s) = \frac{C(s)}{R(s)} = \frac{G(s)}{1 + G(s)} = \frac{2(s+1)}{s^2(s+4) + 2(s+1)}$$

根据误差定义

$$E(s) = R(s) - C(s) = R(s) - R(s)\Phi(s) = R(s)[1 - \Phi(s)]$$

$\because r(t) = 1 + t + t^2$ $\therefore R(s) = \frac{1}{s} + \frac{1}{s^2} + \frac{2}{s^3}$

$$e_{ss} = \lim_{t \to \infty} e(t) = \lim_{s \to 0} s E(s) = \lim_{s \to 0} s R(s)[1 - \Phi(s)]$$

$$= \lim_{s \to 0} s \cdot \left(\frac{1}{s} + \frac{1}{s^2} + \frac{2}{s^3} \right) \cdot \left[1 - \frac{2(s+1)}{s^2(s+4) + 2(s+1)} \right]$$

$$= \lim_{s \to 0} \frac{(s^2 + s + 2)(s+4)}{s^2(s+4) + 2(s+1)} = 4$$

3.6.4 改善系统稳态精度的方法

从以上的分析可知，系统的稳态误差与系统稳定性之间存在矛盾，如何减小稳态误差，改善系统稳态精度，通常采用的方法概括如下：

（1）增大系统开环放大系数，以保证对给定输入的跟随能力；增大扰动作用点以前的前向通道的放大系数，以降低扰动引起的稳态误差。增大开环放大系数是一种有效的最简单的办法。它可以用增加放大器或提高信号电平改变环节放大系数来实现，从而使静态误差系数增大，稳态误差降低。但是，简单地增大开环放大系数有可能使系统的稳定性变差。为了解决这个矛盾，往往在提高放大系数的同时，采取相应的措施保证系统依然稳定。这也就是系统校正的任务之一。

（2）增加前向通道中积分环节个数，使系统的型别增加，可以消除不同输入信号时的稳态误差。但是根据稳定性的概念，前向通道中积分环节数增大，增加了开环极点，改变了闭环传递函数的极点，也会使系统的稳定性受到影响。所以也必须同时对系统进行校正，防止系统失去稳定，并保证有较好的动态性能。

（3）采用复合控制

复合控制又称为顺馈，补偿的方式又分干扰补偿和输入补偿，这两种方法可对误差进行

补偿。

①干扰补偿：当作用于系统的主要干扰可以测量，按干扰补偿的系统结构如图 3-43 所示。现在要确定补偿器 $G_N(s)$，使干扰 $n(t)$ 对输出 $c(t)$ 没有影响，或称 $c(t)$ 对 $n(t)$ 具有不变性。

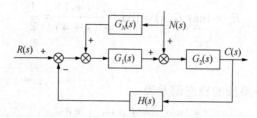

图 3-43　按干扰补偿的复合控制

在干扰 $n(t)$ 作用下系统的闭环传递函数为

$$\Phi_n(s) = \frac{C(s)}{N(s)} = \frac{G_2(s) + G_N(s)G_1(s)G_2(s)}{1 + G_1(s)G_2(s)H(s)}$$

若能使 $\Phi_n(s)$ 为零，则干扰对输出的影响就可消除。令 $\Phi_n(s) = 0$，有

$$G_2(s) + G_N(s)G_1(s)G_2(s) = 0$$

得到解出对干扰全补偿的条件为

$$G_N(s) = -1/G_1(s)$$

则可消除扰动对系统的影响，其中包括对稳态响应的影响，从而提高系统的精度。

②按输入补偿：按输入补偿的系统结构如图 3-44 所示，补偿器的传递函数 $G_R(s)$ 设在系统的回路之外。因此可以先设计系统的回路，保证其有较好的动态性能，然后再设计补偿器 $G_R(s)$ 以提高系统对典型输入信号的稳态精度。$G_R(s)$ 的作用是使系统在输入信号作用下误差得到全补偿。

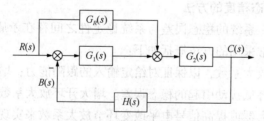

图 3-44　按输入补偿的复合控制

误差定义为

$$E(s) = R(s) - B(s)$$

$$\Phi_r(s) = \frac{C(s)}{R(s)} = \frac{G_2(s)G_R(s) + G_1(s)G_2(s)}{1 + G_1(s)G_2(s)H(s)}$$

$$E(s) = R(s) - B(s) = R(s) - \frac{G_2(s)G_R(s) + G_1(s)G_2(s)}{1 + G_1(s)G_2(s)H(s)}H(s)R(s)$$

$$= \frac{1 - G_2(s)G_R(s)H(s)}{1 + G_1(s)G_2(s)H(s)}R(s)$$

令

$$1 - G_2(s)G_R(s)H(s) = 0$$

即

$$G_R(s) = \frac{1}{G_2(s)H(s)}$$

这就是补偿器的传递函数。这种按输入补偿的办法，实际上相当于将输入信号先经过一个环节进行一下"整形"，然后再加给系统的回路，使系统既能满足动态性能的要求，又能保证高稳态精度。

本 章 小 结

1. 时域分析法的实质是求解典型输入作用下的系统微分方程，但这里使用的方法是拉氏变换法。

2. 在评价系统的动态性能时，常用单位阶跃作用下系统的峰值时间 t_p，超调量 σ_p 和调节时间 t_s 评价系统动态性能的优劣。

3. 在评价系统的稳态性能时，通常使用的参数是稳态误差 e_{ss} 和静态误差系数及 K_p 及 K_v 及 K_a。

4. 一阶系统、二阶过阻尼及临界阻尼系统的特征根都是实根，因此它们的动态过程是单调增加的，无超调量，其动态性能的唯一指标是调节时间 t_s。

5. 二阶欠阻尼系统动态过程出现振荡和超调的根本原因是其特征方程的根中有虚根存在。

6. 稳定性是控制系统能正常工作的首要条件。稳定性与无差度（稳态误差）是相互矛盾的，在提高系统精度的同时，必须注意保证系统的稳定性。

7. 要消除或减小输入信号作用下的稳态误差，只要增加开环系统中积分环节的个数和系统的开环增益即可，但同时要注意保证系统的稳定性。

8. 要消除或减小干扰信号引起的稳态误差，只要增加输入信号作用点与干扰信号作用点之间通道上的积分环节个数和增益即可，但同时也要注意保证系统的稳定性。

习 题

题 3-1 已知系统结构如图 3-45 所示，若要求相同的闭环放大系数为 1，过渡过程时间为 0.2s，试求 K_0 和 K_f 的值。

题 3-2 某单位负反馈系统在输入 $r(t) = 1+t$ 作用下，输出响应为 $c(t) = t+0.9-0.9e^{-10t}$，试计算该系统的闭环和开环传递函数，并求出系统性能指标 $\sigma\% t_s$。

题 3-3 设一单位反馈控制系统的开环传递函数为

$$G(s) = \frac{K}{s(0.1s+1)}$$

试分别求出当 $K = 10$ 和 $K = 20$ 时系统的阻尼比 ζ，无阻尼自然频率 ω_n，单位阶跃响应的超调量 $\sigma\%$ 及峰值时间 t_p，并讨论 K 的大小对系统性能指标的影响。

题 3-4 某典型二阶系统的单位阶跃响应如图 3-46 所示。试确定系统的闭环传递函数。

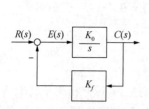
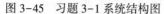

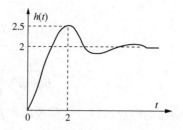

图 3-45　习题 3-1 系统结构图　　　　图 3-46　题 3-4 单位阶跃响应曲线图

题 3-5　单位反馈系统中开环传递函数为 $G(s) = \dfrac{K}{s(Ts+1)}$，若要求 $\sigma\% < 16.5\%$，$t_s = 6s$（$\pm 5\%$），试确定参数 K 和 T 的值。

题 3-6　一单位反馈系统的开环传递函数为

$$G(s) = \frac{\omega_n^2}{s(s + 2\zeta\omega_n)}$$

已知系统的 $r(t) = 1$，误差时间函数为 $e(t) = 1.4e^{-1.07t} - 0.4e^{-3.73t}$，求系统的阻尼比 ζ，自然振荡角频率 ω_n、系统的闭环传递函数及系统的稳态误差。

题 3-7　已知系统的特征方程，试判别系统的稳定性，并确定在右半 S 平面根的个数及纯虚根。

（1）$D(s) = s^5 + 2s^4 + 2s^3 + 4s^2 + 11s + 10 = 0$

（2）$D(s) = s^5 + 3s^4 + 12s^3 + 24s^2 + 32s + 48 = 0$

（3）$D(s) = s^5 + 2s^4 - s - 2 = 0$

（4）$D(s) = s^5 + 2s^4 + 24s^3 + 48s^2 - 25s - 50 = 0$

题 3-8　单位负反馈系统中开环传递函数如下，判断系统的稳定性。

（1）$G(s) = \dfrac{10(s + 1)}{s(s - 1)(s + 5)}$

（2）$G(s) = \dfrac{10}{s(s + 1)(2s + 3)}$

题 3-9　设单位负反馈系统的开环传递函数分别为

（1）$G(s) = \dfrac{K(s + 1)}{s(s - 1)(s + 5)}$

（2）$G(s) = \dfrac{K}{s(s - 1)(s + 5)}$

（3）$G(s) = \dfrac{K(0.5s + 1)}{s(s + 1)(0.5s^2 + s + 1)}$

试确定使闭环系统稳定的开环增益 K 的范围。

题 3-10　已知系统如图 3-47 所示。试分析参数 τ 应取何值时，系统方能稳定？

题 3-11　已知单位负反馈系统的开环传递函数为 $G(s) = \dfrac{K}{s(Ts + 1)}$，要求系统具有阻尼系数 $\zeta = 0.707$，$\omega_n = 4$，试确定参数 K、T 值。

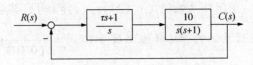

图 3-47　习题 3-10 系统结构图

题 3-12　已知某系统结构如图 3-48(a)、(b)所示，试用劳斯判据判断系统闭环的稳定性。

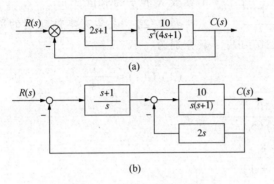

(a)

(b)

图 3-48　题 3-12 系统结构图

题 3-13　已知单位反馈系统的开环传递函数为

$$G(s) = \frac{K}{s(0.01s^2 + 0.2\zeta s + 1)}$$

试求系统稳定时，参数 K 和 ζ 的取值关系。

题 3-14　系统结构图如图 3-49 所示。

(1) 为确保系统稳定，如何取 K 值？

(2) 为使系统特征根全部位于 S 平面 $s = -1$ 的左侧，K 应取何值？

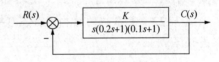

图 3-49　习题 3-14 系统结构图

(3) 若 $r(t) = 2t + 2$ 时，要求系统稳态误差 $e_{ss} \leqslant 0.25$，K 应取何值？

题 3-15　已知单位反馈控制系统开环传递函数如下，试分别求出当输入信号为 $1(t)$、t 和 t^2 时系统的稳态误差。

(1) $G(s) = \dfrac{10}{(0.1s + 1)(0.5s + 1)}$

(2) $G(s) = \dfrac{7(s + 3)}{s(s + 4)(s^2 + 2s + 2)}$

(3) $G(s) = \dfrac{8(0.5s + 1)}{s^2(0.1s + 1)}$

题 3-16　已知某单位反馈系统的开环传递函数为 $G(s) = \dfrac{20(s + 2)}{s(s + 4)(s + 5)}$，当输入信号 $r(t) = 2 + 4t + t^2$ 时，试求系统的稳态误差。

题 3-17　已知单位负反馈系统开环传递函数为 $G(s) = \dfrac{K}{s(s + 2)(s + 5)}$，试根据下述要

求确定 K 的取值范围。(1)使闭环系统稳定；(2)当 $r(t)=t$ 时，其稳态误差 $e_{\text{ssr}}<0.5$。

题3-18　某单位负反馈系统的开环传递函数为 $G(s)=\dfrac{K}{s(0.01s+1)(s+1)}$，当 $r(t)=1+t$ 时，要求系统的稳态误差 $e_{\text{ss}}=0.05$，试确定 K 值条件。

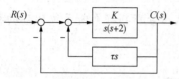

题3-19　某系统的结构图如图3-50所示，欲使阻尼比 $\zeta=0.7$ 和单位斜坡信号输入时稳态误差 $e_{\text{ss}}=0.25$，试确定参数 K 和 τ 的取值。

图3-50　习题3-19系统结构图

题3-20　设具有单位反馈的随动系统，开环传递函数分别为

$$(1)\ G(s)=\frac{1}{2s+3}$$

$$(2)\ G(s)=\frac{10}{s(s+4)(5s+1)}$$

$$(3)\ G(s)=\frac{4s+8}{s^2(0.1s+1)}$$

试求系统的位置，速度和加速度的误差系数。

题3-21　已知系统结构图如图3-51所示。试求：

① 当 $K=40$ 时，系统的稳态误差。

② 当 $K=20$ 时，系统的稳态误差。试与①比较说明

③ 在扰动作用点之前的前向通道中引入一积分环节 $1/s$，对结果有什么影响？在扰动作用点后引入积分环节 $1/s$，结果又将如何？

题3-22　某系统的结构图如图3-52所示，假设 $r(t)=t$，$n(t)=0.5$，试计算该系统的稳态误差。

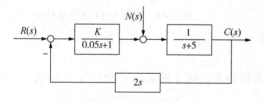

图3-51　习题3-21系统结构图

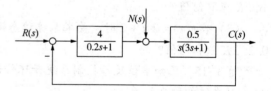

图3-52　习题3-22系统结构图

题3-23　已知某系统的框图如图3-53所示，若 $r(t)=2$，$n(t)=1$，求该系统的总稳态误差 e_{ss}，并说明如何减小或消除稳态误差。

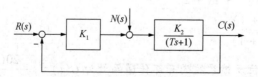

图3-53　题3-23系统结构

题3-24　系统结构图如图3-54所示。试求局部反馈加入前、后系统的静态位置误差系数、静态速度误差系数和静态加速度误差系数。

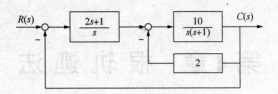

图 3-54　题 3-24 系统结构

题 3-25　大型天线伺服系统结构图如图 3-55 所示，其中 $\zeta = 0.707$，$\omega_n = 15$，$\tau = 0.15\text{s}$。

（1）当干扰 $n(t) = 10 \cdot 1(t)$，输入 $r(t) = 0$ 时，为保证系统的稳态误差小于 0.01，试确定 K_a 的取值；

（2）当系统开环工作（$K_a = 0$），且输入 $r(t) = 0$ 时，确定由干扰 $n(t) = 10 \cdot 1(t)$ 引起的系统响应稳态值。

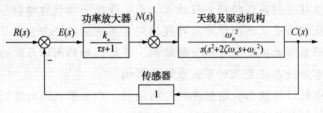

图 3-55　习题 3-25 系统结构图

第4章 根轨迹法

在时域分析中已经看到，闭环系统瞬态响应的基本特征是由闭环系统传递函数的极点决定的，也就是由系统特征方程的根来确定的，因此，在分析系统时，确定闭环极点在 S 平面的位置是很重要的。闭环极点的求取是十分困难的。特别是系统的特征方程在三次以上时，用一般的方法求取甚至是不可能的，另外，在研究系统某一参数(如开环增益)发生变化对系统性能的影响时，时域分析法不仅麻烦而且工作量大，这就给分析、研究系统带来极大困难。

为了避免直接求解高级特征方程的根，人们寻求一种找取特征根的简便方法——根轨迹法。根轨迹法是采用图解方法对线性定常系统进行分析和设计的，它具有直观的特点，利用系统的根轨迹可以分析结构、参数已知的闭环系统的稳定性和瞬态响应特性，还可分析参数变化对系统性能的影响。

本章介绍根轨迹的概念，绘制根轨迹的法则，广义根轨迹的绘制以及应用根轨迹分析控制系统性能等方面的内容。

4.1 根轨迹法的基本概念

本节主要介绍根轨迹的基本概念，根轨迹与系统性能之间的关系，并从闭环零、极点与开环零、极点之间的关系推导出根轨迹方程，并由此给出根轨迹的相角条件和幅值条件。

4.1.1 根轨迹的基本概念

根轨迹是当开环系统某一参数(如开环增益 K 或根轨迹增益 K^*)从零变化到无穷大时，闭环系统特征方程式的根在 S 平面上变化的轨迹。

根轨迹法是在已知系统开环零、极点分布的基础上，来研究系统中某一个参数或某些参数变化对系统闭环特征根影响的一种图解方法

在介绍图解法之前，先用直接求根的方法来说明根轨迹的含义。

控制系统如图 4-1 所示。

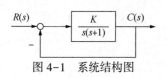

图 4-1　系统结构图

其开环传递函数为

$$G(s) = \frac{K}{s(s+1)}$$

闭环传递函数为

$$\Phi(s) = \frac{C(s)}{R(s)} = \frac{K}{s^2 + s + K}$$

闭环特征方程为

$$s^2 + s + K = 0$$

特征根为：
$$s_{1,2} = \frac{-1 \pm \sqrt{1-4K}}{2} = -\frac{1}{2} \pm \frac{\sqrt{1-4K}}{2}$$

当系统参数 K 从零变化到无穷大时，闭环极点的变化情况见表 4-1。

表 4-1 $K = 0 \sim \infty$ 时图 4-1 系统的特征根

K	s_1	s_2	K	s_1	s_2
0	0	-1	$\vdots$	$\vdots$	$\vdots$
0.25	-0.5	-0.5	∞	$-0.5+j\infty$	$-0.5-j\infty$
0.5	-0.5+0.5j	-0.5-0.5j			

利用计算结果在 S 平面上描点并用平滑曲线将其连接，便得到 K（或 K^*）从零变化到无穷大时闭环极点在 S 平面上移动的轨迹，即根轨迹，如图 4-2 所示。图中，用符号"×"表示 $K = 0$ 时特征方程的根，即开环极点。用符号"○"表示系统的开环零点。系统根轨迹用粗实线表示，箭头表示 K（或 K^*）增大时两条根轨迹移动的方向。

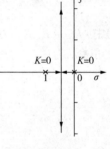

图 4-2 系统
根轨迹图

根轨迹图直观地表示了参数 K（或 K^*）变化时，闭环极点变化的情况，全面地描述了参数 K 对闭环极点分布的影响。根据根轨迹图，对系统进行系统性能分析如下：

（1）由于根轨迹全部在 S 平面的左半平面，因此，系统对所有的 K 值都是稳定的。

（2）当 $0 < K < 0.25$ 时，闭环特征根为实根，系统呈现过阻尼状态，阶跃响应为非振荡的单调收敛过程。

（3）当 $K = 0.25$ 时，系统为临界阻尼状态。

（4）当 $K > 0.25$ 时，闭环极点为一对共轭复数极点，系统呈现欠阻尼状态，阶跃响应为衰减振荡过程。

（5）稳态精度，因为开环传递函数有一个积分环节，所以系统为 I 型系统，I 型系统稳态精度在阶跃作用下的稳态误差为零，在斜坡作用下的稳态误差为常数。

从以上例子可以得出，通过根轨迹图可以看出系统参量变化对系统闭环极点布局的影响。一旦系统参数 K 的数值确定，在根轨迹图上便可以找到与该 K 值对应的闭环极点的位置，从而进一步分析计算系统的性能。一般而言，绘制根轨迹时选择的可变参数可以是系统的任意参量。但是，在实际中最常用的可变参量是系统的开环增益。

上述作根轨迹图的过程，采用直接求解闭环特征根，然后逐点描绘出根轨迹图，采用解析的方法得到的。显然，这种方法对高阶系统是不现实的。根轨迹法则是根据反馈系统中闭环零、极点与开环零、极点之间的关系，利用开环零、极点的分布直接作闭环系统根轨迹的一种图解方法。下面通过对闭环系统特征方程的分析，得到求解特征根的作图方法。

4.1.2 闭环零、极点与开环零、极点的关系

控制系统的一般结构如图 4-3 所示，相应开环传递函数为 $G(s)H(s)$。假设

$$G(s) = \frac{K_G^* \prod\limits_{i=1}^{f} (s - z_i)}{\prod\limits_{i=1}^{g} (s - p_i)} \qquad (4-1)$$

$$H(s) = \frac{K_H^* \prod\limits_{j=f+1}^{m} (s - z_j)}{\prod\limits_{j=g+1}^{n} (s - p_j)} \qquad (4-2)$$

因此

$$G(s)H(s) = \frac{K^* \prod\limits_{i=1}^{f} (s - z_i) \prod\limits_{j=f+1}^{m} (s - z_j)}{\prod\limits_{i=1}^{g} (s - p_i) \prod\limits_{j=g+1}^{n} (s - p_j)} \qquad (4-3)$$

式中，$K^* = K_G^* K_H^*$ 为系统根轨迹增益。对于 m 个零点、n 个极点的开环系统，其开环传递函数可表示为

$$G(s)H(s) = \frac{K^* \prod\limits_{i=1}^{m} (s - z_i)}{\prod\limits_{j=1}^{n} (s - p_j)} \qquad (4-4)$$

式中，z_i 表示开环零点，p_j 表示开环极点。系统闭环传递函数为

$$\Phi(s) = \frac{G(s)}{1 + G(s)H(s)} = \frac{K_G^* \prod\limits_{i=1}^{f} (s - z_i) \prod\limits_{j=g+1}^{n} (s - p_j)}{\prod\limits_{j=1}^{n} (s - p_j) + K^* \prod\limits_{i=1}^{m} (s - z_i)} \qquad (4-5)$$

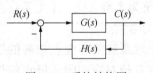

图 4-3 系统结构图

由式(4-5)可见：

(1) 闭环零点由前向通路传递函数 $G(s)$ 的零点和反馈通路传递函数 $H(s)$ 的极点组成。对于单位反馈系统 $H(s) = 1$，闭环零点就是开环零点。闭环零点不随 K^* 变化，不必专门讨论之。

(2) 闭环极点与开环零点、开环极点以及根轨迹增益 K^* 均有关。闭环极点随 K^* 而变化，所以研究闭环极点随 K^* 的变化规律是必要的。

根轨迹法的任务在于，由已知的开环零、极点的分布及根轨迹增益，通过图解法找出闭环极点。一旦闭环极点确定后，再补上闭环零点，系统性能便可以确定。

4.1.3 根轨迹方程

闭环控制系统一般可用图 4-3 所示的结构图来描述。开环传递函数可表示为

$$G(s)H(s) = \frac{K^* \prod\limits_{i=1}^{m} (s - z_i)}{\prod\limits_{j=1}^{n} (s - p_j)}$$

系统的闭环传递函数为

$$\Phi(s) = \frac{G(s)}{1 + G(s)H(s)} \qquad (4-6)$$

系统的闭环特征方程为

$$1 + G(s)H(s) = 0 \qquad (4-7)$$

即

$$G(s)H(s) = \frac{K^* \prod\limits_{i=1}^{m}(s - z_i)}{\prod\limits_{j=1}^{n}(s - p_j)} = -1 \qquad (4-8)$$

显然，在 S 平面上凡是满足式(4-8)的点，都是根轨迹上的点。式(4-8)称为根轨迹方程。式(4-8)可以用幅值条件和相角条件来表示。

幅值方程(条件)：

$$K^* = \frac{\prod\limits_{j=1}^{n}|s - p_j|}{\prod\limits_{i=1}^{m}|s - z_i|}$$

即

$$K^* \frac{\prod\limits_{i=1}^{m}|s - z_i|}{\prod\limits_{j=1}^{n}|s - p_j|} = 1 \qquad (4-9)$$

相角方程(条件)：

$$\sum_{i=1}^{m} \angle(s - z_i) - \sum_{j=1}^{n} \angle(s - p_j) = (2k + 1)\pi \qquad (4-10)$$

$$k = 0, \ \pm 1, \ \pm 2, \cdots$$

式(4-9)和式(4-10)是根轨迹上每一个点都应同时满足的两个方程式，前者简称幅值条件，后者称相角条件。根据这两个条件，完全可以确定 S 平面上的根轨迹及根轨迹线上所对应的 K^* (或 K)值。

从这两个方程中还可以看出，幅值条件与 K^* 有关，而相角条件与 K^* 无关。因此，满足相角条件的点代入幅值条件中，总可以求得一个对应的 K^* 值。亦就是说，如果满足相角条件的点，则必定也同时满足幅值条件，所以说，相角条件是决定系统根轨迹的充分必要条件。显然，绘制根轨迹，只需要使用相角条件，而当需要确定根轨迹线上的各点的 K^* 值时才使用幅值条件。

下面举例说明其应用。

【例4-1】 设开环传递函数为

$$G(s)H(s) = \frac{K^*(s - z_1)}{s(s - p_2)(s - p_3)}$$

其零、极点分布如图 4-4 所示，判断 S 平面上某点是否是根轨迹上的点。

解：在 S 平面上任取一点 s_1，画出所有开环零、极点到点 s_1 的向量，若在该点处相角

条件

$$\sum_{i=1}^{m} \phi_i - \sum_{j=1}^{n} \theta_j = \phi_1 - (\theta_1 + \theta_2 + \theta_3) = (2k+1)\pi$$

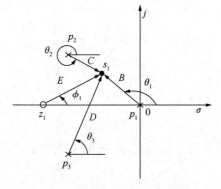

图4-4　系统开环零极点分布图

成立，则 s_1 为根轨迹上的一个点。该点对应的根轨迹增益 K^* 可根据幅值条件计算如下：

$$K^* = \frac{\prod_{j=1}^{n} |(s_1 - p_j)|}{\prod_{i=1}^{m} |(s_1 - z_i)|} = \frac{BCD}{E}$$

式中 B，C，D 分别表示各开环极点到 s_1 点的向量幅值，E 表示开环零点到 s_1 点的向量幅值。

应用相角条件，可以重复上述过程找到 S 平面上所有的闭环极点。根据根轨迹方程，当 K^* 从零到无穷变化时，依据相角条件，可以在复平面上找到满足 K^* 变化时的所有闭环极点，即绘制出系统的根轨迹。但是在实际中，这种方法并不实用，通常也并不需要按相角条件逐一确定该点是否为根轨迹上的点，而是依据一定的规则，找到某些特殊的点，绘制出闭环极点随参数变化的概略轨迹，如果想得到某些范围内准确的根轨迹再用幅值条件和相角条件确定极点的准确位置。所以实际绘制根轨迹是应用以根轨迹方程为基础建立起来的相应法则进行的。

4.2　绘制根轨迹的基本法则

下面讨论系统根轨迹增益 K^*（或开环增益 K）变化时绘制的根轨迹的法则。根轨迹的基本法则非常简单，只需通过简单的计算，即可画出根轨迹的大致图形，从而可以看出系统参数的变化对闭环极点的影响趋势。熟练地掌握它，对于分析和设计系统是非常有益的。基本规则介绍如下。

1. 根轨迹的起点、终点

规则 1：根轨迹起始于开环极点，终止于开环零点或无穷远点。

根轨迹的起点是指根轨迹上对应于 $K=0$ 的点；终点是指根轨迹上对应 $K=+\infty$ 的点。而 $K=0$ 的点，即根轨迹开环极点，而 $K=+\infty$ 的点，开环零点显然是 $K=+\infty$ 的点，如果开环零点个数 m 少于极点个数 n，则有 $(n-m)$ 条根轨迹最终要终止于无穷远处。

根据根轨迹方程(4-6)有

$$\frac{\prod_{i=1}^{m}(s - z_i)}{\prod_{j=1}^{n}(s - p_j)} = -\frac{1}{K^*} \tag{4-11}$$

当 $K^*=0$ 时，上式右边为无穷大，故左边只有当 s 趋于 p_i 时才为无穷大，所以当 $K^*=0$ 时，根轨迹分别起始于 n 个开环极点。

根轨迹的终点，即为当 K^* 趋于无穷大时的闭环极点。为了讨论方便，式(4-11)可改写为如下形式：

$$\frac{s-z_1}{s-p_1}\frac{s-z_2}{s-p_2}\cdots\frac{s-z_m}{s-p_m}\frac{1}{s-p_{m+1}}\frac{1}{s-p_{m+2}}\cdots\frac{1}{s-p_n}=-\frac{1}{K^*} \qquad (4\text{-}12)$$

由上式可见，当 K^* 趋于无穷大时，上式右边为零，而等式左边只有当 s 趋于 z_i 或 s 趋于无穷大时才能为零。因此，根轨迹有 m 个终止点在开环零点，还有 $(n-m)$ 个终止点在无穷远处。故有 $(n-m)$ 条根轨迹趋于无穷远处。故一个 n 阶系统，当 $n>m$ 时，n 条根轨迹（n 个分支）分别起始于 n 个开环极点，其中 m 条终止于 m 个开环零点，其余 $(n-m)$ 条终止于无穷远处。通常把趋向无穷远处根轨迹的终点称为无限开环零点，趋向有限数值根轨迹的终点称为有限开环零点，那么也可以说根轨迹必终止于开环零点处。

2. 根轨迹分支数

规则2：根轨迹的分支数等于系统的开环极点数 n，或闭环极点数 n，即系统的阶次 n。

当根轨迹增益 K 或 K^* 从 $0\to+\infty$ 连续变化时，每个闭环极点的变化都在 S 复平面上形成一支连续变化的曲线，这些曲线被称为根轨迹的分支。

对于 n 阶系统，根轨迹起点有 n 个，终止点也有 n 个，一个 K^* 值相应的闭环特征根有 n 个，故 K^* 从 $0\sim\infty$ 变化必然有 n 条根轨迹。因此 n 阶系统根轨迹的分支数等于开环极点数 n，或闭环极点数 n。

3. 根轨迹的对称性

规则3：根轨迹关于实轴对称。

由于闭环特征方程是实系数多项式方程，其根或闭环极点若为实数，则必定位于实轴上；若为复数，则一定是共轭成对出现在复平面上。因此，所有的闭环特征根是对称于实轴的，由这些特征根的集合构成的根轨迹也一定是对称于实轴的。

根据这一规则可在绘制根轨迹时，只要作出 S 平面上半平面的根轨迹就可根据对称性得到下半平面的根轨迹。

4. 实轴上的根轨迹

规则4：实轴上的某一区域，若其右边开环实数零、极点个数之和为奇数，则该区域必是根轨迹。

这个规则可用相角条件来证明：

若开环零、极点分布如图 4-5 所示。在实轴上任取一点 s_0，连接所有的开环零、极点。由于复数零点、复数极点都对称于实轴，因此，复数零点、复数极点的相角大小相等，符号相反，可见，他们对于相角条件没有影响，即复数零、极点对实轴上的根轨迹没有影响。因此只要分析位于实轴上的开环零、极点情况即可。现假定讨论位于开环零极点 z_1 和 p_2 之间的一段实轴，在该区间段上任取一点 s_0 为试验点，由于位于 s_0 点左侧的零、极点到 s_0 点的向量，总是指向坐标原点，故它们所引起的相角总为零。只有 s_0 右侧零、极点构成的相角才均为 180°，故根据相角条件，说明只有实轴上根轨迹区段右侧的开环零、极点数目之和为奇数时，才能满足相角条件。

如果令 $\sum\varphi_i$ 代表 s_0 点之右所有开环实数零点到 s_0 点的向量相角之和，$\sum\theta_j$ 代表 s_0 点之右所有开环实数极点到 s_0 点的向量相角之和，那么，s_0 点位于根轨迹上的充分必要条件是下列相角条件成立：

$$\sum_{i=1}^{m_0} \varphi_i - \sum_{j=1}^{n_0} \theta_j = (2k+1)\pi, \quad k = 0, \quad \pm 1, \quad \pm 2, \cdots$$

由于 π 与 $-\pi$ 表示的方向相同，于是等效有

$$\sum_{i=1}^{m_0} \varphi_i + \sum_{j=1}^{n_0} \theta_j = (2k+1)\pi, \quad k = 0, \quad \pm 1, \quad \pm 2, \cdots$$

式中，m_0、n_0 分别表示在 s_0 右侧实轴上的开环零点和极点个数，$(2k+1)$ 为奇数。

不难判断，图 4-5 实轴上，区段 $[z_1, p_1]$，$[z_2, p_2]$ 均为实轴上的根轨迹。

5. 根轨迹的渐近线

规则 5：当系统开环极点个数 n 大于开环零点个数 m 时，有 $n-m$ 条根轨迹沿着渐近线方向趋向于无穷远处，且有

渐近线与实轴交点的坐标

$$\sigma_a = \frac{\sum_{i=1}^{n} p_i - \sum_{j=1}^{m} z_j}{n-m} \tag{4-13}$$

渐近线与实轴正方向的夹角

$$\varphi_a = \frac{(2k+1)\pi}{n-m} \quad k = 0, \quad \pm 1, \quad \pm 2, \cdots \tag{4-14}$$

渐近线与实轴交点证明如下：

从无穷远处的特征根到 S 平面上所有开环零 z_i、极点 p_j 所形成的矢量，虽然有差别，但从无穷远处可认为这些矢量的长度都相等，于是我们可认为，对于无穷远处的闭环极点 s_k 而言，所有开环零极点都汇聚在一起，其位置为 σ_a。复数向量 $(s - \sigma_a)$ 如图 4-6 所示。

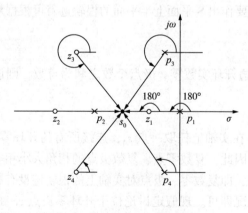
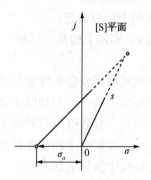

图 4-5　开环零、极点分布图　　　　图 4-6　复数向量图

根据根轨迹方程(4-6)有

$$\frac{\prod_{i=1}^{n}(s - p_i)}{\prod_{j=1}^{m}(s - z_j)} = -K^*$$

模值方程

$$\frac{\prod\limits_{j=1}^{m}(s-z_j)}{\prod\limits_{i=1}^{n}(s-p_i)} = -\frac{1}{K^*} = \frac{s^m + \sum\limits_{j=1}^{m}(-z_j)s^{m-1} + \cdots\cdots}{s^n + \sum\limits_{i=1}^{n}(-p_i)s^{n-1} + \cdots\cdots}$$

$$= \frac{s^m + b_1 s^{m-1} + \cdots\cdots + b_{m-1}s + b_m}{s^n + a_1 s^{n-1} + \cdots\cdots + a_{n-1}s + a_n}$$

其中

$$b_1 = \sum_{j=1}^{m}(-z_j), \quad a_1 = \sum_{i=1}^{n}(-p_i)$$

当

$$s = s_k \rightarrow \infty, \quad z_j = p_i = \sigma_a$$

$$\left|\frac{1}{(s-\sigma_a)^{n-m}}\right| = \frac{1}{s^{n-m} + \left[\sum\limits_{i=1}^{n}(-p_i) - \sum\limits_{j=1}^{m}(-z_j)\right]s^{n-m-1}}$$

$$(s-\sigma_a)^{n-m} = s^{n-m} + (n-m)(-\sigma_a)s^{n-m-1} + \cdots\cdots$$

令等式 s^{n-m-1} 两边系数相等

$$(n-m)\sigma_a = \sum_{i=1}^{n}(p_i) - \sum_{j=1}^{m}(z_j)$$

由此可以求出渐近线方程(4-13)

$$\sigma_a = \frac{\sum\limits_{i=1}^{n}p_i - \sum\limits_{j=1}^{m}z_j}{n-m}$$

渐近线与实轴正方向的夹角证明如下：

渐近线既是 s 值很大的根轨迹，因此渐近线也一定对称于实轴，在无穷远处的根轨迹从无穷远处看 $(s-z_j)$、和 $(s-p_i)$ 式中 z_j、p_i 可认为同一点。

$$K^*\frac{\prod\limits_{j=1}^{m}(s-z_j)}{\prod\limits_{i=1}^{n}(s-p_i)} = -\frac{K^*}{s^{n-m}} = -1$$

即

$$s^{n-m} = -K^*$$

$$(n-m)\angle s = (2k+1)\pi$$

由此可得渐近线与实轴正方向的夹角为(4-14)式。

$$\varphi_a = \frac{(2k+1)\pi}{n-m}$$

【例4-2】　单位反馈系统开环传递函数为

$$G(s) = \frac{K^*(s+2)}{s(s+1)(s+4)}$$

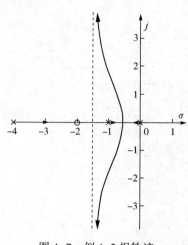

图 4-7　例 4-2 根轨迹

试根据已知的基本规则，绘制根轨迹的渐近线。

解：（1）根轨迹的起止：$p_1=0$，$p_2=-1$，$p_3=-4$，$n=4$；$z_1=-2$，$m=1$。

（2）根轨迹的分支数有 $n=3$ 条。

（3）实轴上的根轨迹为：$[-4, -2]$，$[-1, 0]$

（4）根轨迹的渐近线有 $n-m=2$ 条。

渐近线与实轴交点的坐标：

$$\sigma_a = \frac{\sum_{i=1}^{n} p_i - \sum_{j=1}^{m} z_j}{n-m} = \frac{(0-1-4)-(-2)}{3-1} = -1.5$$

渐近线与实轴正方向夹角：

$$\varphi_a = \frac{(2k+1)\pi}{n-m} = \frac{(2k+1)\pi}{2} = \begin{cases} \dfrac{\pi}{2} & k=0 \\[2mm] \dfrac{3\pi}{2} & k=1 \end{cases}$$

6. 根轨迹的分离会合点

规则 6：当根轨迹有分离会合点时，可根据函数求极值的原理确定分离点。

两条或两条以上根轨迹分支，在 S 平面上某处相遇后又分开的点，称根轨迹的分离点（或会合点），见图 4-8。通常将根轨迹分支离开实轴进入复平面时与实轴的交点称为分离点，而将根轨迹分支从复平面进入实轴时与实轴的交点称为会合点，在实轴上的分离、会合点是系统特征方程的实数重根，不管是分离点还是会合点（以下统称为分离会合点）相当于实轴上的两个根在两根之间相向移动时，K 值达到了这一段中的极值（最大或最小）。

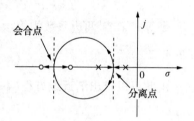

图 4-8　根轨迹分离会合点示意图

一般说来，若实轴上两相邻开环极点之间或两相邻开环零点之间有根轨迹，则这两相邻极点、零点之间必有分离或会合点；

如果实轴上相邻开环零点（其中一个可为无穷远零点）之间有根轨迹，则这相邻零点之间有会合点。

如果实轴上根轨迹在开环零点与开环极点之间，则它们之间可能既无分离点也无会合点，少数时候，也可能既有分离点也有会合点。

计算分离会合点方法一：

由特征方程 $1+G(s)H(s)=1+k^*\dfrac{A(s)}{B(s)}=0$，导出 $k^*=-\dfrac{B(s)}{A(s)}$，令 $\dfrac{\mathrm{d}k^*}{\mathrm{d}s}=0$，解方程

$$B'(s)A(s)-A'(s)B(s)=0 \tag{4-15}$$

将得到的解再进行取舍而确定分离、会合点。

【例 4-3】　设开环传递函数为

$$G(s) = \frac{K^*(s+3)}{s(s+1)}$$

试概略绘出系统根轨迹图(要求确定分离点坐标)。

解：(1) 根轨迹的起止：$p_1 = 0$，$p_2 = -1$，$n = 2$；$z_1 = -3$，$m = 1$。

(2) 根轨迹的分支数有 $n = 2$ 条。

(3) 实轴上的根轨迹为：$(-\infty, -3]$，$[-1, 0]$

(4) 根轨迹的渐近线有 $n - m = 1$ 条。

渐近线与实轴交点的坐标：

$$\sigma_a = \frac{\sum_{i=1}^{n} p_i - \sum_{j=1}^{m} z_j}{n - m} = \frac{-1 - (-3)}{2 - 1} = 2$$

渐近线与实轴正方向夹角：

$$\varphi_a = \frac{(2k+1)\pi}{n-m} = \frac{(2k+1)\pi}{1} = \pi$$

(5) 根轨迹在实轴上的分离、会合点：

令 $\dfrac{\mathrm{d}k^*}{\mathrm{d}s} = 0$ 即 $B'(s)A(s) - A'(s)B(s) = 0$

$\because A(s) = s + 3$，$B(s) = s^2 + s$ $\therefore$ 有 $B'(s)A(s) - A'(s)B(s) = 0$ 即 $s^2 + 6s + 3 = 0$

解得：$s_1 = -5.45$，$s_2 = -0.55$

根轨迹如图 4-9 所示。

计算分离会合点方法二：

分离点的坐标通过下列方程求解得到

$$\sum_{i=1}^{n} \frac{1}{s - p_i} = \sum_{j=1}^{m} \frac{1}{s - z_j} \tag{4-16}$$

由特征方程

$$D(s) = \prod_{i=1}^{n} (s - p_i) + k \prod_{j=1}^{m} (s - z_j) = 0 \tag{4-17}$$

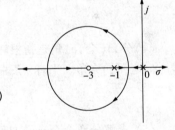

图4-9 例4-3 根轨迹

根轨迹的几个分支在一点会合后分开，表示闭环特征方程对应该点的是几重根，根据代

数中重根条件 $\begin{cases} D(s) = 0 \\ D'(s) = 0 \end{cases}$

$$D(s) = \prod_{i=1}^{n} (s - p_i) + k \prod_{j=1}^{m} (s - z_j) = 0 \tag{4-18}$$

$$D'(s) = \frac{\mathrm{d}}{\mathrm{d}s} \left[\prod_{i=1}^{n} (s - p_i) + k \prod_{j=1}^{m} (s - z_j) \right] = 0 \tag{4-19}$$

将(4-19)除以(4-18)得

$$\frac{\dfrac{\mathrm{d}}{\mathrm{d}s} \left[\prod_{i=1}^{n} (s - p_i) \right]}{\prod_{i=1}^{n} (s - p_i)} = \frac{\dfrac{\mathrm{d}}{\mathrm{d}s} \left[\prod_{j=1}^{m} (s - z_j) \right]}{\prod_{j=1}^{m} (s - z_j)} \tag{4-20}$$

即

$$\frac{\mathrm{d}\left[\ln\prod_{i=1}^{n}(s-p_i)\right]}{\mathrm{d}s}=\frac{\mathrm{d}\left[\ln\prod_{j=1}^{m}(s-z_j)\right]}{\mathrm{d}s} \tag{4-21}$$

由于　$\ln\prod_{i=1}^{n}(s-p_i)=\sum_{i=1}^{n}\ln(s-p_i)$, $\ln\prod_{j=1}^{m}(s-z_j)=\sum_{j=1}^{m}\ln(s-z_j)$

所以　$\sum_{i=1}^{n}\frac{\mathrm{d}\ln(s-p_i)}{\mathrm{d}s}=\sum_{j=1}^{m}\frac{\mathrm{d}\ln(s-z_j)}{\mathrm{d}s}$ \tag{4-22}

根据式(4-22), 可得

$$\sum_{i=1}^{n}\frac{1}{s-p_i}=\sum_{j=1}^{m}\frac{1}{s-z_j}$$

应当指出:

(1) 由式(4-15)解出的值, 有的并不是根轨迹上的点, 因此必须舍弃不在根轨迹上的值。

(2) 当开环无零点时, 则分离点方程中应取 $\sum_{j=1}^{m}\frac{1}{d-z_j}=0$。

(3) 对应于重根处的 k^* 值, 可由下列幅值方程求得

$$k^*=\frac{\prod_{i=1}^{m}|s-p_i|}{\prod_{j=1}^{n}|s-z_j|}$$

(4) 分离(会合)角是指根轨迹进入分离(会合)点的切线方向与离开分离(会合)点的切线方向之间的夹角。当有 r 条根轨迹进入分离(会合)点时, 分离(会合)角的计算公式为

$$\theta_d=\frac{(2l+1)180°}{r}(l=0,1,\cdots,r-1)$$

(5) 求解分离会合点的方程, 不仅可以用确定实轴上的分离会合点坐标, 而且也可以用来确定复平面上的分离会合点坐标, 但只有开环零、极点分布非常对称时, 才会出现复平面上的分离点。

(6) 按分离会合点确定的分离点或会合点的条件只是必要条件, 不是充分条件, 只有当求出的重根点在根轨迹上时, 该点才是分离点或会合点。所以在求出重根及对应的 k^* 值后, 必须判断该点的 k^* 值。如果该点的 $k^*>0$, 才能认为该点为分离点或会合点。

若分离点处的重根数为 l, 则该点处每相邻的两条根轨迹分支间的夹角为 $180°/l$。

在例4-2系统根轨迹中的分离会合点, 可采用

$$\sum_{i=1}^{n}\frac{1}{d-p_i}=\sum_{j=1}^{m}\frac{1}{d-z_j}$$

则

$$\frac{1}{d}+\frac{1}{d+1}+\frac{1}{d+4}=\frac{1}{d+2}$$

经整理得

$$(d+4)(d^2+4d+2)=0$$

解得　　　　　　　　　　$d_1 = -4$, $d_2 = -3.414$, $d_3 = -0.586$

显然分离点位于实轴上 $[-1, 0]$ 之间，故取 $d = -0.586$，其他 2 个值舍掉。如图 4-7 所示。

7. 根轨迹与虚轴的交点

规则 7：若根轨迹与虚轴相交，表示系统闭环特征方程式中含有纯虚根（$\pm j\omega$），系统处于临界稳定状态。故可在闭环特征方程中令 $s = j\omega$，然后分别令方程的实部和虚部均为零，从中求得交点的坐标即临界开环增益 K（或 K^*）。此外，还可用劳斯稳定判据去求出交点的坐标值及其相应的 K^* 值。

根轨迹与虚轴的交点采用的两种方法如下：

（1）利用劳斯判据，若根轨迹与虚轴相交，说明系统存在纯虚根，劳斯判据中系统处于临界状态，所以可以通过劳斯判据的特殊情况求出系统临界稳定时的 K 值和根轨迹与虚轴的交点。

（2）根轨迹与虚轴相交，表示系统闭环特征方程式中含有纯虚根（$\pm j\omega$），系统处于临界稳定状态，因此，将

$s = j\omega$ 代入特征方程中，得到

$$1 + G(j\omega)H(j\omega) = 0$$

或

$$\mathrm{Re}[1 + G(j\omega)H(j\omega)] + j\mathrm{Im}[1 + G(j\omega)H(j\omega)] = 0$$

令上式实部、虚部分别等于零，得方程组：

$$\begin{cases} \mathrm{Re}[1 + G(j\omega)H(j\omega)] = 0 \\ \mathrm{Im}[1 + G(j\omega)H(j\omega)] = 0 \end{cases} \tag{4-23}$$

根据方程组（4-23）联立求解，即可得到 ω 值及对应得临界开环增益 K（或 K^*）。

【例 4-4】　已知单位反馈系统开环传递函数为

$$G(s) = \frac{K^*}{s(s+1)(s+4)}$$ 试绘制系统根轨迹。

解：（1）作开环零、极点分布图，如图 4-10 所示。图中 $p_1 = 0$，$p_2 = -1$，$p_3 = -4$。故有三个起点，分别起于开环极点 $(0, 0)$，$(-1, 0)$ 和 $(-4, 0)$。根轨迹的终点：因为 $m = 0$，故 $n - m = 3$，有三个终点在无穷远处。

（2）根轨迹有 $n = 3$ 条。

（3）实轴上的根轨迹：负实轴的 $[0 \sim -1]$、$[-4 \sim -\infty)$ 区段为根轨迹段。

（4）根轨迹有三条渐近线

渐近线与实轴交点的坐标：

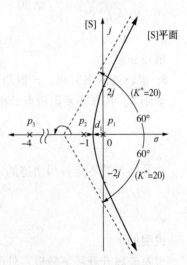

图 4-10　例 4-4 根轨迹

$$\sigma_a = \frac{\sum_{i=1}^{n} p_i - \sum_{j=1}^{m} z_j}{n - m} = \frac{0 - 1 - 4}{3} = -\frac{5}{3} \approx -1.7$$

渐近线与实轴正方向夹角：

$$\varphi_a = \frac{(2k+1)\pi}{n-m} = 60°;\ 180°;\ -60°$$

(5) 根轨迹在实轴上的分离、会合点：本例因无开环零点，故 $\sum_{i=1}^{n}\left[\dfrac{1}{d-p_i}\right] = 0$，则

$$\frac{1}{d} + \frac{1}{d+1} + \frac{1}{d+4} = 0$$

解得

$$d_1 = \frac{-5+\sqrt{13}}{3} \approx -0.46$$

$$d_2 = \frac{-5-\sqrt{13}}{3} \approx -2.8$$

可见 d_2 不在根轨迹线上，故舍弃。$d_1 \approx -0.46$ 为分离点。

(6) 根轨迹与虚轴交点：在系统闭环特征方程中，当 $s = j\omega$ 代入

$$[s(s+1)(s+4) + K^*]|_{s=j\omega} = 0$$

得

$$\begin{cases} -\omega^3 + 4\omega = 0 \\ -5\omega^2 + K^* = 0 \end{cases}$$

解得 $\omega = 2$，$K^* = 20$

根据上述计算，可作出根轨迹，如图 4-10 所示。

上述根轨迹与虚轴交点也可用劳斯判据求得。写出特征方程 $1 + G(s)H(s) = 0$，即 $s^3 + 5s^2 + 4s + K^* = 0$，列劳斯表：

$$\begin{array}{ll} s^3 & 1 \qquad\ 4 \\ s^2 & 5 \qquad\ K^* \\ s^1 & 20-K^* \\ s^0 & K^* \end{array}$$

令 $20 - K^* = 0$，解得 $K^* = 20$ 令 $5s^2 + K^* = 0$

解得 $\omega = 2$

8. 根轨迹的出射角、入射角

规则 8：在开环复数极点处根轨迹的出射角为

$$\theta_{p_i} = 180° + \sum_{j=1}^{m}\varphi_{ji} - \sum_{\substack{j=1 \\ j\neq i}}^{n}\theta_{ji}$$

在开环复数零点处根轨迹的入射角为

$$\varphi_{z_i} = 180° + \sum_{j=1}^{n}\theta_{ji} - \sum_{\substack{j=1 \\ j\neq i}}^{m}\varphi_{ji}$$

说明如下：

根轨迹离开开环复数极点处的切线与正实轴的夹角，称为出射角 θ_{p_i}；根轨迹进入开环复数零点处的切线与正实轴的夹角，称为入射角 φ_{z_i}，它们分别如图 4-11(a)、(b)所示。

下面以图 4-11(a)所示开环零、极点分布为例，说明出射角的求取。在图 4-11(a)根轨迹线上靠近 p_1 点取一点 s_1，根据相角条件则有

$$\angle(s_1 - z_1) - \angle(s_1 - p_1) - \angle(s_1 - p_2) - \angle(s_1 - p_3) = (2k+1)180°$$

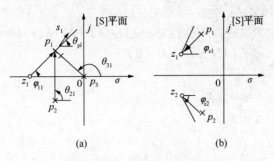

图 4-11 出射角与入射角

当 s_1 无限地靠近 p_1 点时，则各开环零、极点指向 s_1 点的向量，就成为各开环零、极点指向 p_1 点的向量，这时 $\angle(s_1 - p_1)$ 即为出射角 θ_{p_1}，则有

$$\theta_{p_1} = \varphi_{11} - \theta_{21} - \theta_{31} + (2k+1)180° \tag{4-24}$$

将上面分析结果推广到一般情况。因为在一个极点处只有一个出射角，故取 $k=0$，得到出射角的一般表达式

$$\theta_{p_i} = 180° + \sum_{j=1}^{m} \varphi_{ji} - \sum_{\substack{j=1 \\ j \neq i}}^{n} \theta_{ji} \tag{4-25}$$

根据类似分析，可得到入射角的一般表达式

$$\varphi_{z_i} = 180° + \sum_{j=1}^{n} \theta_{ji} - \sum_{\substack{j=1 \\ j \neq i}}^{m} \varphi_{ji} \tag{4-26}$$

复数极点和复数零点必共轭出现，则 $\theta_{pi} = -\theta_{pi}$，$\theta_{zi} = -\theta_{zi}$

【例 4-5】 已知控制系统开环传递函数为

$G(s) = \dfrac{K(s+1)}{s(s+2)(s^2+2s+2)}$ 试绘制系统根轨迹。

解：(1)根轨迹的起止：$P_1 = 0$，$P_2 = -2$，$P_{3,4} = -1 \pm j$，$n = 4$；$z_1 = -1$，$m = 1$。

(2)根轨迹的分支数有 $n = 4$ 条。

(3)实轴上的根轨迹为：$(-\infty, -2]$，$[-1, 0]$

(4)根轨迹的渐近线有 $n-m=3$ 条。

渐近线与实轴交点的坐标：$\sigma_a = \dfrac{\sum\limits_{i=1}^{n} p_i - \sum\limits_{j=1}^{m} z_j}{n-m} = \dfrac{(-2-1+j-1-j)-(-1)}{3} = -1$

渐近线与实轴正方向夹角：

$$\varphi_\alpha = \frac{(2k+1)\pi}{n-m} = \frac{(2k+1)\pi}{3} = \begin{cases} \dfrac{\pi}{3} \\ \pi \\ -\dfrac{\pi}{3} \end{cases}$$

(5)求出射角：

$$\theta_{p3} = 180° + \sum_{j=1}^{m} \angle p - z_j - \sum_{i=1}^{n-1} \angle p - p_i = 180° + 90° - 135° - 45° - 90° = 0°$$

(6) 根轨迹与虚轴的交点：

系统的特征方程为：$D(s) = 1 + G(s) = s(s+2)(s^2+2s+2) + K(s+1) = 0$

整理得：$s^4 + 4s^3 + 6s^2 + (4+K)s + K = 0$

列劳斯表：

$$s^4 \qquad 1 \qquad\qquad 6 \qquad K$$

$$s^3 \qquad 4 \qquad\qquad 4+K$$

$$s^2 \qquad 5 - \dfrac{K}{4} \qquad\qquad K$$

令 $4 + K - \dfrac{4K}{5 - \dfrac{K}{4}} = 0$，解得 $K = 4\sqrt{5}$

$$s^1 \qquad 4 + K - \dfrac{4K}{5 - \dfrac{K}{4}}$$

$$s^0 \qquad K$$

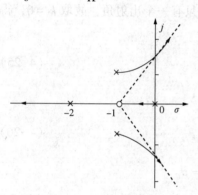

图4-12　例4-5根轨迹

令 $\left(5 - \dfrac{K}{4}\right)s^2 + K = 0$ 解得 $\omega = 1.8$。根轨迹如图所示。至此，即可绘出概略根轨迹图，如图4-12所示。

根据根轨迹绘制规则绘出概略根轨迹后，在根轨迹上标记或者用根轨迹法在分析系统稳定性和性能时需要求出系统根轨迹增益 K^*（或 K）的数值，可以用根轨迹方程中幅值方程来计算。

假设对应根轨迹上某一点 s_l 的根轨迹增益为 K_l^* 值，可以根据(4-9)式幅值条件来进行计算，即

$$K_l^* = \frac{|s_l - p_1||s_l - p_2|\cdots|s_l - p_n|}{|s_l - z_1||s_l - z_2|\cdots|s_l - z_m|} \tag{4-27}$$

上式表明，与根轨迹上的点 s_l 相对应的根轨迹增益 K_l^*，可以通过 s_l 点到所有开环极点 $p_i(i = 1, 2, 3, \cdots, n)$ 及所有开环零点 $z_j(j = 1, 2, 3, \cdots m)$ 的几何长度 $|s_l - p_i|$ 及 $|s_l - z_j|$ 来计算。

假定取根轨迹上一系列不同的点 s_l（坐标原点的开环零、极点）上述方法就可求得根轨迹线上各点的 K_l^* 值。

利用下式就可以计算系统开环增益

$$K = K^* \frac{\displaystyle\prod_{j=1}^{m}(-z_j)}{\displaystyle\prod_{i=1}^{n}(-p_i)} \tag{4-28}$$

9. 根之和

当系统开环传递函数 $G(s)H(s)$ 其分母、分子 s 多项式的最高阶次之差 $(n - m)$ 大于或等于 2 时，则有闭环系统极点之和等于开环系统极点之和。根之和的表达式如下

$$\sum_{i=1}^{n}\lambda_i = \sum_{i=1}^{n}P_i \qquad n - m \geq 2$$

式中 $\lambda_1, \cdots, \lambda_n$ 为闭环系统的 n 个极点(特征根), $P_1, P_2, \cdots P_n$ 为开环系统的 n 个极点。

证明如下:

系统开环传递函数

$$G(s)H(s) = \frac{K^*(s-z_1)(s-z_2)\cdots(s-z_m)}{(s-p_1)(s-p_2)\cdots(s-p_n)}$$

$$= \frac{K^*s^m + K^*b_1 s^{m-1} + \cdots + K^*b_m}{s^n - \sum_{i=1}^{n}(P_i)s^{n-1} + a_2 s^{n-2} + \cdots + a_n}$$

由式可见,当 $n - m = 2$ 时,系统闭环特征式为

$$D(s) = s^n - \sum_{i=1}^{n}(P_i)s^{n-1} + (a_2 + K^*)s^{n-2} + \cdots + (a_n + K^*b_m) \tag{4-29}$$

另外,根据闭环系统 n 个闭环极点 $\lambda_1, \lambda_2, \cdots \lambda_n$ 可得闭环系统特征式

$$D(s) = (s-\lambda_1)(s-\lambda_2)\cdots(s-\lambda_n)$$

$$= s^n + \sum_{i=1}^{n}(-\lambda_i)s^{n-1} + \cdots + \prod_{i=1}^{n}(-\lambda_i) \tag{4-30}$$

对于同一个系统,闭环特征式只有一个,因此式(4-30)必须与式(4-29)相等,则各对应项系数必定相等,则有

$$\sum_{i=1}^{n} p_i = \sum_{i=1}^{n} \lambda_i \tag{4-31}$$

当 $n - m \geq 2$ 时,上式也必然成立。

式(4-31)表明,当 $n-m \geq 2$ 时,随着 K^* 的增大,若一部分极点总体向右移动,则另一部分极点必然总体上向左移动,且左、右移动的距离增量之和为0。利用根之和法则可以确定闭环极点的位置,判定分离点所在范围。

通常情况,根据以上介绍的根轨迹绘制的9条基本规则,在给定系统开环零点和开环极点的情况下,就可以比较快速地绘制出根轨迹的大致形状和变化趋势。如果对某些重要部分的根轨迹感兴趣,如虚轴和原点附近的根轨迹,可以根据相角条件精确绘制。需要说明的是,对于不同的系统,绘制系统的根轨迹不一定要用到以上全部的绘制规则,一般前5个规则都会用到,而后面4条规则要具体问题具体分析。

表4-2中,列出几种常见的开环零、极点分布图及相应的根轨迹,供绘制根轨迹作参考。

表 4-2 开环零、极点分布及其相应的根轨迹

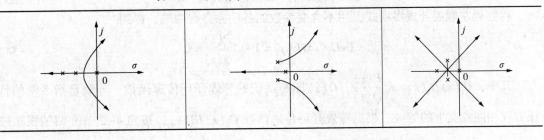

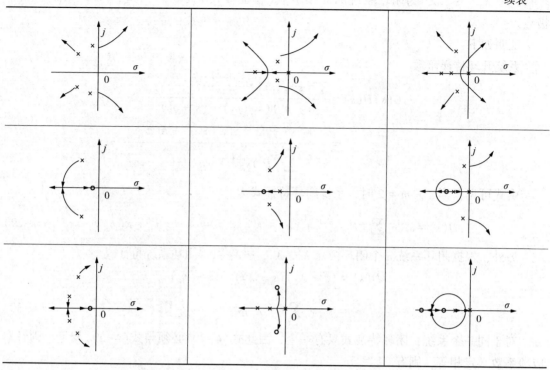

4.3　广义根轨迹

前面介绍的仅是系统在负反馈条件下根轨迹增益变化时的根轨迹绘制方法，通常把负反馈系统中 K^* 变化时的根轨迹称为常规根轨迹。在实际工程系统的分析、设计过程中，有时需要分析正反馈条件下或除系统的根轨迹增益以外的其他参量(例如时间常数、测速机反馈系数等)变化对系统性能的影响。这种情形下绘制的根轨迹(包括参数根轨迹和零度根轨迹)，称为广义根轨迹。

4.3.1　参数根轨迹

如果引入等效传递函数的概念，则参数根轨迹的绘制和常规根轨迹相同。

设系统的开环传递函数为

$$G(s)H(s) = K\frac{M(s)}{N(s)} \tag{4-32}$$

则系统的闭环特征方程为

$$1 + G(s)H(s) = N(s) + KM(s) = 0 \tag{4-33}$$

将方程左端展开成多项式，用不含变参数的各项除方程两端，得到

$$1 + G_1(s)H_1(s) = 1 + K'\frac{P(s)}{Q(s)} = 0 \tag{4-34}$$

其中，$G_1(s)H_1(s) = K'\dfrac{P(s)}{Q(s)}$，$Q(s)$ 即是系统的等效开环传递函数，等效是指系统的特征方程相同意义下的等效。根据等效开环传递函数 $G_1(s)H_1(s)$，按照 4-2 节介绍的根轨迹

绘制规则，就可绘制出以 K' 为变量的参数根轨迹。由等效开环传递函数描述的系统与原系统有相同的闭环极点，但闭环零点不一定相同。因为系统的动态性能不仅与闭环极点有关，还与闭环零点有关，所以在分析系统性能时，可采用由等效系统的根轨迹得到的闭环极点和原系统的闭环零点来对系统进行分析。

【例 4-6】 已知图 4-13(a) 所示的测速反馈控制系统，试做出测速反馈系数 T_a 由零变化到无穷时的系统根轨迹。系统开环传递函数

$$G(s) = \frac{5(T_a s + 1)}{s(5s + 1)}$$

解： 参数 T_a 并非是系统根轨迹增益，前述有关 K^* 变化时的根轨迹法则不能直接使用，须将系统开环传递函数作适当的变换。

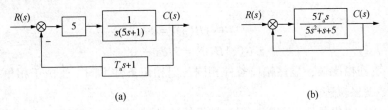

图 4-13　例 4-6 控制系统结构图

系统闭环特征方程

$$D(s) = s(5s + 1) + 5(T_a s + 1) = 0$$

对上式整理如下

$$5s^2 + s + 5 + 5T_a s = 0$$

根据上式可以构成等效系统如图 4-13(b) 所示。等效系统的开环传递函数为

$$G_{等效}(s) = \frac{5T_a s}{5s^2 + s + 5}$$

所谓等效是指图 4-13(b) 系统与原系统图 4-13(a) 的闭环特征方程相同。

将等效传递函数 $G_{等效}(s)$ 写成零、极点形式

$$G_{等效}(s) = \frac{T_a s}{(s + 0.1 + j0.99)(s + 0.1 - j0.99)}$$

这样，式中 T_a 就相当于等效系统的根轨迹增益。因此，其根轨迹可以根据绘制常规根轨迹的基本法则绘制。

T_a 由 $0 \sim \infty$ 变化时的根轨迹：等效开环传递函数 $G_{等效}(s)$ 有两个复数极点 $p_1 = -0.1 + j0.99$ $p_2 = -0.1 - j0.99$ 和一个零点 $z_1 = 0$。

根轨迹图如图 4-14 所示，即表示了原系统 T_a 由 $0 \sim \infty$ 变化时的根轨迹。

性能分析：

当 T_a 较小，闭环的一对共轭复数极点离虚轴较近，系统的阻尼比很小，系统响应呈振荡且振荡强烈。这是因为系统测速反馈信号很弱。

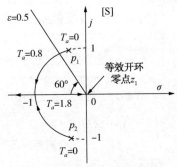

图 4-14　例 4-6 根轨迹

当 T_a 增大时，两个闭环极点远离虚轴，靠近实轴，系统的阻尼比增大，振荡减弱，提高了系统的平稳性。

当 T_a 继续增大时，两个闭环极点变化到实轴成为负实数，系统呈现过阻尼状态，阶跃响应为非周期衰减特性。

4.3.2 零度根轨迹

当系统出现正反馈，或者在复杂系统中，可能遇到正反馈的内回路，这时闭环特征方程式(或正反馈的内回路特征方程式)有如下形式

$$1 - G(s)H(s) = 0$$

式中 $G(s)H(s)$ 写成典型环节形式，其根轨迹方程即为

$$G(s)H(s) = 1$$

或

$$|G(s)H(s)| = 1$$

$$\angle G(s)H(s) = 2K\pi + 0° \tag{4-35}$$

与常规根轨迹相比较，显然幅值条件相同，但相角条件不同了，由于相角条件为 $(2k\pi + 0°)$，故称为零度根轨迹。

因此，凡是与相角条件无关的绘制常规根轨迹的基本法则，均可应用于零度根轨迹的绘制，凡是与相角条件有关的一些法则，需作如下的修改：

（1）渐近线与正实轴的夹角 φ_a

$$\varphi_a = \frac{2k\pi}{n-m} \qquad (k = 0, \pm 1, \pm 2, \cdots) \tag{4-36}$$

（2）实轴上的根轨迹区段的右侧开环零、极点数之和为偶数。

（3）出射角、入射角

$$\theta_{p_i} = \sum_{j=1}^{m} \varphi_{ji} - \sum_{\substack{j=1 \\ j \neq i}}^{n} \theta_{ji} \tag{4-37}$$

$$\varphi_{z_i} = \sum_{j=1}^{n} \theta_{ji} - \sum_{\substack{j=1 \\ j \neq i}}^{m} \varphi_{ji} \tag{4-38}$$

如前所述，在复杂系统中，内回路采用了正反馈，这种系统通常由外回路加以稳定。为了分析整个系统的性能，首先要确定内回路的零、极点。当根轨迹确定内回路的零、极点时，就相当于绘制正反馈系统的根轨迹。为了说明正反馈系统根轨迹的绘制，现举例如下。

【例4-7】 设反馈系统如图4-15所示。试绘制根轨迹。

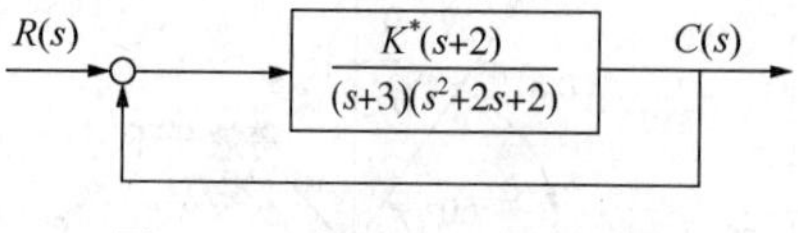

图4-15 例4-7系统结构图

解： 由图4-15可知，系统开环传递函数

$$G(s) = \frac{K^*(s+2)}{(s+3)(s^2+2s+2)}$$

根据零度根轨迹的绘制法则作零度根轨迹；

（1）开环极点：

$$p_1 = -3, \quad p_2 = -1+j, \quad p_3 = -1-j, \quad n = 3$$

开环零点：

$$z_1 = -2, \quad m = 1$$

（2）实轴上的根轨迹区段为 $[-2 \sim +\infty)$ 和 $[-3 \sim -\infty)$

（3）根轨迹渐近线

$$\varphi_a = \frac{2k\pi}{n-m} = \frac{2k\pi}{2} = 0°, \ 180°$$

这表明根轨迹渐近线位于实轴上。

（4）分离点坐标

分离点 d 仍满足公式

$$\frac{1}{d+3} + \frac{1}{d+1+j} + \frac{1}{d+1-j} = \frac{1}{d+2}$$

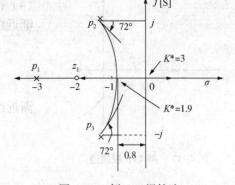

图 4-16 例 4-7 根轨迹

解得：

$$d_1 = -0.8, \quad d_{2,3} = -2.35 \pm j0.77（舍去）。$$

（5）出射角

$$\theta_{p_2} = 45° - 90° - 26.6° = -72°$$

根据根轨迹的对称性可得 $\theta_{p_3} = 72°$。

根据以上绘出正反馈系统根轨迹如图 4-16 所示。

确定临界开环增益。由图 4-16 可见，坐标原点对应的根轨迹增益为临界值，可由模值条件求出：

$$K^* = \frac{|0-(-1+j)| \ |0-(-1-j)| \ |0-(-3)|}{|0-(-2)|} = 3$$

由于 $K = K^*/3$，于是临界开环增益 $K_c = 1$。因此，为了使该正反馈系统稳定，开环增益应小于 1。

4.4 系统性能分析

控制系统的稳定性取决于系统的闭环极点分布，而系统的动态性能也与系统的闭环极点和零点在 S 平面上的分布有关。因此确定控制系统闭环极点和零点在 S 平面上的分布，对控制系统进行分析极为重要。而根轨迹法是在已知系统的开环传递函数零、极点分布的基础上，研究某一个和某些参数的变化对系统闭环极点分布的影响的一种图解方法。而根轨迹图通过根轨迹绘制规则就可以反映系统特征方程的根在 S 平面上分布的大致情况及系统参数的变化对系统闭环极点的影响趋势。这对分析研究控制系统的性能和提出改善系统性能的合理途径都具有重要意义。本节将通过示例，说明如何应用根轨迹法分析系统性能。

【例 4-8】 设单位负反馈系统的开环传递函数

$$G(s) = \frac{K^*}{s(s+2)(s+4)},$$

绘制系统的根轨迹；确定系统闭环稳定的 K^* 值范围；求系统产生重根和纯虚根时的 K^* 值。

解：

（1）根轨迹的起止：$P_1 = 0$，$P_2 = -2$，$P_3 = -4$，$n = 3$；$m = 0$。

（2）根轨迹的分支数有 $n = 3$ 条。

（3）实轴上的根轨迹为：$(-\infty, -4]$，$[-2, 0]$

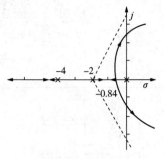

图4-17 例4-8根轨迹

(4) 根轨迹的渐近线有 $n-m=3$ 条。

渐近线与实轴交点的坐标：

$$\sigma_a = \frac{\sum\limits_{i=1}^{n} p_i - \sum\limits_{j=1}^{m} z_j}{n-m} = \frac{-2+(-4)}{3-0} = -2$$

渐近线与实轴正方向夹角：

$$\varphi_a = \frac{(2k+1)\pi}{n-m} = \frac{(2k+1)\pi}{3} = \begin{cases} \dfrac{\pi}{3} \\ \pi \\ -\dfrac{\pi}{3} \end{cases}$$

(5) 根轨迹在实轴上的分离、会合点：

令 $\dfrac{\mathrm{d}K^*}{\mathrm{d}s}=0$ 即 $B'(s)A(s)-A'(s)B(s)=0$

$\because A(s)=1$, $B(s)=s^3+6s^2+8s$ $\therefore$ 有 $3s^2+12s+8=0$

解得：$s_1=-3.15$（舍去），$s_2=-0.84$

(6) 根轨迹与虚轴的交点：

系统的特征方程为：$D(s)=1+G(s)=s(s+2)(s+4)+K^*=0$ 整理得：$s^3+6s^2+8s+K^*=0$

列劳斯表：

$$
\begin{array}{ll}
s^3 & \quad 1 \qquad\quad 8 \\
s^2 & \quad 6 \qquad\quad K^* \\
s^1 & \quad 48-K^* \\
s^0 & \quad K^*
\end{array}
$$

令 $48-K^*=0$，解得 $K^*=48$ 令 $6s^2+K^*=0$

解得 $\omega=2\sqrt{2}$。根轨迹如图4-17所示。系统闭环稳定的 K^* 值范围为：$0<K^*<48$。

系统产生重根时，将 $s_2=-0.84$ 代入 $K^*=|s(s+2)(s+4)|=3$;

系统产生纯虚根时 $K^*=48$。

通过上面的示例可知，可以用根轨迹法分析系统的稳定性，即通过根轨迹在S平面上的分布情况分析系统的稳定性。如果全部根轨迹都位于S平面左半部，则说明无论开环根轨迹增益为何值，系统都是稳定的；如根轨迹有一条（或一条以上）的分支全部位于S平面的右半部，则说明无论开环根轨迹增益如何改变，系统都是不稳定的；如果有一条（或一条以上）的根轨迹从S平面的左半部穿过虚轴进入S面的右半部（或反之），而其余的根轨迹分支位于S平面的左半部，则说明系统是有条件的稳定系统，此时，需要求出开环根轨迹增益的临界值 K_c^*，便可得到系统稳定的条件。

【例4-9】 设开环传递函数为

$$G(s)=\frac{K^*(s+3)}{s(s+1)}$$

试作根轨迹，分析 K^* 对系统性能的影响，并确定系统闭环稳定的 K^* 取值范围。

解：开环传递函数有两个极点，一个零点。可以证明，此类带零点的二阶系统的根轨迹

其复数部分为一个圆,其圆心在开环零点处,半径为零点到分离点的距离。由例 4-3 根轨
迹图如图 4-18 所示,分离点为

$$d_1 = -5.45, \quad d_2 = -0.55$$

利用幅值条件(4-9)式求得分离点 d_1、d_2 处的根轨

迹增益 K_1^*、K_2^* 为:

$$K_1^* = \frac{|d_1||d_1+1|}{|d_1+3|} = \frac{5.45 \times 4.45}{2.45} \approx 9.9$$

$$K_2^* = \frac{|d_1||d_1+1|}{|d_1+3|} = \frac{0.55 \times 0.45}{2.45} \approx 0.1$$

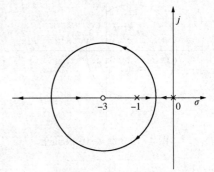

图 4-18 例 4-9 根轨迹

可见,当根轨迹增益 $0 < K^* \leq 0.1$ 在范围内时,
闭环系统为两个负实数极点,系统阶跃响应为非周期
性质,过阻尼,衰减不振荡。

当根轨迹增益 $0.1 < K^* < 9.9$ 在范围内,闭环系统为一对共轭复数极点,其阶跃响应为
振荡衰减过程。

当根轨迹增益 $9.9 \leq K^* < \infty$ 在范围内,闭环系统又为两个负实数极点,其阶跃响应也
为非周期性质,过阻尼,衰减不振荡。

从根轨迹图可知无论取何值系统闭环都是稳定的。

此例题系统的根轨迹全部位于[S]左半平面,则对于根轨迹可变参数的所有值,闭环系
统都是稳定的。对于稳定的系统,也可以通过绘制的根轨迹分析系统的不同动态过程。

【例 4-10】 某非最小相位系统开环传递函数为

$$G(s)H(s) = \frac{K^*(s+1)}{s(s-3)}$$

试作系统根轨迹。

解:此系统为非最小相位系统。所谓非最小相位系统,就是指在[S]平面的右半平面内具
有开环零、极点的系统。反之,则为最小相位系统。如前面分析的系统均属于最小相位系统。

本题系统的特征方程为

$$1 + G(s)H(s) = 1 + \frac{K^*(s+1)}{s(s-3)} = 0$$

即

$$\frac{K^*(s+1)}{s(s-3)} = -1$$

此非最小相位系统的根轨迹一般与绘制常规根轨迹法则相同。

需要注意,在非最小相位系统中,虽为负反馈系统,但有时会出现 $[1-G(s)H(s)]$ 形
式的闭环特征式,这时应按零度根轨迹法则绘制。例如某负反馈系统的开环传递函数为 G
$(s)H(s) = \frac{K(1-\tau s)}{s(1+Ts)}$,$\tau > 0$,$T > 0$ 绘制它根轨迹就应根据 0° 根轨迹的规则绘制该非最小相位系
统的根轨迹。

系统根轨迹:

(1) $n = 2$,则有两条根轨迹线。

(2) 实轴上根轨迹区段 $[3 \sim 0]$ 和 $[-1 \sim -\infty)$。

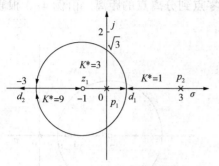

图4-19　例4-10根轨迹

（3）渐近线 $\varphi_\alpha = 180°$。

（4）分离点坐标

$$\frac{1}{d} + \frac{1}{d-3} = \frac{1}{d+1}$$

解得 $d_1 = 1$　$d_2 = -3$

分离点上的根轨迹增益分别求得为 $K_1^* = 1$ 和 $K_2^* = 9$。

（5）根轨迹与虚轴的交点

$$\begin{cases} -3\omega + K^*\omega = 0 \\ \omega^2 = K^* \end{cases}$$

解得　　　　　　　　　　　 $\omega = \pm\sqrt{3}$，　　$K^* = 3$

根据上述分析计算，绘制系统根轨迹如图4-19所示。

当 K^* 变化时，对阶跃响应的影响情况，读者可自行分析。

需要说明，对于非最小相位系统，先应将系统的开环传递函数化为式(4-4)的标准形式，若此时系统的根轨迹方程与正反馈系统相同，即为 $G(s)H(s) = 1$ 则按 $0°$ 根轨迹规则画图，若与负反馈系相同，即为 $G(s)H(s) = -1$，则按 $180°$ 根轨迹规则画图。

例如某负反馈系统的开环传递函数为 $G(s)H(s) = \dfrac{K(1-\tau s)}{s(1+Ts)}$，$\tau > 0$，$T > 0$ 绘制根轨迹，就应根据 $0°$ 根轨迹的规则绘制该非最小相位系统的根轨迹。

【例4-11】　在例4-1、例4-3、例4-4、例4-2中四个不同的系统开环传递函数如下：

（1）$G(s) = \dfrac{K^*}{s(s+1)}$

（2）$G(s) = \dfrac{K^*(s+3)}{s(s+1)}$

（3）$G(s) = \dfrac{K^*}{s(s+1)(s+4)}$

（4）$G(s) = \dfrac{K^*(s+2)}{s(s+1)(s+4)}$

试用根轨迹法分析增加开环零极点对系统性能的影响。

解： 比较(1)(2)两个系统，从图4-2，图4-9中可以看出，由于增加了一个开环零点，根轨迹向零点方向弯曲，使系统的根轨迹向左偏移，提高了系统的稳定度，有利于改善系统的动态性能。因此，可以通过加入开环零点的方法，通过适当选择零点的位置，提高系统的稳定性和动态性能。

比较(1)(3)两个系统，从图4-2，图4-10中可以看出，由于增加了一个开环极点，根轨迹将向右弯曲，使系统的根轨迹向右偏移，降低了系统的稳定度，不利于改善系统的动态性能，故一般不希望单独增加开环极点。

比较(1)(4)两个系统，从图4-2，图4-7中可以看出，由于同时增加了开环零、极点，增加的开环零点靠近虚轴，零点到原点距离小于极点到原点距离，零点矢量幅角大于极点矢量幅角，这对零、极点对于原开环传递函数附加的是超前角，相当于附加开环零点的作用，即零点起主导作用，使根轨迹向左偏移，改善了系统动态性能。

表4-3分别给出了本例题增加开环零点和开环极点对根轨迹的影响。

由此可见，根轨迹的形状由控制系统开环零点、极点的分布决定，若开环零点、极点分布改变，根轨迹形状就改变，系统的性能也就随之改变。因此，在系统中加入适当的开环零点或极点，可以改善系统的稳态和动态性能。

表4-3 增加开环零点、开环极点对根轨迹的影响

增加开环零点	$K=0$ ... $K=0$ ... σ	含 -3、-1、0 的圆形根轨迹图
增加开环极点	$K=0$ ... $K=0$ ... σ	$p_3=-4$、$p_2=-1$、d、0、$60°$、$2j(K^*=20)$、$-2j(K^*=20)$
增加开环零、极点	$K=0$ ... $K=0$ ... σ	-4、-3、-2、-1、0、1 σ

本 章 小 结

（1）根轨迹法是一种图解方法，它在已知系统开环零点、极点分布的基础上，研究某一个或某些参数变化时对应系统闭环特征方程的根在 S 平面的分布情况。

（2）根轨迹方程有两个基本条件：相角条件和幅值条件，利用这两个基本条件可以确定根轨迹上的点及相应的增益值。

（3）根轨迹绘制有 8 条基本规则。根据系统开环零、极点在 S 平面的分布，利用基本规

则，就能方便地绘制出根轨迹的概略图形。对于一些特殊点(如分离点或会合点等)，如与分析问题无关，则不必准确求出，只要能找出它们的所在范围即可。

(4) 由根轨迹图可以比较直观地分析闭环系统的性能，根据根轨迹可以了解系统参数的变化对系统性能的影响。因此，根轨迹能较为方便地确定高阶系统中某个参数变化时闭环极点分布的规律，形象直观地看出参数对系统动态过程的影响。并可通过附加开环零点、极点改善系统的性能。

习　题

题 4-1　已知开环零、极点分布如图 4-20 所示。试概略绘制相应的闭环根轨迹图。

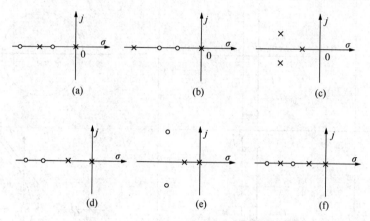

图 4-20　开环传递函数零、极点分布图

题 4-2　设负反馈系统开环传递函数为

$$G(s)H(s) = \frac{K^*(s+a)}{s(s+b)}$$

试作 K^* 从 $0 \rightarrow \infty$ 的闭环根轨迹，并证明在 S 平面内的根轨迹是圆，求出圆的半径和圆心。

题 4-3　设单位反馈控制系统开环传递函数如下，试概略绘出系统根轨迹图(要求确定分离点坐标 d)。

(1) $G(s) = \dfrac{K^*}{s(s+3)}$

(2) $G(s) = \dfrac{K}{s(0.2s+1)(0.5s+1)}$

(3) $G(s) = \dfrac{K^*(s+1)}{s(s+2)(s+3)}$

题 4-4　已知单位反馈系统的开环传递函数如下，试概略绘出系统的根轨迹图(要求算出出射角)。

(1) $G(s) = \dfrac{K^*}{s(s^2+2s+3)}$

(2) $G(s) = \dfrac{K^*(s+2)}{(s^2+2s+5)}$

题 4-5　已知控制系统开环传递函数为

$$G(s)H(s) = \frac{K^*(s+2)}{s(s+1)(s+3)}$$

试绘制系统根轨迹。

题 4-6　已知控制系统开环传递函数为

$$G(s) = \frac{K^*(s+2)}{s(s+3)(s^2+2s+2)}$$

试绘制系统根轨迹，并确定使系统稳定的 K^* 值的范围。

题 4-7　用根轨迹法确定图 4-21 所示系统无超调响应时的开环增益 K 值的范围。

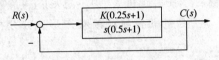

图 4-21　系统结构图

题 4-8　已知控制系统开环传递函数为

$$G(s) = \frac{K^*}{(s-1)(s^2+4s+7)}$$

试绘制系统根轨迹，并确定使系统稳定的 K^* 值的范围。

题 4-9　已知系统如图 4-22 所示。做根轨迹图，要求确定根轨迹的出射角和与虚轴的交点。并确定使系统稳定的 K 值的范围。

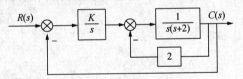

图 4-22　例 4-9 结构图

题 4-10　已知控制系统结构如图 4-23 所示，分析 K 值变化对系统过渡过程的影响。

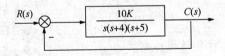

图 4-23　系统结构图

题 4-11　已知单位负反馈系统的开环传递函数

$$G(s) = \frac{K^*(s+1)}{s^2(s+a)}, \ a > 0$$

（1）当 $a = 10$ 时，作系统根轨迹，并求出系统具有欠阻尼阶跃响应特性时 K^* 的取值范围。

（2）当 $a = 9$ 时，作系统根轨迹。

（3）当 $a = 5$ 时，是否具有非零分离点，并做出根轨迹。

题 4-12　已知单位反馈系统的开环传递函数如下，试画出概略根轨迹图。

（1）$G(s) = \dfrac{K^*}{s(s+5)}$

（2）$G(s) = \dfrac{K^*(s+4)}{s(s+5)}$

（3）$G(s) = \dfrac{K^*(s+20)}{s(s+5)}$

题 4-13　设控制系统的开环传递函数为，

$$G(s)H(s) = \dfrac{K^*}{s^2(s+1)}$$

试用根轨迹法证明该系统对于任何正值 K^* 均不稳定。

题 4-14　分别绘制以下三个系统的根轨迹概略图形，并分析比较增加开环零点对根轨迹的影响。

三个系统开环传递函数如下：

（1）$G(s) = \dfrac{K^*}{s(s^2+2s+2)}$

（2）$G(s) = \dfrac{K^*(s+3)}{s(s^2+2s+2)}$

（3）$G(s) = \dfrac{K^*(s+2)}{s(s^2+2s+2)}$

题 4-15　分别绘制以下三个系统的根轨迹概略图形，并分析比较增加开环极点对根轨迹的影响。

三个系统开环传递函数如下：

（1）$G(s) = \dfrac{K^*}{s(s+1)}$

（2）$G(s) = \dfrac{K^*}{s(s+1)(s+2)}$

（3）$G(s) = \dfrac{K^*}{s^2(s+1)}$

题 4-16　正反馈系统的开环传递函数为：

$$G(s) = \dfrac{K^*(s-2)}{s(s+1)}$$

画出根轨迹的大致图形。

题 4-17　已知单位负反馈系统的开环传递函数为

$$G(s) = \dfrac{K^*(s+a)}{4s^2(s+1)}$$

试作 a 从 $0 \to \infty$ 变化的参数根轨迹。

题 4-18　设单位负反馈控制系统的开环传递函数为

$$G(s) = \dfrac{K(2-s)}{s(s+3)}$$

试绘制根轨迹，并求出使系统响应为衰减振荡下 K 的取值范围。

第5章 频率特性分析法

前面介绍的时域分析法比较直观,但在实际应用中常常会遇到一些困难,如:

(1) 对于三阶以上的系统,除了一些特殊情况外,分析计算一般比较麻烦,而且阶数愈高愈麻烦;

(2) 不易看出系统结构和参数的变化对系统性能的影响;

(3) 当系统中某个环节的微分方程式难于建立时,整个系统的性能分析就无法进行了。

建立在频率特性基础上的分析控制系统的频域分析法(亦称频率特性法),可以弥补上述时域分析法的不足。

频域分析法是经典控制理论分析线性系统的工程方法,获得了广泛的应用。采用频率特性作为数学模型来分析和设计系统的方法称为频率特性法。频率特性法具有下述优点。(1)频率特性这个概念具有明确的物理意义。(2)频率特性法的计算量很小,一般都是采用作图方法,简单,直观,易于在工程技术界使用。(3)可以采用实验的方法求出系统或元件的频率特性,这对于机理复杂或机理不明而难以列写微分方程的系统或元件,具有重要的实用价值。正因为这些优点,频率特性法在工程技术领域得到非常广泛的应用。

本章首先介绍频率特性的概念及绘制频率特性曲线的方法,接着介绍用系统的开环频率特性分析闭环系统稳定性的奈奎斯特稳定判据,最后应用频域分析法对系统的性能进行分析。

5.1 频率特性的基本概念

5.1.1 频率特性的概念

首先分析系统在正弦输入 $r(t) = R\sin\omega t$ 作用下的输出响应,系统如图 5-1 所示,可用拉氏变换法求解。

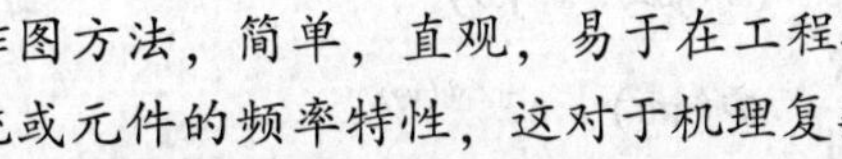

$$r(t)=R\sin\omega t \rightarrow \boxed{\Phi(s)} \rightarrow c(t) \mid_{t\to\infty} = C\sin(\omega t + \phi)$$

图 5-1 系统在正弦信号作用下的稳态响应

输出的拉氏变换式为

$$C(s) = \Phi(s)R(s) \tag{5-1}$$

式中

$$R(s) = \frac{R\omega}{s^2+\omega^2} = \frac{R\omega}{(s+\mathrm{j}\omega)(s-\mathrm{j}\omega)} \tag{5-2}$$

设系统传递函数为

$$\Phi(s) = \frac{M(s)}{(s+s_1)(s+s_2)\cdots(s+s_n)} \tag{5-3}$$

式中$-s_1$，$-s_2\cdots$，$-s_n$为系统特征根。假定系统稳定，为便于讨论，同时假设特征根均具为互异的负实根。

将式(5-2)和式(5-3)代入式(5-1)得

$$C(s) = \Phi(s)R(s) = \frac{M(s)}{(s+s_1)(s+s_2)\cdots(s+s_n)} \frac{R\omega}{(s+j\omega)(s-j\omega)}$$

$$= \frac{B}{s+j\omega} + \frac{\overline{B}}{s-j\omega} + \frac{A_1}{s+s_1} + \frac{A_2}{s+s_2} + \cdots + \frac{A_n}{s+s_n}$$

式中B，$\overline{B}$，A_1，A_2，$\cdots$，A_n为待定系数。对上式进行拉氏反变换得

$$c(t) = Be^{-j\omega t} + \overline{B}e^{j\omega t} + A_1 e^{-s_1 t} + \cdots + A_n e^{-s_n t} \tag{5-4}$$

当t趋于无穷时，输出稳态分量为

$$c(t)\mid_{t\to\infty} = Be^{-j\omega t} + \overline{B}e^{j\omega t} \tag{5-5}$$

求待定系数

$$B = \Phi(s)\frac{R\omega}{(s+j\omega)(s-j\omega)}(s+j\omega)\mid_{s=-j\omega} = -\frac{R}{2j}\Phi(-j\omega)$$

$$= -\frac{R}{2j}\mid\Phi(j\omega)\mid e^{-j\angle\Phi(j\omega)}$$

同理可得

$$\overline{B} = \frac{R}{2j}\mid\Phi(j\omega)\mid e^{j\angle\Phi(j\omega)}$$

将B、$\overline{B}$代入式(5-5)并整理得

$$c(t)\mid_{t\to\infty} = R\mid\Phi(j\omega)\mid\left\{\frac{1}{2j}e^{j[\omega t+\angle\Phi(j\omega)]} - \frac{1}{2j}e^{-j[\omega t+\angle\Phi(j\omega)]}\right\}$$

$$= R\mid\Phi(j\omega)\mid\sin(\omega t+\angle\Phi(j\omega)) = C(\omega)\sin(\omega t+\varphi(\omega)) \tag{5-6}$$

可以得出结论，一个稳定的线性定常系统(或部件)，在正弦信号作用下其输出的稳态分量也是一个正弦信号，而且其角频率与输入信号角频率相同，但振幅和相位则一般不同于输入信号的振幅和相位，振幅和相位的变化与角频率及系统的特性有关。

其稳态输出与输入振荡的振幅比为幅频特性$\mid\Phi(j\omega)\mid$；输出相对于输入的相角差为相频特性$\varphi(\omega) = \angle\Phi(j\omega)$。系统频率特性可写成

$$\phi(j\omega) = \mid\phi(j\omega)\mid e^{j\angle\phi(j\omega)}$$

显然，幅频特性描述了系统(或部件)对不同频率的正弦输入信号在稳态情况下的放大(或衰减)特性。而相频特性描述了系统对不同频率的正弦输入信号在相位上产生的相角滞后或超前的特性。

若不断改变输入信号的角频率ω，并测得对应的一系列输出稳态振幅$C(\omega)$及输出相对于输入的相位差角$\varphi(\omega)$，则就可测得频率特性。其中输出振幅与输入振幅之比，称为幅频特性，即

$$\frac{C(\omega)}{R(\omega)} = \mid\Phi(j\omega)\mid$$

输出对输入的相角差 $\varphi(\omega)$，称为相频特性，即

$$\varphi(\omega) = \angle \Phi(j\omega)$$

幅频特性及相频特性统称为频率特性。频率特性即系统或环节对输入正弦信号的稳态响应，称频率响应特性。

对频率特性做如下几点说明：

（1）频率特性不仅对系统有意义，对元件也有意义，即元件也可用频率特性来描述。

（2）由于频率特性是由传递函数导出的，而传递函数只对线性定常系统有意义，因此，频率特性的数学表达式一般适用于线性定常系统或元件，也可推广应用到某些非线性系统的分析。

（3）上述证明的条件是：线性定常系统是稳定的。如果系统不稳定，则动态响应最终不可能趋于稳态输出，当然也就无法由实际系统直接观测到这种稳态响应。

（4）频率特性的表达式由 $G(j\omega)$ 中包含了系统或元部件的全部动态结构参数。因此，虽然频率特性是描述系统稳态特性的数学模型，但它却包含了系统的全部动态信息。它与微分方程和传递函数一样，也是系统的一种动态数学模型，都是反映了系统的固有特性。频率特性和系统的微分方程、传递函数三者之间的关系如图 5-2 所示。

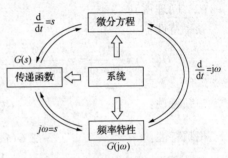

图 5-2　三种数学模型之间的关系

频域分析法就是运用稳态的频率特性间接研究系统的动态特性的一种方法，它避免了直接求解高阶微分方程的困难。

5.1.2　频率特性的确定与几何表示

1. 求频率特性的方法

（1）实验法：在输入端加正弦信号，测输出端的稳态的振幅与相位，再与输入的振幅与相位相除，相减，即可得到频率特性

（2）解析法：将系统或元件的传递函数，用 $s = j\omega$ 代入即得频率特性的复数表达式。

因为频率特性 $G(j\omega)$ 为复数，所以它还可以用如下的形式来表示，即

$$G(j\omega) = A(\omega)e^{j\varphi(\omega)} \quad \text{指数形式表示}$$

$$G(j\omega) = |G(j\omega)|e^{j\angle G(j\omega)} \quad \text{极坐标形式表示}$$

$$G(j\omega) = P(\omega) + jQ(\omega) \quad \text{代数形式表示}$$

其中 $P(\omega) = \mathrm{Re}[G(j\omega)]$ 称为系统的实频特性，$Q(\omega) = \mathrm{Im}[G(j\omega)]$ 称为系统的虚频特性。

【例 5-1】　求下列系统的频率特性，指出幅频特性、相频特性、实频特性、虚频特性，并求其正弦信号 $r(t) = A\sin\omega t$ 作用下的稳态输出响应。

（1）$G(s) = \dfrac{10}{(4s+1)}$　　　（2）$G(s) = \dfrac{10}{(4s-1)}$

解：（1）将 $s = j\omega$ 代入系统的传递函数得

频率特性：　　　　$G(j\omega) = \dfrac{10}{4j\omega+1} = \dfrac{10}{\sqrt{1+16\omega^2}}\angle -\arctan 4\omega$

幅频特性：
$$|G(j\omega)| = \frac{10}{\sqrt{1+16\omega^2}}$$

相频特性：
$$\angle G(j\omega) = \angle -\arctan 4\omega$$

$$G(j\omega) = \frac{10}{4j\omega+1} = \frac{10}{1+16\omega^2} - \frac{40\omega}{1+16\omega^2}j$$

实频特性：
$$P(\omega) = \frac{10}{1+16\omega^2}$$

虚频特性：
$$Q(\omega) = -\frac{40\omega}{1+16\omega^2}$$

稳态输出响应：
$$C(\infty) = \frac{10A}{\sqrt{1+16\omega^2}}\sin(\omega t - \arctan 4\omega)$$

（2）同理得到

频率特性：
$$G(j\omega) = \frac{10}{4j\omega-1} = = \frac{10}{\sqrt{1+16\omega^2}}\angle -(\pi - \arctan 4\omega) = \frac{10}{\sqrt{1+16\omega^2}}\angle -\pi + \arctan 4\omega$$

幅频特性：
$$|G(j\omega)| = \frac{10}{\sqrt{1+16\omega^2}}$$

相频特性：
$$\angle G(j\omega) = \angle -\pi + \arctan 4\omega$$

$$G(j\omega) = \frac{10}{4j\omega+1} = -\frac{10}{1+16\omega^2} - \frac{40\omega}{1+16\omega^2}j$$

实频特性：
$$P(\omega) = -\frac{10}{1+16\omega^2}$$

虚频特性：
$$Q(\omega) = -\frac{40\omega}{1+16\omega^2}$$

稳态输出响应：
$$C(\infty) = \frac{10A}{\sqrt{1+16\omega^2}}\sin(\omega t - \pi + \arctan 4\omega)$$

由此可见，最小相位系统和它对应的非最小相位系统幅频特性完全相同而相频特性不同，因此它们的伯德图中对数幅频特性曲线相同。

2. 频率特性的几何表示

在工程上，常用图形法来表示系统的频率特性，再用所绘制的特性曲线对系统进行分析与研究。常用的频率特性曲线有幅相频率特性曲线和对数频率特性曲线。

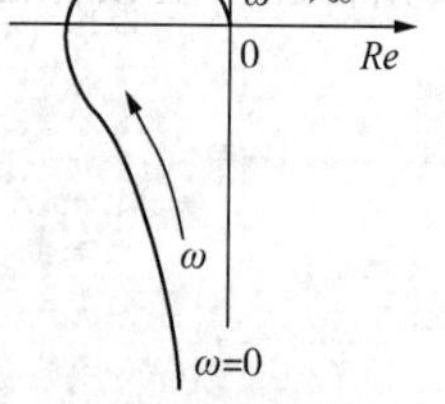

图 5-3　幅相频率特性

（1）幅相频率特性曲线：将幅频和相频画在同一个极坐标中。当频率 ω 从零变化到无穷大时，相应地向量的矢端就描绘出一条曲线。向量矢端以 ω 增加方向运动的轨迹，就称为幅相频率特性曲线，或称为幅相频率特性图，又称极坐标图。

由于幅频特性是 ω 的偶函数，而相频特性是 ω 的奇函数，当信号的频率分为 $0\to+\infty$ 和 $0\to-\infty$ 两段时，所绘制的系统的幅相曲线是关于实轴对称的，一般只绘制 ω 由 $0\to+\infty$ 时系统的幅相曲线，并用箭头表示随着 ω 的增加，幅相曲线的变化方向，如图 5-3 所示。

（2）对数频率特性曲线：对数频率特性曲线，又称伯德图（Bode 图），包括对数幅频和对数相频两条曲线，是频率法中最广泛应用的一组曲线。

对数频率特性曲线是绘制在特殊的单边对数坐标系（半对数坐标）中，纵坐标按线性分度，横坐标按对数分度的坐标，称半对数坐标。对数频率特性曲线纵坐标分别表示对数幅频 $L(\omega) = 20\lg|G(j\omega)|$ 及相频 $\varphi(\omega) = \angle G(j\omega)$，单位分别为分贝（dB）及度（°），二者均采用等分刻度；横坐标是频率 ω，单位为弧度/秒，按常用对数刻度，横坐标 ω 通常以 10 倍频程刻度，频率每变化 10 倍，通常称之为十倍频程，用 dec 表示。对数频率特性曲线一般都将对数幅频特性与对数相频特性画到一起，一上一下，横坐标完全相同。如图 5-4 所示。

需要注意，由于对数坐标图的横轴以 ω 值进行标注，所以横轴不可能从零开始（因 $\lg 0 \rightarrow -\infty$），频率也不能为负数。

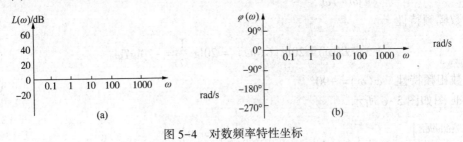

图 5-4　对数频率特性坐标

5.2　对数频率特性

频率特性的对数坐标图又称为 Bode（伯德）图或对数频率特性图。Bode 图包括对数幅频特性图和对数相频特性图。

Bode 图容易绘制，从图形上容易看出某些参数变化和某些环节对系统性能的影响，所以它在频率特性法中成为应用得最广的图示法。采用对数坐标绘制 $G(j\omega)$ 曲线的优点：

① 可以用渐近折线法快速绘制 $G(j\omega)$ 的近似图形，这种图形对系统进行初步设计时简单而方便。

② 可以把实际环节的串联转化为环节相加，这对控制系统的分析与设计有特别重要的意义，也是频率法得以应用和发展的主要原因。

③ 可以大范围扩展横坐标上的频率范围，但又不降低低频段的准确度。

注意：频率由 ω 变到 10ω 的频带称为 10 倍频程或 10 倍频，记为 dec，频率轴采用对数分度，频率比相同的各点间的横轴方向的距离相同，如 0.1、1、10、100、1000 的各点间距离相等。由于 $\lg 0 = -\infty$，所以横轴上画不出频率为 0 的点，具体作图时，横坐标轴的最低频率要根据所研究的频率范围选定。

5.2.1　典型环节的对数频率特性

1. 比例环节

传递函数 $G(s) = K(K>0)$

频率特性 $G(j\omega) = K = K\angle 0^0$ 　　　　　　　　　　　　　　　　（5-7）

对数幅频特性

$$L(\omega) = 20\lg|G(j\omega)| = 20\lg K \qquad (5-8)$$

对数相频特性　$\varphi(\omega) = 0°$ 　　　　　　　　　　　　　　　　　　　(5-9)

Bode 图如图 5-5 所示。对数幅频特性 $L(\omega)$ 为水平直线，其高度为 $20\lg K$。相频特性为横轴，即相角为 0^0。

特点：$K>1$ 分贝数为正；$K<1$ 分贝数为负。

K 值的改变，只使对数幅频特性上下移动一个相应的距离，并不改变相频特性。

2. 积分环节

传递函数 $G(s) = \dfrac{1}{Ts}$

频率特性 $G(j\omega) = \dfrac{1}{Tj\omega} = \dfrac{1}{T\omega} \angle -90°$ 　　　　　　　　　　　　(5-10)

对数幅频特性

$$L(\omega) = 20\lg |G(j\omega)| = 20\lg \frac{1}{T\omega} = -20\lg T\omega \qquad (5-11)$$

对数相频特性　$\varphi(\omega) = -90°$ 　　　　　　　　　　　　　　　　(5-12)

Bode 图如图 5-6 所示。

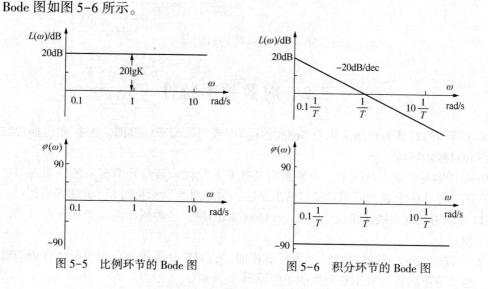

图 5-5　比例环节的 Bode 图　　　　图 5-6　积分环节的 Bode 图

特点：幅频特性是过 $\omega = \dfrac{1}{T}$ 处，斜率为-20dB/dec 的直线。相频特性是一条-90°的水平直线。

3. 微分环节

传递函数为　　　　　　　　　$G(s) = = \tau s$

频率特性为　　　　　　　$G(j\omega) = \tau j\omega = \tau\omega \angle 90°$ 　　　　　　(5-13)

对数幅频特性

$$L(\omega) = 20\lg |G(j\omega)| = 20\lg \tau\omega \qquad (5-14)$$

对数相频特性　　　　　　　$\varphi(\omega) = 90°$ 　　　　　　　　　　　(5-15)

Bode 图如图 5-7 所示。

特点：幅频特性是过 $\omega = \dfrac{1}{\tau}$ 处，斜率为 20dB/dec 的直线。相频特性是一条 90°的水平直线。

4. 一阶惯性环节(一阶滞后环节)

传递函数是 $G(s) = \dfrac{1}{Ts+1}$

频率特性是 $G(j\omega) = \dfrac{1}{Tj\omega+1} = \dfrac{1}{\sqrt{1+T^2\omega^2}} \angle -\arctan\omega T$

$$\tag{5-16}$$

对数幅频特性

$$L(\omega) = 20\lg |G(j\omega)| = 20\lg \frac{1}{\sqrt{1+(T\omega)^2}}$$

$$= -20\lg\sqrt{1+(T\omega)^2} \tag{5-17}$$

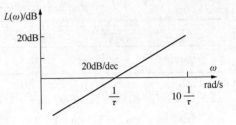
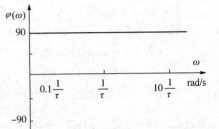

图 5-7　理想微分环节的 Bode 图

对数相频特性 $\varphi(\omega) = -\arctan T\omega$ $\qquad(5-18)$

介绍渐近折线法绘制 Bode 图：

绘制 Bode 可以按幅频特性逐点计算坐标值，逐点描出。这种方法烦琐。更简便的方法按渐近线绘制。该方法是先找出特性曲线在高频和低频段的渐近线，并计算出渐近线的交点(交接点)，两条渐近线在交点处结合成一条折线，这条折线便是特性的近视图形。

以一阶惯性为例，讨论利用渐近线的绘制方法。

(1) 幅频特性 $L(\omega)$

低频段：$(\omega T \leqslant 1)$ $\quad L(\omega) \approx 20\lg 1 = 0$，为一条 0dB 的水平线。

高频段：$(\omega T \geqslant 1)$ $\quad L(\omega) = -20\lg\sqrt{1+(T\omega)^2} \approx -20\lg T\omega$，

为过点$(1/T, 0)$、斜率为 -20dB/dec 的一条直线。Bode 图如图 5-8 所示。

转折频率(交接频率)：指高、低频渐近线交接处的频率，显然，惯性环节的交接频率为 $\omega = 1/T$。

修正量：最大误差发生在交接频率 $\omega = 1/T$ 处，该处的实际值为

$$L(\omega)\big|_{\omega=\frac{1}{T}} = -20\lg\sqrt{(T\omega)^2+1} = -20\lg\sqrt{2} = -3.03\text{dB}$$

$$\tag{5-19}$$

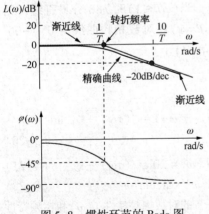

图 5-8　惯性环节的 Bode 图

因此，若需较准确的对数幅频特性，可在渐近特性曲线下进行修正即可。可按三个特征点(转折频率处、左右倍频程处的频率)，显然，在频率为 $\omega = 1/T$ 时，曲线的误差最大，误差为 -3dB 左右，$\omega = 0.5/T$ 和 $\omega = 2/T$ 处，差为 -1dB 左右，表 5-1 为一阶惯性环节渐近幅频特性误差表。

表 5-1　为一阶惯性环节渐近幅频特性误差表

ωT	$\dfrac{1}{10}$	$\dfrac{1}{4}$	$\dfrac{1}{2}$	1	2	4	10
误差/dB	-0.04	-0.32	-1.0	0	-1.0	-0.32	-1.0

(2) 对数相频特性 $\varphi(\omega)$ 也可用近似画法。

低频段：$(\omega T \le 1)$　$\varphi(\omega) \approx 0$，低频渐近线为一条 $\varphi(\omega) \to 0$ 的水平线。

高频段：$(\omega T \ge 1)$　$\varphi(\omega) \approx -90°$，高频渐近线为一条 $\varphi(\omega) \to -90°$ 的水平线。

修正：$\omega T = 1$　　$\varphi(\omega) = -45°$

$\omega T = 0.5$　　$\varphi(\omega) = -26.6°$

$\omega T = 2$　　　$\varphi(\omega) = -63.4°$

惯性环节相频特性几个特殊点数据见表 5-2。在相频特性曲线绘制中，需要注意有 3 个关键处：$\omega = \dfrac{1}{T}$ 处，$\varphi(\omega) = -45°$；$\omega = \to 0$，$\varphi(\omega) \to 0°$；$\omega = \to \infty$，$\varphi(\omega) \to -90°$

且对数相频特性曲线关于点 $\omega = \dfrac{1}{T}$ 处，$\varphi(\omega) = -45°$ 斜对称。惯性环节的对数相频图如图 5-8 所示。

表 5-2　为一阶惯性环节相频特性数据

ωT	$\dfrac{1}{10}$	$\dfrac{1}{4}$	$\dfrac{1}{2}$	1	2	4	10
$\varphi(\omega)/(°)$	-5.7	-14.1	-26.6	-45	-63.4	-75.9	-84.3

特点：惯性环节的幅频特性随着角频率的增加而衰减，呈低通滤波特性。而相频特性呈滞后特性，即输出信号的相位滞后于输入信号的相位。角频率越高，则相角滞后越大，最后滞后角趋向 -90°。

综上所述，惯性环节的对数幅频近似曲线为两段直线：当 $(\omega T \le 1)$ 时为 0 分贝直线，当 $(\omega T \ge 1)$ 时为斜率为 -20dB/dec 的直线，转折频率点为 $(\omega T = 1)$；对数相频曲线为 $0° \sim -90°$ 之间的一条曲线，该条曲线在转折频率点为 $(\omega T = 1)$ 处相角 -45°。

5. 比例微分环节(一阶超前环节)

传递函数为　　　　　　　　　　$G(s) = \tau s + 1$

频率特性为 $G(j\omega) = \tau j\omega + 1 = \sqrt{(\tau\omega)^2 + 1} \angle \arctan \tau\omega$

$$(5-20)$$

对数频率特性为 $L(\omega) = 20\lg \sqrt{(\tau\omega)^2 + 1}$　　$(5-21)$

$$\varphi(\omega) = \arctan \tau\omega \qquad (5-22)$$

同理，比例微分环节的对数幅频特性 $L(\omega)$ 和相频特性 $\varphi(\omega)$ 也是曲线，逐点描绘很繁琐，通常也采用近似方法绘制。因为其对数幅频特性和对数相频特性与惯性环节只相差一个符号，比例微分环节的对数频率特性曲线与一阶惯性环节的对数频率特性曲线关于横轴对称，所以只要把惯性环节的 Bode 图向上翻转即可。Bode 图如图 5-9 所示。

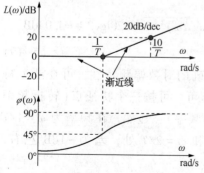

图 5-9　比例微分环节的 Bode 图

比例微分环节的特点是允许低频通过，对高频敏感，相角超前，最大超前 90°。

比较一阶滞后环节和一阶超前环节：①低频特性相同，都可以准确复现输入端的低频信号，其特性近似于比例环节。②高频特性则恰好相反，超前环节是扩大高频信号，近似于微分环节。惯性环节是削弱高频信号，近似于积分环节。

6. 振荡环节

二阶振荡环节传递函数通常表示为 $G(s)=\dfrac{\omega_n^2}{s^2+2\zeta\omega_n s+\omega_n^2}$，若分子分母同时除以 ω_n，并令

$T=\dfrac{1}{\omega_n}$　则可写成 $G(s)=\dfrac{1}{T^2 s^2+2\zeta Ts+1}$。

频率特性为：

$$G(j\omega)=\frac{1}{T^2(j\omega)^2+2\zeta Tj\omega+1}=\frac{1}{\sqrt{(1-T^2\omega^2)^2+(2\zeta\omega T)^2}}\angle-\arctan\frac{2\zeta T\omega}{1-T^2\omega^2} \tag{5-23}$$

对数幅频特性：

$$L(\omega)=20\lg|G(j\omega)|=20\lg\frac{1}{\sqrt{(1-T^2\omega^2)^2+(2\zeta\omega T)^2}}=-20\lg\sqrt{(1-T^2\omega^2)^2+(2\zeta\omega T)^2} \tag{5-24}$$

相频特性：
$$\varphi(\omega)=\angle-\arctan\frac{2\zeta T\omega}{1-T^2\omega^2} \tag{5-25}$$

低频段：$(\omega T\leqslant 1)$，$L(\omega)\approx 20\lg 1=0$，$\varphi(\omega)\approx 0$

高频段：$(\omega T\geqslant 1)$，$L(\omega)=-20\lg\sqrt{(1-(T\omega)^2)^2+(2\zeta\omega T)^2}\approx-40\lg T\omega$，$\varphi(\omega)\approx-180°$

二阶振荡环节近似对数幅频曲线如图 5-10 所示：

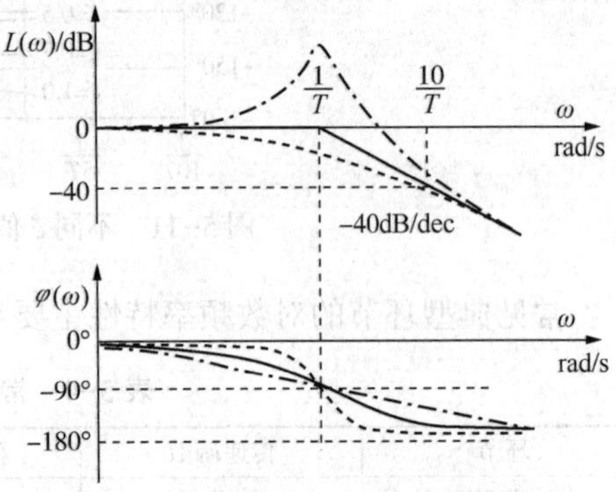

从图可知，二阶环节的对数幅频曲线可近似为两段直线：当$(\omega T\leqslant 1)$时为 0dB 直线；当$(\omega T\geqslant 1)$时为斜率为-40dB/dec 的直线。它的转折频率仍是 $\omega=1/T$ 处。

振荡环节的精确幅频特性与渐近线之间的误差值可能很大，特别是在转折频率处误差最大。所以往往要对渐近线进行修正，特别是在转折频率附近进行修正。

图 5-10　振荡环节的对数频率特性曲线

一般情况，当 $0.4<\zeta<0.7$ 时，误差小于 3dB，允许不对渐进线修正。

当 $\zeta<0.4$ 或 $\zeta>0.7$ 时，误差很大，需修正。

在 $\omega=1/T$ 时的精确值是：

$$L(\omega)=-20\lg\sqrt{(1-(T\omega)^2)^2+(2\zeta\omega T)^2}=-20\lg 2\zeta \tag{5-26}$$

所以其误差不仅与 ω 有关，还与 ζ 有关。误差计算结果见表 5-3。

表 5-3　二阶振荡环节对数幅频特性曲线在转折频率点的误差

阻尼比 ζ	0.1	0.2	0.3	0.4	0.5	0.6	0.7	0.8	0.9	1.0
最大误差/dB	+14	+8	+4.4	+1.9	0	−1.6	−2.9	−4.1	−5.1	−6.0

相频特性，修正：$\omega T = 1$　　　　$\varphi(\omega) = -90°$

不同 ζ 值下的二阶振荡环节对数频率曲线的如图 5-11 所示：

二阶振荡环节的特点是：在转折频率处出现峰值，随着 ζ↓，峰值↑，当 ζ=0，峰值→∞，ζ 越小，振荡越激烈；低频特性可以准确复现输入端的低频信号，其特性近似于比例环节。高频特性近似于积分环节。与惯性环节类似，能削弱高频信号，有比一阶惯性更好的低通滤波特性。

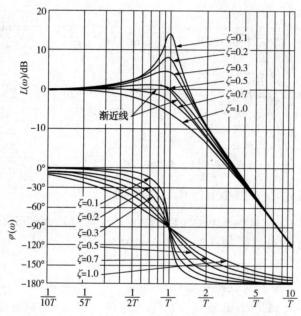

图 5-11　不同 ζ 值下的二阶振荡环节对数频率曲线

常见典型环节的对数频率特性主要特征如表 5-4 所示。

表 5-4　常用典型环节伯德图特征表

环节	传递函数	斜率 dB/dec	特殊点	$\varphi(\omega)$
比例	K	0	$L(\omega) = 20\lg K$	0°
积分	$\dfrac{1}{Ts}$	−20	$\omega = 1，L(\omega) = 0$	−90°
微分	Ts	20	$\omega = 1，L(\omega) = 0$	90°
惯性	$\dfrac{1}{Ts+1}$	0，−20	转折频率 $\omega = \dfrac{1}{T}$	0° ~ −90°
比例微分	$1+\tau s$	0，20	转折频率 $\omega = \dfrac{1}{\tau}$	0° ~ 90°
二阶振荡	$\dfrac{\omega_n{}^2}{s^2+2\zeta\omega_n s+\omega_n{}^2}$	0，−40	转折频率 $\omega = \omega_n$	0° ~ −180°

7. 二阶微分环节

二阶微分环节传递函数 $G(s) = \tau^2 s^2 + 2\zeta\tau s + 1$

频率特性为：

$$G(j\omega) = \tau^2(j\omega)^2 + 2\zeta\tau j\omega + 1 = \sqrt{(1-\tau^2\omega^2)^2 + (2\zeta\omega\tau)^2}\ \angle\arctan\frac{2\zeta\tau\omega}{1-\tau^2\omega^2} \quad (5-27)$$

对数幅频特性：

$$L(\omega) = 20\lg|G(j\omega)| = 20\lg\sqrt{(1-\tau^2\omega^2)^2 + (2\zeta\tau)^2} \quad (5-28)$$

相频特性：

$$\varphi(\omega) = \angle\arctan\frac{2\zeta\tau\omega}{1-\tau^2\omega^2} \quad (5-29)$$

低频段：$(\omega T \leqslant 1)$，$L(\omega) \approx 20\lg 1 = 0$，$\varphi(\omega) \approx 0$

高频段：$(\omega T \geqslant 1)$，$L(\omega) = 20\lg\sqrt{(1-(\tau\omega)^2)^2 + (2\zeta\omega\tau)^2} \approx 40\lg\tau\omega$，$\varphi(\omega) \approx 180°$

二阶微分环节与二阶振荡环节对数频率曲线关于横轴对称，如图 5-12 所示：

8. 纯滞后环节（时滞环节）

传递函数：$G(s) = e^{-\tau s}$

频率特性为：

$$G(j\omega) = 1 \cdot e^{-j\omega\tau} \quad (5-30)$$

对数幅频特性：

$$L(\omega) = 20\lg 1 = 0 \quad (5-31)$$

相频特性：

$$\varphi(\omega) = -\omega\tau \times 57.3° \quad (5-32)$$

由此可见，时滞环节的对数幅频特性恒为 0dB，而滞后相角与 ω 成正比，随 ω 按线性关系增长，当 $\omega \to \infty$ 时，滞后相角也趋向无穷大。这对于系统的稳定性是很不利的。时滞环节的 Bode 图如图 5-13 所示。需要说明的是，$-\varphi(\omega)$ 是与 ω 成正比，但 ω 不是按线性分度，则 $\varphi(\omega)$ 就不是一条直线，在对数坐标中是一条曲线。

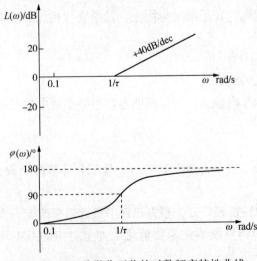

图 5-12　二阶微分环节的对数频率特性曲线

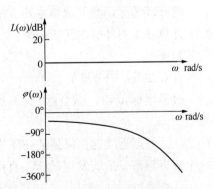

图 5-13　时滞环节的对数幅频特性

5.2.2　系统开环对数频率特性曲线的绘制

系统的开环传递函数一般是由若干环节串联所组成的，因此系统的开环传递函数等于各串联环节传递函数的乘积。

若系统开环传递函数由典型环节串联而成，即

$$G(s) = G_1(s) G_2(s) \cdots G_n(s) \tag{5-33}$$

开环频率特性为：

$$\begin{aligned} G(j\omega) &= G_1(j\omega) G_2(j\omega) \cdots G_n(j\omega) \\ &= |G_1(j\omega)| e^{j\varphi_1(\omega)} |G_2(j\omega)| e^{j\varphi_2(\omega)} \cdots |G_n(j\omega)| e^{j\varphi_n(\omega)} \\ &= \prod_{i=1}^{n} |G_i(j\omega)| e^{j\sum_{i=1}^{n} \varphi_i(\omega)} \end{aligned} \tag{5-34}$$

可见，系统开环幅频特性为：

$$|G(j\omega)| = \prod_{i=1}^{n} |G_i(j\omega)| \tag{5-35}$$

开环相频特性为：

$$\varphi(\omega) = \angle G(j\omega) = \sum_{i=1}^{n} \varphi_i(\omega) \tag{5-36}$$

而系统开环对数幅频特性为：

$$L(\omega) = 20\lg|G(j\omega)| = 20\lg\prod_{i=1}^{n} |G_i(j\omega)| = \sum_{i=1}^{n} 20\lg|G_i(j\omega)| \tag{5-37}$$

由此可见，串联环节总的对数幅频特性等于各环节对数幅频特性的和，其总的对数相频特性等于各环节对数相频特性的和。所以绘制开环对数额率特性曲线时，只要将各环节的对数幅频曲线及相频曲线进行叠加即可。

在绘对数幅频特性图时，我们总是用基本环节的直线或折线渐近线代替精确幅频特性，然后求它们的和，得到折线形式的对数幅频特性图，这样可以明显减少计算和绘图工作量。必要时可以对折线渐近线进行修正，以便得到足够精的对数幅频特性。

在求直线渐近线的和时，要用到下述规则：在平面坐标图上，几条直线相加的结果仍为一条直线，和的斜率等于各直线斜率之和。

绘制开环对数频率特性曲线可采用下述步骤：

（1）将开环传递函数写成基本环节相乘的形式。

（2）计算各基本环节的转折频率，并标在横轴上。同时标明各转折频率对应的基本环节渐近线的斜率。

（3）计算 $20\lg K$ 的分贝值。

（4）过横坐标 $\omega=1$，纵坐标 $20\lg K$ 点绘出斜率为 $20\upsilon dB/dec$（υ 为积分环节的个数）的低频渐近线。

（5）从低频渐近线起，每到某一环节的转折频率处，根据该环节渐近斜率改变一次。即每到一个转折频率，折线发生转折，直线的斜率就要在原数值之上加上对应的基本环节的斜率。

（6）对数相频特性，分别画出每一环节相频特性曲线进行叠加连接成圆滑曲线。

（7）进行必要修正，一般对一阶环节不加说明可不必修正；对二阶环节不加说明要修正。修正时一般在转折频率处进行修正。

【例 5-2】 已知系统开环传递函数为

$$G(s) = \frac{100}{s(s+10)(s+1)}，试绘制该系统的开环对数频率特性曲线。$$

解：（1）首先将系统开环传递函数写成典型环节串联的形式，即

$$G(s) = \frac{10}{s(0.1s+1)(s+1)}$$

可见，系统开环传递函数由以下三种典型环节串联而成：

① $G_1(s) = 10$，比例环节，$20\lg K = 20\text{dB}$。

② $G_2(s) = \dfrac{1}{s}$，积分环节，斜率为 -20dB/dec。

③ $G_3(s) = \dfrac{1}{s+1}$，一阶惯性环节，低频段为 0dB，高频段斜率为 -20dB/dec，转折频率为 $\omega_1 = 1$。

④ $G_4(s) = \dfrac{1}{0.1s+1}$，一阶惯性环节，低频段为 0dB，高频段斜率为 -20dB/dec，转折频率为 $\omega_2 = 10$。

积分环节（或它的延长线）过 $(1, 20\lg K)$。

图 5-14 是采用叠加法分别作出各典型环节的对数幅频、相频特性曲线，然后将各典型环节的对数幅频、相频特性曲线相加，即得系统开环对数幅频、相频特性曲线，如图 5-14 中实线所示。

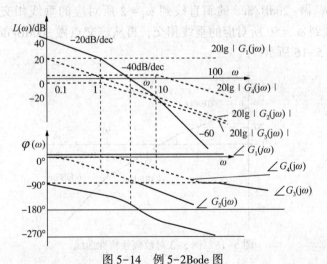

图 5-14 例 5-2Bode 图

由系统开环对数幅频特性曲线可以看出，系统开环对数频率特性渐近线由三段直线组成，其斜率分别为 -20dB/dec、-40dB/dec、-60dB/dec，直线与直线之间的交点频率按 ω 增加的顺序分别为两个惯性环节的交接频率 1、10。系统开环对数幅频特性曲线与零分贝线的交点频率称为系统的截止频率，并用 ω_c 表示。相频特性曲线由 $-90°$ 开始，随 ω 增加逐渐趋近于 $-270°$。

根据上述特点，实际绘制开环对数幅频特性曲线时，尤其在比较熟练的情况下，不必绘

出各典型环节的对数幅频特性曲线,而可以直接绘制系统开环对数幅频特性曲线。

【例5-3】 已知单位负反馈系统结构如图5-15所示,试绘制开环系统的对数幅频特性曲线。

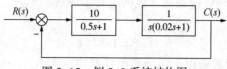

图5-15 例5-3系统结构图

解: 系统的开环传递函数

$$G(s) = \frac{10}{s(0.5s+1)(0.02s+1)}$$

系统由以下几个典型环节组成:

① $G_1(s) = 10$,比例环节,$20\lg K = 20$dB。

② $G_2(s) = \dfrac{1}{s}$,积分环节,斜率为-20dB/dec。

③ $G_3(s) = \dfrac{1}{0.5s+1}$,一阶惯性环节,转折频率为 $\omega_1 = 2$,斜率为-20dB/dec。

④ $G_4(s) = \dfrac{1}{0.02s+1}$,一阶惯性环节

转折频率为 $\omega_2 = 50$,斜率为-20dB/dec

过点 $(1, 20\lg K)$ 做-20dB/dec的斜直线到 $\omega_1 = 2$ 所对应的垂线相交,再从该交点做-40dB/dec的斜直线到 $\omega_2 = 50$ 所对应的垂线相交,再从该交点做-60dB/dec的斜直线。对数幅频特性曲线如图5-16所示。

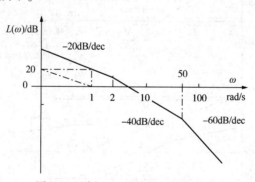

图5-16 例5-3对数幅频特性曲线

若绘制该系统的对数相频特性曲线可以采用叠加法——做出每个典型环节的相频特性再叠加即可。

5.2.3 最小相位系统和非最小相位系统

当系统开环传递函数中没有在右半S平面的极点或零点,且不包含延时环节时,称该系统为最小相位系统,否则称为非最小相位系统。在幅值相同的系统中,最小相位系统的相位是最小的。最小相位系统,其对数幅频图和对数相频图随 ω 的变化规律具有一一对应的关系,因此其特性可由单一的幅频曲线唯一确定;非最小相位系统特性由幅频和相频共同确

定。实际工程应用的系统大部分都是由典型环节组成，因此均为最小相位系统。

在例 5-1 中可以看出，（1）$G(s) = \dfrac{10}{(4s+1)}$ 为最小相位系统；（2）$G(s) = \dfrac{10}{(4s-1)}$ 为非最小相位，非最小相位环节的对数幅频特性与同类型的最小相位环节的对数幅频特性相同，而其对数相频特性与最小相位环节对数相频特性不同。换言之，非最小相位环节的对数相频特性的变化趋势与其对数幅频特性的变化趋势不一致。而最小相位环节的对数幅频特性的变化趋势与相频特性的变化趋势是一致的。

对最小相位系统而言，其对数幅频特性曲线与其传递函数存在着一一对应的关系，因此可从对数幅频特性曲线反推其数学模型，特别是对用分析法难以确定数学模型的系统，可以先通过频率响应实验来获取其频率特性，然后建立其传递函数。用实验法确定系统传递函数通常给系统加不同频率的正弦信号，测量出系统的对数幅频特性和相频特性曲线，得到系统的伯德图，根据伯德图确定传递函数，主要是确定增益 K，转折频率及相应的时间常数等参数通常可从图上直接确定。

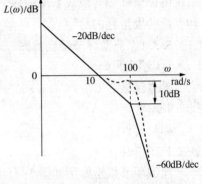

【例 5-4】 某最小相位系统的开环对数幅频特性曲线如图 5-17 所示，其中虚线部分为转折频率附近的精确曲线。试写出这个系统的开环传递函数。

图 5-17 例 5-4 对数幅频特性曲线

解： 低频渐近幅频曲线的斜率为 $-20\mathrm{dB/dec}$，说明系统有一个积分环节；斜率由 $-20\mathrm{dB/dec}$ 变为 $-60\mathrm{dB/dec}$，并且在转折频率 100 附近，精确幅频曲线有峰值，所以可断定该系统的开环传递函数由比例环节、积分环节和振荡环节串联所构成。其传递函数形式为

$$G(s) = \frac{K\omega_n^2}{s(s^2 + 2\zeta\omega s + \omega_n^2)}$$

下面确定 K、ω_n、及 ζ。

低频由 $G(s) = \dfrac{K}{s}$ 确定

当 $\omega = 10$ 时，幅值的分贝数为 0。

即 $20\lg |G(j\omega)|\big|_{\omega=10} = 20\lg \dfrac{K}{\omega}\big|_{\omega=10} = 20\lg \dfrac{K}{10} = 0$

解得 $K = 10$。

ω_n 为渐进幅频曲线的转折频率，即 $\omega_n = 100$。

由于振荡环节渐近幅频曲线在转折处的误差为：

$-20\lg 2\zeta = 10$，

解得 $\zeta = 0.158$。

因此，系统的开环传递函数为：

$$G(s) = \frac{10 \times 100^2}{s(s^2 + 2 \times 0.158 \times 100s + 100^2)}$$

由对数幅频特性曲线确定其传递函数，由低频段确定系统的积分环节个数以及开环增

益，对比线段在转折频率附近的斜率，判断是哪一种典型环节，最后确定每一个参数。

5.3　幅相频率特性

幅相频率特性又称极坐标图，在直角坐标或极坐标平面上，以 ω 为参变量，当 ω 由 $0 \to \infty$ 时，画出频率特性 $G(j\omega)$ 的点的轨迹，这个图形就称为频率特性的极坐标图，或称奈奎斯特(Nyquist)图。

极坐标图的绘制通常要找到起点和终点的模值和相角及几个特殊点(如与实轴或虚轴相交点、转折频率点)的模值和相角，便可得到概略图形。它与系统对数频率特性曲线不同，系统的极坐标图与组成系统的各个环节的极坐标图没有必然的联系，下面分别介绍典型环节和系统的极坐标的绘制。

5.3.1　典型环节极坐标图

1. 比例环节

传递函数是 $G(s) = K(K>0)$

频率特性是
$$G(j\omega) = K = K\angle 0 \tag{5-38}$$
幅频特性
$$|G(j\omega)| = K \tag{5-39}$$
相频特性
$$\angle G(j\omega) = 0° \tag{5-40}$$
比例环节极坐标图如图 5-18 所示。

2. 积分环节

传递函数是
$$G(s) = \frac{1}{Ts}$$

频率特性是
$$G(j\omega) = \frac{1}{Tj\omega} = \frac{1}{T\omega}\angle -90° \tag{5-41}$$

幅频特性
$$|G(j\omega)| = \frac{1}{T\omega} \tag{5-42}$$

相频特性
$$\angle G(j\omega) = -90° \tag{5-43}$$
起点，$\omega \to 0$，　$\infty \angle -90°$

终点，$\omega \to \infty$，　$0 \angle -90°$

积分环节极坐标图如图 5-19 所示。

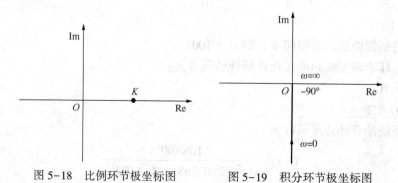

图 5-18　比例环节极坐标图　　　图 5-19　积分环节极坐标图

3. 一阶惯性环节

传递函数是

$$G(s) = \frac{K}{Ts+1}$$

频率特性是

$$G(j\omega) = \frac{K}{Tj\omega+1} = \frac{K}{\sqrt{1+T^2\omega^2}} \angle -\arctan\omega T \tag{5-44}$$

幅频特性

$$|G(j\omega)| = \frac{K}{\sqrt{1+T^2\omega^2}} \tag{5-45}$$

相频特性

$$\angle G(j\omega) = \angle -\arctan\omega T \tag{5-46}$$

起点，$\omega \to 0$，　　　$K\angle 0°$

特殊点，$\omega = \dfrac{1}{T}$，　　$\dfrac{K}{\sqrt{2}} \angle -45°$

终点，$\omega \to \infty$，$0 \angle -90°$

根据 $G(j\omega)$ 随频率 ω 的变化情况可知极坐标图如图 5-20 所示。

可以证明，惯性环节幅相特性曲线是一个圆心在 $(K/2, j0)$，半径为 $K/2$ 的圆，当 ω 从 $0 \to \infty$ 极坐标图是第四象限的半圆，如图所示。证明如下：

$$G(j\omega) = \frac{K}{Tj\omega+1} = \frac{K(1-jT\omega)}{1+T^2\omega^2} = \frac{K}{1+T^2\omega^2} - j\frac{KT\omega}{1+T^2\omega^2} \tag{5-47}$$

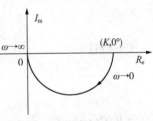

图 5-20　一阶惯性环节极坐标图

其中，实频特性　$P(\omega) = \dfrac{K}{1+T^2\omega^2}$ \hfill (5-48)

虚频特性

$$Q(\omega) = -\frac{KT\omega}{1+T^2\omega^2} \tag{5-49}$$

将式(5-49)除以式(5-48)得

$$\frac{Q(\omega)}{P(\omega)} = -T\omega \tag{5-50}$$

将式(5-48)整理得

$$P(\omega) = \frac{K}{1+\dfrac{Q(\omega)^2}{P(\omega)^2}} \tag{5-51}$$

由式(5-51)得 $P(\omega)^2 + Q(\omega)^2 = = KP(\omega)$ \hfill (5-52)

由式(5-52)得 $\left(P(\omega) - \dfrac{K}{2}\right)^2 + Q(\omega)^2 = = \dfrac{K^2}{4}$ \hfill (5-53)

式(5-53)是一圆方程，圆心在 $(K/2, j0)$，半径为 $K/2$，且 $Q(\omega) < 0$，故惯性环节的幅相率特性曲线为下半圆，如图 5-20 所示。

4. 振荡环节

传递函数为

$$G(s) = \frac{1}{T^2 s^2 + 2\zeta Ts + 1}$$

频率特性为

$$G(j\omega) = \frac{1}{T^2(j\omega)^2 + 2\zeta Tj\omega + 1} = \frac{1}{\sqrt{(1-T^2\omega^2)^2 + (2\zeta T\omega)^2}} \angle -\arctan\frac{2\zeta T\omega}{1-T^2\omega^2} \tag{5-54}$$

幅频特性
$$|G(j\omega)| = \frac{1}{\sqrt{(1-T^2\omega^2)^2+(2\zeta T\omega)^2}} \tag{5-55}$$

相频特性
$$\angle G(j\omega) = \angle -\arctan\frac{2\zeta T\omega}{1-T^2\omega^2} \tag{5-56}$$

起点，$\omega\to 0$，$1\angle 0°$

特殊点，$\omega=\frac{1}{T}$，$\frac{1}{2\zeta}\angle -90°$

终点，$\omega\to\infty$，$0\angle -180°$

$$G(j\omega) = \frac{1}{T^2(j\omega)^2+2\zeta Tj\omega+1} = \frac{1-T^2\omega^2-j2\zeta T\omega}{(1-T^2\omega^2)^2+(2\zeta T\omega)^2} \tag{5-57}$$

实频特性
$$P(\omega) = \frac{1-T^2\omega^2}{(1-T^2\omega^2)^2+(2\zeta T\omega)^2} \tag{5-58}$$

虚频特性
$$Q(\omega) = -\frac{2\zeta T\omega}{(1-T^2\omega^2)^2+(2\zeta T\omega)^2} \tag{5-59}$$

令 $\mathrm{Re}G(j\omega)=0$ 得 $\omega=\frac{1}{T}$，$\mathrm{Im}G(j\omega)=-\frac{1}{2\zeta}$

极坐标图如图5-21所示。从图5-21可知振荡环节的奈奎斯特图开始于正实轴的(1，j0)点，顺时针经第四象限后，与负虚轴相交于点$(0,-j\frac{1}{2\zeta})$，然后进入第三象限，在原点与负实轴相切并终止于坐标原点。

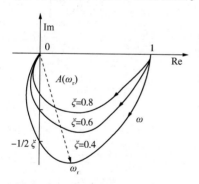

图5-21　二阶振荡环节极坐标图

从式(5-55)和式(5-56)可知，振荡环节的幅频特性和相频特性不仅与频率ω有关还与阻尼比ζ有关。不同阻尼比时的频率特性曲线如图5-21所示。由图可见，当阻尼比较小时，在某一频率时会产生谐振，谐振时的幅值大于1。称此时的频率为谐振频率ω_r，相应的幅值为谐振峰值M_r(或$A(\omega_r)$)。ω_r和M_r都可以由极值方程得到。

$$\frac{d}{d\omega}|G(j\omega)| = \frac{d}{d\omega}\left[\frac{1}{\sqrt{(1-T^2\omega^2)^2+4\zeta^2T^2\omega^2}}\right] = 0 \tag{5-60}$$

解得
$$\omega_r = \frac{1}{T}\sqrt{1-2\zeta^2} \tag{5-61}$$

将式(5-61)代入式(5-55)可得

$$M_r = |G(j\omega)| = \frac{1}{2\zeta\sqrt{1-\zeta^2}} \tag{5-62}$$

式(5-61)表明，对于二阶振荡环节，当$\zeta>0.707$时，谐振频率不存在，当$0<\zeta<0.707$时，谐振频率$\omega_r<1/T$，出现谐振峰值M_r。

5.3.2　开环系统的幅相特性曲线

绘制开环系统的极坐标图大部分情况下不必逐点准确绘图，只要画出简图，找出 $\omega=0$ 及 $\omega\to\infty$ 时 $G(j\omega)$ 的位置，以及另外的 1、2 个点或关键点，再把它们联接起来并标上 ω 的变化情况，就成为极坐标简图。绘制极坐标简图的主要根据是相频特性 $\varphi=\angle G(j\omega)$，同时参考幅频特性 $|G(j\omega)|$，有时也要利用实频特性和虚频特性。

当系统在右半 S 平面不存在零、极点时，即最小相位系统，系统开环传递函数一般可写为

$$G(s)H(s)=\frac{K(\tau_1 s+1)(\tau_2 s+1)\cdots(\tau_m s+1)}{s^v(T_1 s+1)(T_2 s+1)\cdots(T_{n-v}s+1)}\quad(n>m)\qquad(5-63)$$

式中，K 为开环增益（开环放大倍数）；v 为积分环节个数。

系统的开环频率特性：

$$G(j\omega)H(j\omega)=\frac{K(\tau_1 j\omega+1)(\tau_2 j\omega+1)\cdots(\tau_m j\omega+1)}{(j\omega)^v(T_1 j\omega+1)(T_2 j\omega+1)\cdots(T_{n-v}j\omega+1)}$$

$$G(j\omega)H(j\omega)=\frac{K\prod\limits_{j=1}^{m}|j\tau_j\omega+1|}{\omega^v\prod\limits_{i=1}^{n-v}|jT_i\omega+1|}\Big[\sum\limits_{j=1}^{m}\arctan\tau_j\omega-\sum\limits_{i=1}^{n-v}\arctan T_i\omega-v90°\Big]\qquad(5-64)$$

开环幅相曲线起点，当频率 $\omega\to 0$ 时，$G(j\omega)H(j\omega)\Big|_{\omega\to 0}=\frac{K}{\omega^v}\angle(-v90°)\Big|_{\omega\to 0}$　(5-65)

根据式(5-65)可知，开环幅相曲线的起点 $G(j0^+)$ 完全由 K、v 确定，v 不同则起点位置不同。

$$G(j0^+)=\begin{cases}K\angle 0° & v=0\ 时\\ \infty\angle-90°v & v>0\ 时\end{cases}\qquad(5-66)$$

当 $v=0$ 时，即 0 型系统起始于实轴上的 K 点，当 $v=1$ 时，即 I 型系统图起始于负虚轴上的无穷远点附近，当 $v=2$ 时，即 II 型系统起始于负实轴上的无穷远点附近。

开环幅相曲线终点，当频率 $\omega\to\infty$ 时，

$$G(j\omega)H(j\omega)\big|_{\omega\to\infty}=0\angle[-(n-m)90°]\qquad(n>m)\qquad(5-67)$$

即终点 $G(j\infty)$ 则由 $n-m$ 来确定。

结论：起点与系统型别有关，终点与 $(n-m)$ 个数有关。

一般情况的极坐标图如图 5-22 所示：

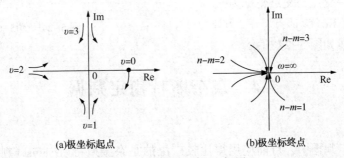

(a)极坐标起点　　　　　　(b)极坐标终点

图 5-22　不同型别极坐标图

【例5-5】 试绘制下列系统的极坐标图

$$G(s) = \frac{k}{s(Ts+1)}$$

解：

方法一：

系统的频率特性

$$G(j\omega) = \frac{K}{j\omega(Tj\omega+1)} = \frac{K}{\omega\sqrt{1+T^2\omega^2}} \angle -90^0 - \arctan\omega T$$

起点，$\omega \to 0$，$\infty \angle -90°$

终点，$\omega \to \infty$，$0 \angle -180°$

$$G(j\omega) = \frac{K}{j\omega(Tj\omega+1)} = \frac{KT\omega}{-\omega(1+T^2\omega^2)} + j\frac{K}{-\omega(1+T^2\omega^2)}$$

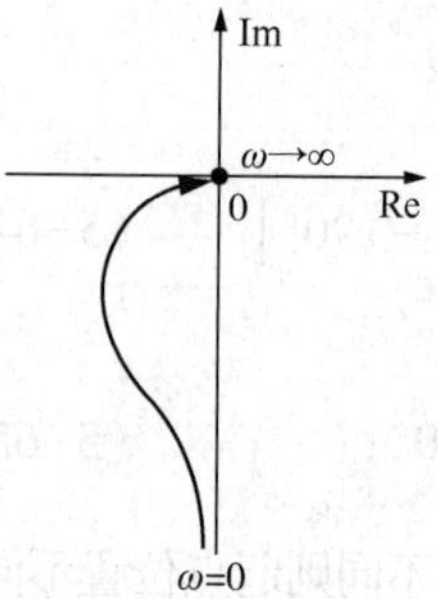

从系统的实频特性和相频特性可知，系统与实轴和虚轴无交点，系统的极坐标图如图 5-23 所示。

方法二：系统为最小相位系统

$v=1$，I 型系统，极坐标起点在负虚轴上的无穷远点附近。

$n-m=2$，极坐标终点以 $-(n-m)90° = -180°$ 方向终止于原点，系统的极坐标图如图 5-23 所示。

图 5-23　例 5-5 极坐标图

【例5-6】 已知单位反馈系统的开环传递函数为

$$G(s) = \frac{k(1+2s)}{s^2(0.5s+1)(s+1)}$$

试概略绘出系统开环幅相曲线。

解： 系统型别 $v=2$。显然

（1）起点，$\omega \to 0$，$\infty \angle -180°$

（2）终点，$\omega \to \infty$，$0 \angle -270°$

（3）与坐标轴的交点

$$G(j\omega) = \frac{k}{\omega^2(1+0.25\omega^2)(1+\omega^2)}[-(1+2.5\omega^2)-j\omega(0.5-\omega^2)]$$

令虚部为 0，可解出当 $\omega_g^2 = 0.5$（即 $\omega_g = 0.707$）时，幅相曲线与实轴有一交点，交点坐标为

$$\text{Re}[G(j\omega_g)] = -2.67k$$

概略幅相曲线如图 5-24 所示。

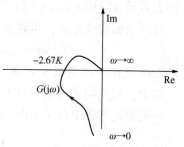

图 5-24　例 5-6 幅相特性曲线

5.4　奈奎斯特稳定判据

5.4.1　引言

在频域的稳定判据中，目前应用得比较广泛的是奈奎斯特（Nyguist）判据，简称奈氏判据，这是一种应用开环频率特性曲线来判别闭环系统稳定性的判据。

由于闭环系统的稳定性决定于闭环特征根的性质，因此，运用开环频率特性研究闭环系

统的稳定性，首先应明确开环频率特性与闭环特征方程之间的关系，然后，进一步寻找它与闭环特征根性质之间的规律性。

假设控制系统的一般结构如图 5-25 所示。

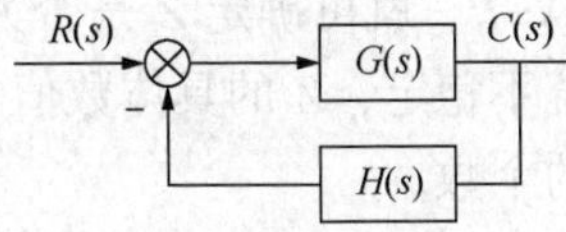

$$G(s)H(s)=\frac{M(s)}{N(s)} \tag{5-68}$$

式(5-68)中 $M(s)$、$N(s)$ 为 s 的多项式，其 s 的最高幂次分别为 m、n，且 $n \geqslant m$。

图 5-25　系统结构图

开环系统的稳定性取决于开环特征方程[$N(s)=0$]的根的分布情况。闭环系统的稳定性取决于闭环特征方程[$1+G(s)H(s)=0$]的根的分布情况。闭环特征方程可写成

$$N(s)+M(s)=0 \tag{5-69}$$

可见，$N(s)$ 及[$N(s)+M(s)$]分别为开环和闭环的特征多项式。将它们的特征多项式联系起来，引入辅助函数 $F(s)$，即

$$F(s)=\frac{N(s)+M(s)}{N(s)}=1+G(s)H(s) \tag{5-70}$$

以 $s=j\omega$ 代入(5-70)式，则有

$$F(j\omega)=1+G(j\omega)H(j\omega)=\frac{N(j\omega)+M(j\omega)}{N(j\omega)} \tag{5-71}$$

式(5-71)确定了系统开环频率特性和闭环特征式之间的关系。

5.4.2　奈奎斯特稳定判据

复变函数中有如下的辐角定理：设 $F(s)$ 是复变量 s 的单值连续解析函数(除 S 平面上的有限个奇点外)，它在 S 的复平面上的某一封闭曲线 D 的内部有 p 个极点和 z 个零点(包括重极点和重零点)，且该封闭曲线不通过 $F(s)$ 的任一极点和零点。当 s 按顺时针方向沿封闭曲线 D 连续地变化一周时，函数 $F(s)$ 所取的值也随之连续地变化而在 $F(s)$ 的复平面上描出一个封闭曲线 D。此时，在 $F(s)$ 的复平面上，从原点指向动点 $F(s)$ 的向量顺时针方向旋转的周数 N 等于 $Z-P$，即曲线 D，顺时针方向包围原点的周数 N 是 $N=Z-P$。

若 N 为负，则表示逆时针方向包围原点的周数。利用上述的辐角定理可以证明下面的 Nyquist 稳定判据，这里不予证明。Nyquist 稳定判据的基本内容如下：

1. 乃奎斯特稳定判据内容

$$Z=N+P \tag{5-72}$$

N：$G(j\omega)H(j\omega)$ 顺时针包围(-1, j0)点的周数；

P：开环不稳定极点的个数；

Z：闭环不稳定根的个数。

所以乃奎斯特稳定判据也可表述如下：

(1) 若系统的开环有 p 个正实部极点，即开环是不稳定的系统，则闭环系统有可能稳定，稳定的条件是：$G(j\omega)H(j\omega)$ 曲线逆时针包围(-1, j0)点 P 圈。

(2) 若系统的开环是稳定的，即 $P=0$(最小相位系统)，则闭环系统稳定的条件是：$G(j\omega)H(j\omega)$ 曲线不包围(-1, j0)点。

(3) 若 $G(j\omega)H(j\omega)$ 曲线顺时针方向包围(-1, j0)点，则闭环系统一定不稳定。

(4) 若 $G(j\omega)H(j\omega)$ 曲线刚好通过(-1, j0)点，则系统处于稳定与不稳定的临界状态。

显然，用奈奎斯特判据判别闭环系统的稳定性时，首先要确定开环系统是否稳定，即得到 P 的值，其次要做出奈奎斯特曲线 $G(j\omega)H(j\omega)$，以确定 N 值。利用奈奎斯特判据内容 $Z=N+P$，就可确定 Z 是否为零，如果 $Z=0$，表示闭环系统稳定；反之，$Z\neq0$，表示该闭环系统不稳定，Z 的具体数值等于闭环特征方程式的根在 s 右半平面上的个数，即系统不稳定根的个数。

【例 5-7】 已知单位反馈系统开环传递函数 $G(s)=\dfrac{K}{Ts-1}$，试讨论 K 值对系统稳定性的影响。

解：$G(j\omega)=\dfrac{K}{Tj\omega-1}=\dfrac{K}{\sqrt{1+T^2\omega^2}}\angle-(180°-\arctan\omega T)$

当 $\omega\to0$ $\quad K\angle-180°$

$\omega=\dfrac{1}{T}$ $\quad\dfrac{K}{\sqrt{2}}\angle-135°$

$\omega\to\infty$ $\quad 0\angle-90°$

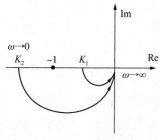

图 5-26　例 5-7 幅相特性曲线

幅相特性曲线如图 5-26 所示。当 $\omega=0$ 时，曲线从负实轴 $(-K,j0)$ 点出发；当 $\omega=\infty$ 时，曲线以 $-90°$ 趋于坐标原点；幅相特性包围 $(-1,j0)$ 点的圈数 N 与 K 值有关。图 5-26 绘出了 $K>1$ 和 $K<1$ 的两条曲线，可见：

当 $K>1$ 时，曲线逆时针包围了 $(-1,j0)$ 点 1 圈，即 $N=-1$，从开环传递函数可知右半 $[s]$ 平面上有一个极点，$P=1$，此时 $Z=N+P=-1+1=0$，故闭环系统稳定；当 $K<1$ 时，曲线不包围 $(-1,j0)$ 点，即 $N=0$，此时 $Z=N+P=1$，有一个闭环极点在右半 $[s]$ 平面，故系统不稳定。

2. 关于乃奎斯特稳定判据的说明

① 当系统的开环传递函数中有积分环节时，系统的开环特征根中至少有一个根位于虚轴上的原点，这时，仍然把它看作位于虚轴之左，即右根中不包括位于虚轴之上的根。但在应用乃奎斯特稳定判据之前，应先补画一个半径为无穷大的圆弧，将幅相频率特性曲线的起始端与正实轴联接起来。

② 如果开环传函中含有 v 个积分环节，则应从特性曲线上与等于零对应的点开始，逆时针方向画 $v/4$ 个半径无穷大的半圆，以形成封闭曲线。

【例 5-8】 系统开环传递函数为 $G(s)=\dfrac{K(\tau s+1)}{s^2(Ts+1)}$，当 $T<\tau$ 和 $T>\tau$ 开环极坐标图分别如图 5-27 所示，判定闭环系统的稳定性。

解：系统的频率特性为：

$$G(j\omega)=\dfrac{K(\tau j\omega+1)}{(j\omega)^2(Tj\omega+1)}=\dfrac{K\sqrt{\tau^2\omega^2+1}}{-\omega^2\sqrt{T^2\omega^2+1}}\angle\arctan\tau\omega-180°-\arctan T\omega$$

幅频特性

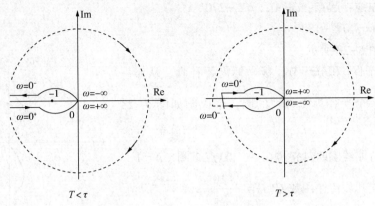

图 5-27　例 5-8 幅相特性曲线

$$|G(j\omega)| = \frac{K\sqrt{\tau^2\omega^2+1}}{-\omega^2\sqrt{T^2\omega^2+1}}$$

相频特性

$$\angle G(j\omega) = \arctan\tau\omega - 180° - \arctan T\omega$$

（1）当 $T<\tau$，因为 $\arctan T\omega < \arctan\tau\omega$，

所以

$$\angle G(j\omega) = \arctan\tau\omega - 180° - \arctan T\omega > -180°$$

$G(j\omega)$ 曲线起点：$\omega\to0$，$\infty\angle-180°$，在负实轴下方，终点：$\omega\to\infty$，$0\angle-180°$，结束到原点。从极坐标图可知 $G(j\omega)$ 曲线没有包围 $(-1,j0)$ 点∴$N=0$

又由系统的开环传递函数 $G(s) = \dfrac{K(\tau s+1)}{s^2(Ts+1)}$ 无不稳定极点，得 $P=0$。

根据奈奎斯特稳定判据 $Z=N+P=0+0=0$

所以当 $T<\tau$ 系统闭环稳定。

（2）当 $T>\tau$，因为 $\arctan T\omega > \arctan\tau\omega$，

所以

$$\angle G(j\omega) = \arctan\tau\omega - 180° - \arctan T\omega < -180°$$

$G(j\omega)$ 曲线起点：$\omega\to0$，$\infty\angle-180°$，在负实轴上方，终点：$\omega\to\infty$，$0\angle-180°$，结束到原点。从极坐标图可知 $G(j\omega)$ 曲线顺时针包围 $(-1,j0)$ 点 2 周∴$N=2$

又由系统的开环传递函数 $G(s) = \dfrac{K(\tau s+1)}{s^2(Ts+1)}$ 无不稳定极点，得 $P=0$。

根据奈奎斯特稳定判据 $Z=N+P=2+0=2$

所以当 $T>\tau$ 系统闭环不稳定。

【例 5-9】　已知单位反馈系统开环传递函数 $G(s) = \dfrac{10}{s(2s-1)}$，试用奈奎斯特稳定判据判断系统的稳定性。

解：系统的频率特性为：

$$G(j\omega) = \frac{10}{j\omega(2j\omega-1)} = \frac{10}{\omega\sqrt{4\omega^2+1}}\angle-90° - 180° + \arctan 2\omega$$

画 $G(j\omega)$ 曲线：起点：$\omega \to 0$，$\infty \angle -270°$

终点：$\omega \to \infty$，$0 \angle -180°$

极坐标如图 5-28 所示。

因为系统有 1 个积分环节，极坐标需要补画，从 $\omega \to$

0 逆时针补画 $\frac{1}{4}$ 个半径为无穷大的圆，奈氏图如图 5-28

所示。

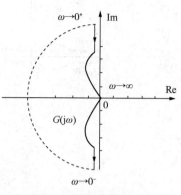

由于 $G(j\omega)$ 曲线顺时针包围(-1，j0)点 1 圈 $\therefore N = 1$

又由系统的开环传递函数 $G(s) = \dfrac{10}{s(2s-1)}$，

得 $P = 1$。

根据奈奎斯特稳定判据 $Z = N + P = 1 + 1 = 2$

图 5-28   例 5-9 系统极坐标图

所以系统闭环不稳定。

从例 5-8 和例 5-9 可以看出，系统开环稳定，闭环不一定稳定，而开环不稳定的系统，闭环也不一定不稳定。

奈奎斯特判据还可在对数坐标中应用，若开环系统的频率特性用对数频率特性曲线表示，也可根据奈奎斯特判据分析系统的稳定性。

下面通过分析极坐标图和对数频率特性曲线之间的对应关系，得出利用开环对数频率特性分析系统稳定性的方法：

(1) 极坐标图中的单位圆，由于其幅值 $|G(j\omega)H(j\omega)| = 1$，故与对数幅频特性图中的零分贝线相对应；

(2) 极坐标图中单位圆以外的部分，由于 $|G(j\omega)H(j\omega)| > 1$，故与对数幅频特性图中零分贝线以上部分相对应；单位圆以内，即 $0 < |G(j\omega)H(j\omega)| < 1$，与零分贝线以下部分相对应；

(3) 极坐标图中的负实轴与对数相频特性图中的-180°线相对应；

(4) 在对数频率特性曲线中，$L(\omega) > 0\text{dB}$ 的频段内(相当于极坐标图中在单位圆外，亦即负实轴上-1 点以左)，随着频率 ω 的增大，$\varphi(\omega)$ 也增大，即相频特性曲线 $\varphi(\omega)$ 从下向上穿越-180°线，称为正穿越；它意味着相角的增加(或滞后相角的减少)。相反，随着频率 ω 的增大，$\varphi(\omega)$ 也减小，即相频特性曲线 $\varphi(\omega)$ 从上向下穿越-180°线，称为负穿越，它表示相角的减少(或者说滞后相角的增大)。如果随着频率 ω 的增大，$\varphi(\omega)$ 从下向上穿越-180°线时起始或终止于-180°上，记为半次正穿越；反之随着频率 ω 的增大，$\varphi(\omega)$ 从上向下穿越-180°线起始或终止于-180°上，记为半次负穿越所示。

由以上分析可知，采用对数频率特性曲线分析系统稳定性时，奈奎斯特判据：$Z = P + 2(N_- - N_+)$，式中，N_+ 为正穿越次数，N_- 为负穿越次数，P 为系统开环传递函数在 s 右半平面的极点数，如果 $Z = 0$，表示闭环系统稳定；反之，$Z \neq 0$，表示该闭环系统不稳定。

【例 5-10】 已知单位负反馈系统开环传递函数为 $G(s) = \dfrac{20}{s(s+1)(0.1s+1)}$，

试求：(1)画 Bode 图；(2)用奈奎斯特穿越的方法判断系统的稳定性。

解:

（1）画 Bode 图

系统可以分成以下几个典型环节:

① $G_1(s) = 20$，比例环节，$20\lg K = 20\lg 20 = 26\text{dB}$；

② $G_2(s) = \dfrac{1}{s}$，积分环节，斜率为-20dB/dec；

③ $G_3(s) = \dfrac{1}{s+1}$，一阶惯性环节，转折频率为$\omega_1 = 1$，高频斜率为-20dB/dec；

④ $G_4(s) = \dfrac{1}{0.1s+1}$，一阶惯性环节，转折频率为$\omega_2 = 10$，高频斜率为$-20\text{dB/dec}$，积分过点$(1, 20\lg K)$，该系统的对数频率特性曲线如图 5-29 所示。

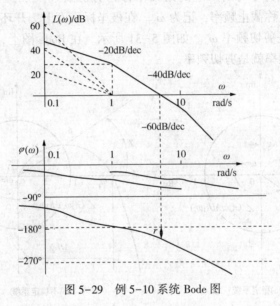

图 5-29　例 5-10 系统 Bode 图

（2）从图 5-29 可以得到，在 $L(\omega) > 0\text{dB}$ 的频段内对应对数相频特性曲线，随着频率 ω 的增大，相频特性 $\varphi(\omega)$ 从上向下穿越$-180°$线 1 次，即一次负穿越，所以 $N_- = 1$，没有正穿越，因为系统开环稳定，故 $P = 0$，根据 $Z = P + 2(N_- - N_+) = 0 + 2 \times (1 - 0) = 2$，所以得到系统闭环是不稳定的，且有 2 个不稳定根。

5.5　控制系统的相对稳定性

5.5.1　稳定裕度的定义

控制系统稳定与否是绝对稳定性的概念。而对一个稳定的系统而言，还有一个稳定的程度，即相对稳定性的概念。系统的稳定裕度就称为相对稳定性。系统设计中，不仅要求系统必须是稳定的，这是控制系统正常工作的必要条件，同时还关心系统的稳定裕度。只有这样，才能不致因系统参数变化而导致系统性能变差甚至不稳定。

对于一个最小相角系统而言，$G(j\omega)H(j\omega)$ 曲线越靠近$(-1, j0)$点，系统阶跃响应的振荡就越强烈, 系统的相对稳定性就越差, 如图5-30, 给出不同 K 值下系统的幅相特性曲线。因此, 可用 $G(j\omega)H(j\omega)$ 曲线对 $(-1, j0)$ 点的接近程度来表示系统的相对稳定性。通常, 这种接近程度是以相角裕度和幅值裕度来表示的。它是衡量系统工作质量的开环频域指标。它们也是系统的动态性能指标。

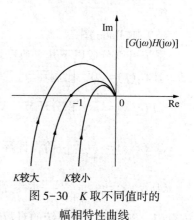

图 5-30 K 取不同值时的幅相特性曲线

1. 相角裕度

相角裕度也称为相位裕度(量), 它反映了相角的变化对系统稳定性的影响。在介绍相角裕度之前, 首先引入剪切频率的概念。

开环频率特性幅值为 1 时所对应的角频率称为剪切频率或幅值穿越频率, 也称截止频率, 记为 ω_c。在极坐标平面上, 开环 Nyquist 图与单位圆交点所对应的角频率就是剪切频率 ω_c。如图5-31 所示。在 Bode 图上, 开环幅频特性与 0 分贝线交点所对应的角频率就是剪切频率。

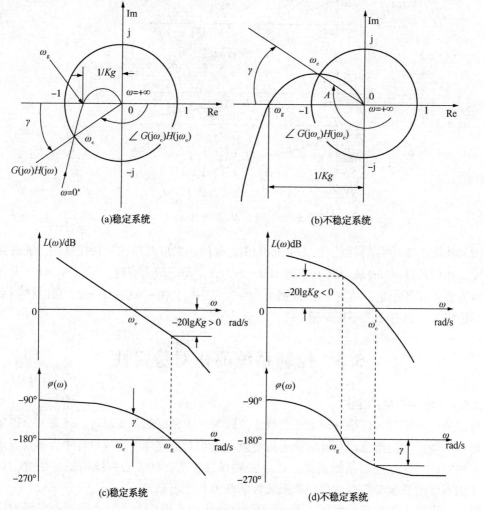

图 5-31 相角裕度和幅值裕度

开环频率特性 $G(j\omega)H(j\omega)$ 在剪切频率 ω_c 处所对应的相角与 $-180°$ 之差称为相角裕度，记为 r，按下式计算

$$r = \varphi(\omega_c) - (-180°) = 180° + \varphi(\omega_c) \tag{5-73}$$

相角裕度在极坐标图和 Bode 图上的表示见图 5-31。相角裕度表示闭环系统达到临界稳定状态时需要增加的相位量。如果闭环系统稳定，则相位裕量 $r>0$，并且 r 愈大，闭环系统愈稳定如图 5-31（a）、（c）。反之，当 $r<0$ 时，闭环系统不稳定，如图 5-31（b）、（d）。

2. 幅值裕度

同样，在介绍幅值裕度之前，首先引入相穿频率的概念。

开环频率特性的相角等于 $-180°$ 时所对应的角频率称为相角交接频率（相穿频率），记为 ω_g，即 $\angle G(j\omega_g)H(j\omega_g) = -180°$。在 ω_g 开环幅频特性幅值的倒数称为系统的幅值裕度。常用 h 或 K_g 表示，即

$$h(\text{或} K_g) = \frac{1}{A(\omega_g)} \tag{5-74}$$

在对数坐标图上

$$R = 20\lg h = -20\lg A(\omega_g) = -L(\omega_g) \tag{5-75}$$

相角裕度的物理意义在于：稳定系统在截止频率 ω_c 处若相角再迟后一个 r 角度，则系统处于临界状态；若相角迟后大于 r，系统将变成不稳定。

幅值裕度的物理意义在于：稳定系统的开环增益再增大 h 倍，则 $\omega = \omega_g$ 处的幅值 $A(\omega_g)$ 等于 1，曲线正好通过 $(-1, j0)$ 点，系统处于临界稳定状态；若开环增益增大 h 倍以上，系统将变成不稳定。

对于最小相位系统，要使系统稳定，要求相角裕度 $r>0$，幅值裕度 $h>1$ 或 $R>0$。为保证系统具有一定的相对稳定性，稳定裕度不能太小。在工程设计中，一般取 $r = 30° \sim 60°$，$h \geq 2$ 对应 $20\lg h \geq 6dB$。

要判断一个系统的相对稳定性的好坏，必须同时考虑相位裕量和幅值裕量这两个指标，两者缺一不可。

顺便指出，由于一阶、二阶系统的开环对数频率特性与 $-180°$ 线或者不相交或者交于无穷远处，所以，它们的幅值裕度等于无穷大。对于开环不稳定系统，不能用增益裕量和相位裕量来判别其闭环系统的稳定性。

5.5.2　稳定裕度的计算

要计算相角裕度 r，首先要知道截止频率 ω_c。求 ω_c 按定义令开环频率特性幅值为 1 求解，但对于三阶及以上系统只能求近似解；比较方便的方法是先由 $G(s)$ 绘制 $L(\omega)$ 曲线，由 $L(\omega)$ 与 0dB 线的交点确定 ω_c，可利用对数幅频曲线的斜率方程得到比较准确的解。而求幅值裕度 h 或 R，首先要知道相角交界频率 ω_g，对于阶数不太高的系统，直接解三角方程 $\angle G(j\omega_g)H(j\omega_g) = -180°$ 是求 ω_g 较方便的方法，也可以将 $G(j\omega)$ 写成虚部和实部，令虚部为零而解得 ω_g。

【例 5-11】　已知某最小相位系统的对数幅频特性曲线如图 5-32（a）所示，求：

（1）写出该系统的开环传递函数；

（2）补画该系统的对数相频特性曲线；

（3）求稳定裕度的两个指标，根据稳定裕度的两个指标判断系统的稳定性。

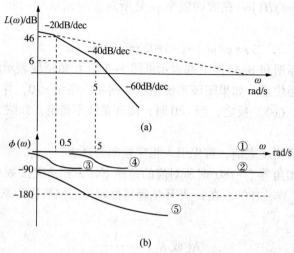

图 5-32　例 5-11 对数频率曲线

解：（1）由系统的开环对数幅频特性曲线，可得系统的开环传递函数具有以下形式：

$$G(s) = \frac{K}{s\left(\dfrac{s}{\omega_1}+1\right)\left(\dfrac{s}{5}+1\right)}$$

求 ω_1：$\dfrac{46-6}{\lg\omega_1-\lg 5} = -40$，解出 $\omega_1 = 0.5$；求 K 值：$\dfrac{46-0}{\lg 0.5-\lg K} = -20$，

解出 $K = 100$。

∴ 系统的开环传递函数

$$G(s) = \frac{100}{s\left(\dfrac{s}{0.5}+1\right)\left(\dfrac{s}{5}+1\right)} = \frac{100}{s(2s+1)(0.2s+1)}$$

（2）系统由以下几个典型环节组成：

① $G_1(s) = 100$ 为比例环节，其对数相频特性曲线如图 5-32(b) 中①所示；

② $G_2(s) = \dfrac{1}{s}$ 为积分环节，其对数相频特性曲线如图 5-32(b) 中②所示；

③ $G_3(s) = \dfrac{1}{2s+1}$ 为一阶惯性环节，其对数相频特性曲线如图 5-32(b) 中③所示；

④ $G_4(s) = \dfrac{1}{0.2s+1}$ 为一阶惯性环节，其对数相频特性曲线如图 5-32(b) 中④所示；

将以上四个典型环节对数相频特性曲线叠加，得该系统的对数相频特性曲线如图 5-32(b) 中⑤所示。

（3）系统的频率特性为：

$$G(j\omega) = \frac{100}{j\omega(2\omega j+1)(0.2\omega j+1)} = \frac{100}{\omega\sqrt{4\omega^2+1}\sqrt{(0.2\omega)^2+1}} \angle -90° - \arctan 2\omega - \arctan 0.2\omega$$

从曲线求截止频率 ω_c：

$$\frac{6-0}{\lg 5 - \lg \omega_c} = -60 \quad \text{解出 } \omega_c = 6.3$$

相角裕度 $\quad r = 180° + \angle G(j\omega_c) = 180° + (-90° - \arctan 2\omega_c - \arctan 0.2\omega_c)$

$$= 90° - 85.5° - 51.6° = -47°$$

令 $\angle G(j\omega_g) = -180°$，即 $(-90° - \arctan 2\omega_c - \arctan 0.2\omega_c) = -180°$

解出 $\omega_g = 1.58$，

$$|G(j\omega_g)| = \frac{100}{\omega\sqrt{4\omega_g{}^2 + 1}\sqrt{(0.2\omega_g)^2 + 1}} = 18.23$$

$R = -20\lg|G(j\omega_g)| = -25\text{dB}$

因为 $R<0$，$r<0$，所以系统闭环不稳定。

5.6 开环频率特性与控制系统性能的关系

5.6.1 控制系统的性能指标

控制系统性能的优劣以性能指标衡量。由于研究方法和应用领域的不同，性能指标有很多种，大体上可以归纳成两类：时间域指标和频率域指标。

时域指标包括静态指标和动态指标。静态指标包括稳态误差 e_{ss} 以及开环放大系数 K。动态指标包括过渡过程时间 t_s、超调量 σ_p、上升时间 t_r、峰值时间 t_p、振荡次数 N 等，常用的是 t_s 和 σ_p。

频率域开环指标有剪切频率 ω_c、相穿频率 ω_g，相角裕度 r 幅值裕度 K_g，常用的是 ω_c 和 r。

5.6.2 二阶系统性能指标间的关系

对于简单二阶系统，可以推导出性能指标间的下述准确关系式。

$$\begin{cases} \omega_c = \omega_n \sqrt{\sqrt{4\zeta^2 + 1} - 2\zeta^2} \\ \gamma = \arctan \dfrac{2\zeta}{\sqrt{\sqrt{4\zeta^2 + 1} - 2\zeta^2}} \end{cases}$$

$$\begin{cases} M_r = \dfrac{1}{2\zeta\sqrt{1-\zeta^2}} \qquad (\zeta < 0.707) \\ \omega_r = \omega_n\sqrt{1-2\zeta^2} \\ \omega_b = \omega_n\sqrt{\sqrt{4\zeta^4 - 4\zeta^2 + 2} - 2\zeta^2 + 1} \end{cases}$$

由第三章中 $\sigma_p = e^{-\zeta\pi/\sqrt{1-\zeta^2}}100\%$，就可以算出 r。

当取 $\zeta = 0.4 \sim 0.6$，$\sigma_p = e^{-\zeta\pi/\sqrt{1-\zeta^2}}100\% < 30\%$，相角裕度 $r = 40° \sim 60°$

可见，在相角裕度相同时，ω_c 越大，t_s 越小，系统响应速度越快。

从阻尼强弱和响应速度快慢的角度，可以把性能指标分为两大类。表示系统阻尼大小的指标有 ζ、σ_p、r 及 M_r。表示响应速度快慢的指标有 t_s、ω_c、ω_r。在阻尼比 ζ 一定时，ω_c、ω_r 越大，系统响应速度越快。规定系统性能指标时，每类指标规定一项就够。

5.6.3 三频段

根据系统开环对数频率特性对系统性能的不同影响，将系统开环对数频率特性分为三个频段。即低频段、中频段和高频段。如图5-33所示。

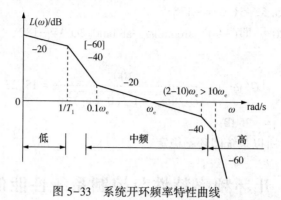

图5-33 系统开环频率特性曲线

1. 低频段

通常是指 $20\lg|G(j\omega)H(j\omega)|$ 曲线在第一个转折频率以前的区段，这一段特性完全由积分环节和开环增益所决定。设低频段对应的传递函数为

$$G(s) = \frac{K}{s^v}$$

则低频段的对数幅颓特性为

$$20\lg|G(j\omega)| = 20\lg\frac{K}{\omega^v} = 20\lg K - v20\lg\omega$$

v 为不同值时，低频段对数幅频特性曲线的形状。低频段曲线为斜率不等的一些直线，它们的斜率为 $-20v\text{dB/dec}$。

对于 I 型系统，$v=1$，则交点频率等于 K。所以在绘制低频段曲线时，可在对数横坐标上确定 $\omega=K$ 的点，再过此点作 -20dB/dec 斜率的直线，此直线即为 I 型系统的低频段特性。

II 型系统的 v 值为2，其低频段的斜率为 -40dB/dec，低频段的延长线与0分贝线的交点频率则为 $\sqrt{K}$。

结论：

斜率为 -20dB/dec 低频段(或它的延长线)与零分贝线(横轴)相交点的频率值为 $\omega=K$。

斜率为 -40dB/dec 低频段(或它的延长线)与零分贝线(横轴)相交点的频率值为 $\omega=\sqrt{K}$。

2. 中频段

中频段是指开环对数幅频特性 $20\lg|G(j\omega)H(j\omega)|$ 曲线在截止频率 ω_c 附近(或0分贝线附近)的区段，这段特性主要反映闭环系统动态响应的平稳性和快速性。下面在假定闭环系统稳定的条件下，对两种特殊情况进行分析。

如果 $20\lg|G(j\omega)H(j\omega)|$ 曲线的中频段斜率为 -20dB/dec，而且占据的频率区间较宽，若只考虑平稳性和快速性，则可近似认为系统的整个开环特性为 -20dB/dec 的直线。其对应的开环传递函数为

$$G(s) \approx \frac{K}{s} = \frac{\omega_c}{s}$$

相当于一阶系统，其阶跃响应没有振荡，所以系统动态过程具有较好的平稳性。系统的调节时间 $t_s = 3/\omega_c$。由此可见，剪切频率 ω_c 越高，调节时间 t_s 越小，即系统的快速性越好。若中频段配置较宽的 -20dB/dec 斜率线，且使其剪切频率较高，则系统将具有近似一阶系统的动态过程，且其 $\sigma_p\%$ 及 t_s 都较小。

如果 $20\lg|G(j\omega)H(j\omega)|$ 曲线的中频段斜率为 -40dB/dec，而且占据的频率区间较宽，若只考虑平稳性和快速性，则可近似认为系统的整个开环特性为 -40dB/dec 的直线。其对应的开环传递函数为

$$G(s) \approx \frac{K}{s^2} = \frac{\omega_c^2}{s^2}$$

相当于二阶系统 $(\zeta = 0)$，其阶跃响应为等幅振荡。

因此，中频段斜率如为 -40dB/dec，则其所占的频率区间不宜过宽，否则，系统的 $\sigma_p\%$ 及 t_s，将显著增大。

若中频段斜率更负，则闭环系统将难以稳定。故通常取 $20\lg|G(j\omega)H(j\omega)|$ 曲线在剪切频率 ω_c 附近 $(20\text{dB/dec} \sim 10\text{dB/dec})$ 区间内的斜率为 -20dB/dec，以期得到良好的平稳性，而以提高 $\sigma_p\%$ 来保证所要求的快速性。

3. 高频段

高频段是指 $20\lg|G(j\omega)H(j\omega)|$ 曲线在中频段以后 $(\omega > 10\omega_c)$ 的区段，这部分特性是由系统中时间常数很小的部件所决定的。由于远离 ω_c，一般分贝值又较低，故对系统的动态响应影响不大，近似分析时可以只保留 1、2 个部件的频率特性，而将其他高频部件作为放大环节来处理。因此，系统的开环对数幅频特性在高频段的幅值直接反映了系统对输入端高频干扰信号的抑制能力。这部分特性的分贝值越低，系统的抗高频干扰能力越强。

三个频段的划分并没有严格的标准，但是三频段的概念为直接运用开环频率特性分析稳定的闭环系统的动态性能提供了依据。

本 章 小 结

1. 频率特性是线性系统在正弦输入下的稳态特征，但它能够反映系统的动态性能，因此它也是系统的一种动态数学模型。

2. 由于开环系统是由若干典型环节所组成的，因此根据典型环节的对数频率特性曲线很容易绘制出系统的开环对数频率特性曲线。

3. 若系统的传递函数的极点和零点都位于 S 平面的左半平面，则该系统称为最小相位系统。反之，若系统的传递函数具有位于 S 平面右半平面的极点或零点，则系统称为非最小相位系统。

对于最小相位系统，其幅频特性和相频特性之间存在着唯一的对应关系，即根据对数幅频特性可以唯一地确定相应的相频特性和传递函数。而对于非最小相位系统则不然。

4. 奈奎斯特判据是直接应用开环频率特性判别闭环稳定性的一种判据，它不仅避免了求解高阶闭环特征方程的困难，而且还可以给出系统的稳定裕度。对数频率判据可看作是乃氏判据的推论。

5. 系统的稳定裕度包括相角裕度 r 和幅值裕度 h(或 R)两个指标。

6. 系统的动态性能、稳态性能及抗高频干扰性能分别取决于开环对数幅频特性的低频段、中频段和高频段。

习　题

题 5-1　设系统开环传递函数为

$$G(s) = \frac{10}{5s-1}$$

试写出该系统的频率特性。

题 5-2　设单位反馈系统的开环传递函数为

$$G(s) = \frac{1}{s+1}$$

当把以下输入信号作用在闭环系统输入端时，试求系统的稳态输出。

(1) $r(t) = \cos t$；

(2) $r(t) = 2\sin(2t)$；

(3) $r(t) = \sin t - 2\cos(2t)$。

题 5-3　二阶振荡环节 $\omega_n = 10$、$\xi = 0.3$，试写出传递函数、频率特性，画出对数幅频特性曲线，当 $\omega = \omega_n$ 时，其误差为多少？画出对数相频特性曲线，当 $\omega = \omega_n$ 时，相位移为多少？

题 5-4　试绘制下列两组开环频率特性的极坐标图，并分析比较每组极坐标图的起点和终点。

(1) $G(s) = \dfrac{K}{(Ts+1)}$，$G(s) = \dfrac{K}{(T_1s+1)(T_2s+1)}$，$G(s) = \dfrac{K}{(T_1s+1)(T_2s+1)(T_3s+1)}$；

(2) $G(s) = \dfrac{K}{s(Ts+1)}$，$G(s) = \dfrac{K}{s^2(Ts+1)}$，$G(s) = \dfrac{K}{s^3(Ts+1)}$。

题 5-5　试绘制下列系统的 Bode 图。

(1) $G(s) = \dfrac{100}{s(s+10)}$；

(2) $G(s) = \dfrac{10}{s(0.1s+1)(2s+1)}$；

(3) $G(s) = \dfrac{10(2s+1)}{0.1s+1}$；

(4) $G(s) = \dfrac{10(0.1s+1)}{2s+1}$；

(5) $G(s) = \dfrac{200}{(s+0.2)(s^2+10s+100)}$。

题 5-6　已知最小相位系统的对数幅频特性曲线如图 5-34 所示，试写出它们的传递函数。

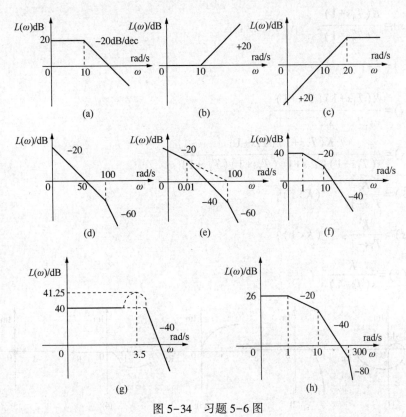

图 5-34　习题 5-6 图

题 5-7　图 5-35 为三个最小相位系统的对数幅频特性曲线。

（1）试写出对应的传递函数。

（2）概略地画出对应的对数相频特性曲线和幅相频率特性曲线。

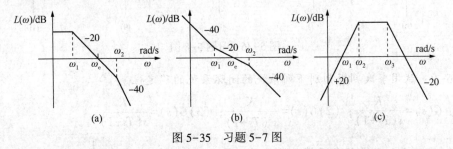

图 5-35　习题 5-7 图

题 5-8　设系统开环频率特性曲线如图 5-36(1)~(10)所示，试用奈氏判据判别对应闭环系统的稳定性。已知对应开环传递函数分别为

（1）$G(s) = \dfrac{K}{(T_1s+1)(T_2s+1)(T_3s+1)}$；

（2）$G(s) = \dfrac{K}{s(T_1s+1)(T_2s+1)}$；

(3) $G(s)=\dfrac{K}{s^2(Ts+1)}$;

(4) $G(s)=\dfrac{K(T_1s+1)}{s^2(T_2s+1)}$,　　$(T_1>T_2)$;

(5) $G(s)=\dfrac{K}{s^3}$;

(6) $G(s)=\dfrac{K(T_1s+1)(T_2s+1)}{s^3}$;

(7) $G(s)=\dfrac{K(T_5s+1)(T_6s+1)}{s(T_1s+1)(T_2s+1)(T_3s+1)(T_4s+1)}$;

(8) $G(s)=\dfrac{K}{T_1s-1}$,　　$(K>1)$;

(9) $G(s)=\dfrac{K}{T_1s-1}$,　　$(K<1)$;

(10) $G(s)=\dfrac{K}{s(Ts-1)}$。

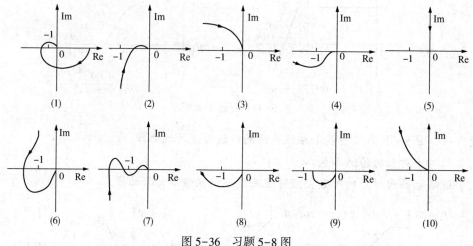

图 5-36　习题 5-8 图

题 5-9　试用奈氏判据判别下列系统的闭环系统的稳定性。

(1) $G(s)=\dfrac{K}{s(Ts+1)}$;　(2) $G(s)=\dfrac{K}{s^2(Ts+1)}$;　(3) $G(s)=\dfrac{K}{s(Ts-1)}$。

题 5-10　已知一单位负反馈系统的开环传递函数 $G(s)=\dfrac{1}{s(s+1)(2s+1)}$，要求

(1) 绘制其奈氏图，并判断稳定性；

(2) 绘制系统的对数幅频特性曲线和相频特性曲线；

(3) 求相位裕量。

题 5-11　某最小相位系统的幅角计算式为 $\phi(\omega)=-90°-\arctan\omega+\arctan\dfrac{\omega}{3}-\arctan10\omega$，

并且 $A(5)=2$，求该系统的开环传递函数。

题 5-12 已知单位负反馈系统开环传递函数为 $G(s)=\dfrac{10}{s(1+0.02s)(1+0.2s)}$，

试画出系统的对数频率特性曲线，计算相角裕度 r 值，并在图中标注 r 值。

题 5-13 某单位负反馈最小相位系统的开环对数幅频特性如图 5-37 所示，试：

(1) 写出系统的开环传递函数及闭环传递函数；(2) 求单位阶跃输入时的稳态误差；

(3) 求相角裕度。

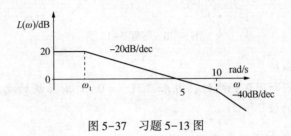

图 5-37 习题 5-13 图

题 5-14 某单位负反馈最小相位系统的开环对数幅频特性如图 5-38 所示，试：

(1) 写出系统的开环传递函数；

(2) 求相角裕量 r，根据 r 值判断闭环系统的稳定性；

(3) 若系统是稳定的，确定 $r(t)=t$ 时，系统的稳态误差。

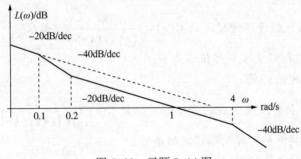

图 5-38 习题 5-14 图

题 5-15 某单位负反馈最小相位系统的开环对数幅频特性如图 5-39 所示，试：

写出系统的开环传递函数及闭环传递函数；补画该系统的对数相频特性曲线；求稳定裕度。

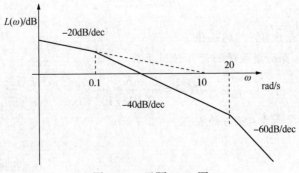

图 5-39 习题 5-15 图

题 5-16　某最小相位系统的渐近对数幅频特性曲线如图 5-40 所示，试求：

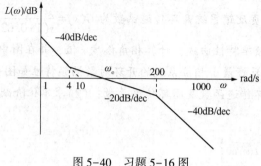

图 5-40　习题 5-16 图

(1) 系统的传递函数；

(2) 用劳斯判据判断闭环稳定性，并求在 $r(t)=0.5t^2$ 时系统的稳态误差；

(3) 相角裕度 γ 的值。

题 5-17　单位负反馈系统的开环传递函数为 $G(s)=\dfrac{K}{s(s+1)(0.1s+1)}$，分别求开环放大系数 $K=5$ 和 $K=20$ 时系统的伯德图和稳定裕度。

题 5-18　单位负反馈系统的开环传递函数为 $G(s)=\dfrac{K}{s(s+1)(3s+1)}$，试求系统稳定的临界增益 K 值。

题 5-19　已知系统的开环传递函数 $G(s)=\dfrac{K}{s(s+1)(s+5)}$，试求

(1) $k=10$ 时的相角裕度 γ 和幅值裕度 R；

(2) 求临界稳定时的 K 值。

题 5-20　已知单位负反馈系统的开环传递函数 $G(s)=\dfrac{K}{s(Ts+1)(s+1)}$，且 $K>0$，$T>0$

试根据奈氏稳定判据确定其闭环稳定的条件：

(1) $T=2$ 时，K 的取值范围；

(2) $K=10$ 时，T 的取值范围；

(3) K，T 值的范围。

题 5-21　设单位负反馈系统的开环传递函数

$$G(s)=\frac{as+1}{s^2}$$

试确定使相裕量等于 45° 时的 a 值。

题 5-22　若单位负反馈系统的开环传递函数

$$G(s)=\frac{K}{(0.01s+1)^3}$$

试确定使相角裕度等于 45° 时的 K 值。

第6章 控制系统的校正

前面三章介绍了控制系统的三种常见分析方法，属于系统的分析内容，即在系统的结构和参数已知的情况下，求出系统的性能指标，并分析性能指标与系统参数之间的关系。在实际工程控制问题中，还有另一类问题需要考虑，即事先确定系统要满足的性能指标，要求设计一个系统并选择适当的参数来满足性能指标的要求，或者对原有系统增加某些必要的元件或环节，使其性能指标得到进一步的改善。本章的内容属于控制系统的设计（综合）的内容。控制系统校正就是根据系统固有部分的性能，结合对系统各项性能指标要求，加入环节或校正装置，使系统性能得到改善，从而满足给定的各项指标要求。这一章中，将介绍目前工程实践中最常用的一种校正方法，即频率法校正；主要介绍系统校正的作用和方法，分析串联校正、反馈校正和复合校正对系统动、静态性能的影响。

6.1 控制系统校正的概念

6.1.1 校正的概念

当控制系统的动态、静态性能不能满足实际工程中所要求的性能指标时，首先可以考虑调整系统中可以调整的参数；通常首先是调整系统的开环放大系数。这是一种最简单的方法。但是在大多数实际情况中，仅仅改变开环放大系数仍有可能不满足给定性能指标的要求。因为随着开环放大系数的增加，系统的稳态性能虽然得到了改善，但是系统的稳定性却随之变差，甚至有可能造成系统的不稳定。若通过调整参数仍无法满足要求时，需要对系统进行重新设计。可以在原有系统中附加一些装置或元件，人为改变系统的结构和性能，使之满足要求的性能指标，我们把这种方法称为校正。所谓校正就是在系统中加入校正环节或校正装置，使系统性能得到改善，从而满足给定的各项指标要求。附加的装置或元件称为校正装置或校正元件。系统中除校正装置以外的部分，组成了系统的不可变部分，称为固有部分。

在经典控制理论中，校正方法主要有时域分析法、根轨迹法和频率分析法，其中应用较多的是频率分析法。而在频率分析法中，又以系统的开环对数频率特性（Bode 图）来进行分析和设计的应用最多。伯德图（Bode 图）的绘制方法简便，可以确切地提供稳定性和稳定裕度的信息，而且还能大致衡量闭环系统稳态和动态的性能。因此，伯德图（Bode 图）是自动控制系统设计和应用中普遍使用的方法。在定性地分析系统性能时，通常将伯德图（Bode 图）分成低、中、高三个频段，根据系统开环对数频率特性的三频段，分别对应着系统稳态性能、动态性能及高频滤波性能。故可根据系统性能要求，加入适当的校正装置或校正元件，使系统开环对数频率特性曲线的三个频段的形状按照性能要求而变化，使系统低频段的放大倍数充分大，减小稳态误差，提高系统的稳态性能；使中频段对数幅频的斜率等于−20dB/dec，并要求具有足够的长度，以保证相角裕度的要求；高频段对数幅值应尽快减小，以便使噪声影响减到最小限度。

6.1.2 系统设计的一般步骤

1. 确定性能指标

性能指标是系统设计的依据，主要有时域性能指标和频域性能指标，而系统校正多在频域中进行，频域指标是间接指标，时域指标通常更为直观，便于测量。因此在许多场合下，两种指标同时使用。

（1）时域性能指标：

稳态指标：稳态误差 e_{ss}、静态位置误差系数 K_p、静态速度误差系数 K_v、静态加速度误差系数 K_a，它们能反映出系统的控制精度。

暂态指标：上升时间 t_r、峰值时间 t_p、调整时间 t_s 和超调量 σ_p，它们能反映系统的相对稳定性和快速性。

（2）频域性能指标

开环频域指标：剪切频率 ω_c（截止频率）、相角裕度（相位裕量）r 和幅值裕度（幅值裕量）R 或 h。

② 闭环频域指标：谐振频率 ω_r、谐振峰值 M_r、闭环截止频率 ω_b 和闭环带宽 $0 \sim \omega_b$。

2. 初步设计

这是控制系统设计中最重要的一环，主要任务：

（1）根据控制任务和性能指标，确定控制系统的基本组成，选择控制装置的元器件，画出系统的原理框图。

（2）建立元器件及系统的数学模型，其中包括模型简化及线性化工作，在此基础上对系统进行初步的稳定性分析和暂态特性分析。此时，系统在原理上能完成控制任务，但通常不能达到要求的性能指标。

（3）确定校正方案：对于不能满足性能指标的系统，采用简单的增益调整，不能奏效时，必须引入校正装置（附加装置，它是控制器的一部分）。

需要指出的，对于同一个性能指标能够满足要求的校正方案不是唯一的。要对各方案比较论证，并不断修改完善，最后确定一个较好的方案。

3. 原理性试验与样机生产

根据初步设计确定的方案，建立仿真模型或物理实验模型进行原理性实验，根据实验结果进行修改、调整，使初步方案进一步完善。

在原理性试验基础上，可进行样机生产，通过试验调整，可进行实际运行和环境考验，根据运行结果进一步改进设计，在完全达到设计指标和生产要求后，可将设计定型并交付生产。

因此，控制系统的设计过程要经过多次反复的修改才能逐步完善，其设计好坏很大程度上取决于设计者的经验

6.1.3 校正的方式和方法

1. 校正的方式

根据校正装置在系统中的联接位置不同，常用的校正方式有串联校正、反馈校正、复合校正。

（1）串联校正

校正装置串联在系统固有部分的前向通道中，称为串联校正，如图 6-1 所示。图中 $G(s)$ 为被校正对象的传递函数，$G_c(s)$ 为校正装置的传递函数。串联校正的接入位置应视校正装置本身的物理特性和原系统的结构而定。一般情况下，对于体积小、重量轻、容量小的校正装置（电器装置居多），常加在系统信号容量不大的地方，即比较靠近输入信号的前向通道中。相反，对于体积、重量和容量较大的校正装置（如无源网络、机械、液压、气动装置等），常串接在容量较大的部位，即比较靠近输出信号的前向通道中。

串联校正是系统校正的一种基本方式，在较大程度上可满足系统性能指标的要求，按照校正装置对系统开环频率特性相位的影响，串联校正又可分为串联超前校正、串联滞后校正和串联滞后超前校正。

（2）反馈校正

反馈校正是将校正装置 $G_c(s)$ 反向并接在原系统前向通道的一个或几个环节上，构成局部反馈回路，如图 6-2 所示。由于反馈校正装置的输入端信号取自于原系统的输出端或原系统前向通道中某个环节的输出端，信号功率一般都比较大，因此，在校正装置中不需要设置放大电路，有利于校正装置的简化。适当地选择反馈校正回路的增益，可以使校正后的性能主要决定于校正装置，而与被反馈校正装置所包围的系统固有部分特性无关。因此，反馈校正的一个显著的优点，是可以抑制系统的参数波动及非线性因素对系统性能的影响。反馈校正的设计相对较为复杂。

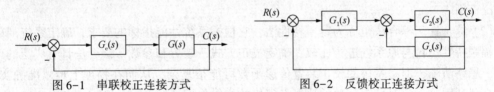

图 6-1　串联校正连接方式　　　　　图 6-2　反馈校正连接方式

（3）复合校正

复合校正是将校正装置 $G_c(s)$ 前向并接在原系统前向通道的一个或几个环节上。它比串联校正多一个连接点，即需要一个信号取出点和一个信号加入点。

复合校正是在反馈控制的基础上，引入输入补偿构成的校正方式，可以分为以下两种：一种是引入给定输入信号补偿如图 6-3（a），另一种是引入扰动输入信号补偿如图 6-3（b）。校正装置将直接或间接测出给定输入信号 $R(s)$ 和扰动输入信号 $D(s)$，经过适当变换以后，作为附加校正信号输入系统，使可测扰动对系统的影响得到补偿。从而控制和抵消扰动对输出的影响，提高系统的控制精度。

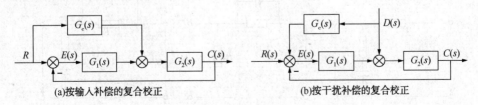

(a)按输入补偿的复合校正　　　　　　　(b)按干扰补偿的复合校正

图 6-3　复合校正

在工程应用中，究竟采用哪一种连接方式，这要视具体情况而定。由于串联校正通常是由低能量向高能量部位传递信号，加上校正装置本身的能量损耗，必须进行能量补偿。因此，串联校正装置通常由有源网络或元件构成，即其中需要有放大元件。由于反馈校正装置的输入端信号取自原系统的输出端或原系统前向通道中某个环节的输出端，信号功率一般都比较大，因此，在校正装置中不需要设置放大电路，有利于校正装置的简化。但由于输入信号功率比较大，校正装置的容量和体积相应要大一些。反馈校正是由高能量向低能量部位传递信号，校正装置本身不需要放大元件，因此需要的元件较少，结构比串联校正装置简单。由于上述原因，串联校正装置通常加在前向通道中能量较低的部位上，而反馈校正则正好相反。从反馈控制的原理出发，反馈校正可以消除校正回路中元件参数的变化对系统性能的影响。因此，若原系统随着工作条件的变化，它的某些参数变化较大时，采用反馈校正效果会更好些。

综上在实际中，具体选用哪种校正方式并不是固定的，而是要根据系统中的信号性质、可实现性、元件的选择、抗扰性要求、经济性要求等因素来决定的。

2. 校正的方法

用频率特性法进行校正设计时，通常采用两种方法：分析法和综合法。

（1）分析法。分析法也称试探法，首先要分析原系统的稳态和动态性能，同时考虑系统性能指标的要求，选择校正装置形式，然后确定校正装置参数，最后校验。如果不满足要求，则重新选择参数，如果多次选择参数仍不满足要求，则要考虑更换校正装置的形式。这种方法的特点简单、直观，物理上易于实现，但是要求设计者有一定的工程设计经验，工程上广泛应用。

（2）综合法。综合法也称为期望特性法，它根据系统性能指标的要求，确定系统期望的对数幅频特性，再与原系统进行比较，确定校正方式、装置和参数。综合法具有广泛的理论意义，思路清晰，但是希望的校正装置传递函数可能很复杂，从而在物理上难以准确实现，实际会遇到困难，它对校正装置的选择有很好的指导作用。

需要说明的是，无论是分析法还是综合法，一般都仅适用于最小相位系统。

6.1.4 校正装置

根据校正装置本身是否有电源，可分为无源校正装置和有源校正装置。

1. 无源校正装置

无源校正装置通常是由电阻和电容组成的二端口网络，图6-4给出了典型的无源校正装置。根据校正环节的相位及其变化情况，可分为相位超前校正、相位滞后校正和相位滞后—相位超前校正。

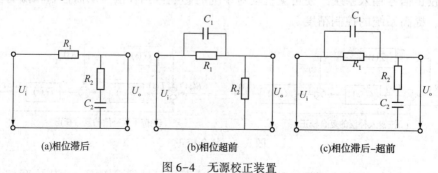

(a)相位滞后　　　　　(b)相位超前　　　　　(c)相位滞后-超前

图6-4　无源校正装置

　　无源校正装置中线路简单、组合方便、无需外加电源，但本身没有增益，只有衰减；且输入阻抗低，输出阻抗高，因此在使用时要增设放大器或隔离放大器。

　　2. 有源校正装置

　　有源校正装置是由运算放大器组成的调节器。图 6-5 给出了典型的有源校正装置。有源校正装置本身有增益，且输入阻抗高，输出阻抗低，所以目前较多采用有源校正装置。缺点是需另加电源。

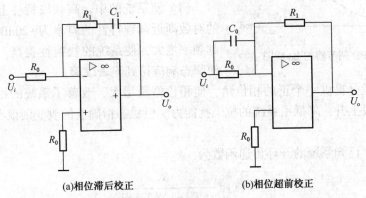

(a)相位滞后校正　　　　　　　(b)相位超前校正

图 6-5　有源校正装置

6.2　串联校正

6.2.1　三频段对系统性能的影响

　　(1) 低频段的代表参数是斜率和高度，它们反映系统的型别和增益。表明了系统的稳态精度。

　　(2) 中频段是指穿越频率附近的一段区域。代表参数是斜率、宽度(中频宽)、幅值穿越频率和相位裕度，它们反映系统的最大超调量和调整时间。表明了系统的相对稳定性和快速性。

　　(3) 高频段的代表参数是斜率，反映系统对高频干扰信号的衰减能力。

6.2.2　相位超前校正

1. 比例微分校正

　　如果校正装置的输出信号在相位上超前于输入信号，即校正装置具有正的相位特性，则称这种校正装置为超前校正装置，其对系统的校正称为超前校正。

　　图 6-6 为一比例微分校正装置，也称为 PD 调节器，其传递函数为

$$G(s) = K(Ts+1)$$

式中　$K = -R_1/R_0$——比例放大倍数；

　　　　$T = R_0C_0$——微分时间常数。

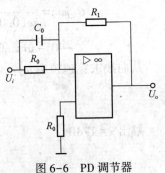

图 6-6　PD 调节器

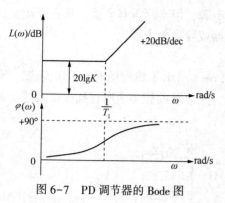

图 6-7　PD 调节器的 Bode 图

其 Bode 图如图 6-7 所示。从图可见，PD 调节器提供了超前相位角，所以 PD 校正也称为超前校正。并且 PD 调节器的对数渐近幅频特性的斜率为+20dB/dec。因而将它的频率特性和系统固有部分的频率特性相加，可得到校正后的系统的频率特性。比例微分校正的作用主要体现在两方面：

（1）使系统的中、高频段特性上移（PD 调节器的对数渐近幅频特性的斜率为+20dB/dec），幅值穿越频率增大，使系统的快速性提高。故超前校正能使瞬态响应得到显著改善。

（2）比例微分提供一个正的相位角，使相位裕量增大，改善了系统的相对稳定性。但是，由于高频段上升，降低了系统的抗干扰能力。但稳态精确度的改变则很小，它可以增强高频噪声效应。

【例 6-1】 已知系统的开环传递函数为

$$G_1(s) = \frac{K_1}{s(T_1s+1)(T_2s+1)}$$

其中 $T_1 = 0.2$，$T_2 = 0.01$，$K_1 = 35$，如图 6-8 所示。采用串联超前校正，PD 调节器参数为 $K_c = 1$，$\tau = 0.2s$，试分析比较系统校正前后的性能变化。

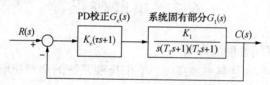

图 6-8　具有 PD 校正的控制系统

解： 系统校正前的 Bode 图如图 6-9 中曲线 I 所示。从图可以看出幅频特性曲线是以-40dB/dec 的斜率穿越 0dB 线的。下面计算系统的穿越频率和相位裕量。

系统的频率特性为：

$$G(j\omega) = \frac{35}{j\omega(0.01\omega j+1)(0.2\omega j+1)} = \frac{35}{\omega\sqrt{(0.01\omega)^2+1}\sqrt{(0.2\omega)^2+1}}$$

$$\angle -90° - \arctan 0.01\omega - \arctan 0.2\omega$$

从曲线求穿越频率 ω_c：

$$\frac{20\lg 35 - x}{\lg 1 - \lg 5} = -20$$

解出 $x = 17dB$

$$\frac{17-0}{\lg 5 - \lg \omega_c} = -40$$

解出 $\omega_c = 13.5 rad/s$

相角裕度 $\gamma = 180^0 + \angle G(j\omega_c) = 180^0 + (-90° - \arctan 0.01\omega_c - \arctan 0.2\omega_c)$
$\qquad\qquad \approx 12.3^0$

采用相位超前校正装置校正，其传递函数 $G_c(s) = 0.2s+1$，校正装置 Bode 图为图 6-9 中的曲线 II。

校正后系统的 Bode 图如图 6-9 中的曲线 III。同样，可以求得校正后的穿越频率 $\omega_c = 35\text{rad/s}$

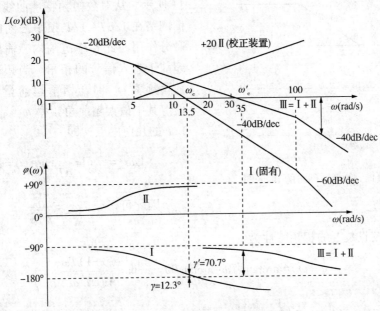

图 6-9 PD 校正对系统性能的影响

和相位裕量 $\gamma = 70.7°$

由图可见，增加比例微分校正装置后与校正前相比较：

① 从 Bode 图看，系统的穿越频率 ω_c 由 13.2rad/s 变为 35rad/s，即幅值穿越频率 ω_c 增加了，快速性提高。

② 由于中频段的斜率由校正前的 -40dB/dec 变为校正后的 -20dB/dec，幅频特性在 ω_c 附近的斜率减小了，即曲线平坦了；

③ 相位裕度由原来的 12.3° 提高为 70.7°，改善了系统的相位裕量，提高了系统的相对稳定性；

④ 对系统的稳态误差没有影响。由于低频段的斜率和幅值都没有变化，所以不影响系统的稳态精度；

⑤ 提高了系统的频带宽度，可提高系统的响应速度等。

2. RC 超前网络校正

RC 超前网络如图 6-10 所示，其传递函数为

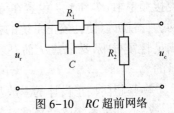

$$\frac{U_c(s)}{U_r(s)} = \frac{1}{\alpha}\frac{\alpha Ts+1}{Ts+1}$$

式中　　　 $T = \frac{R_1 R_2}{R_1+R_2}C$；$\alpha = \frac{R_1+R_2}{R_2} > 1$

图 6-10 *RC* 超前网络

为了便于分析，RC 超前网络传递函数取为

$$G_c(s) = \frac{\alpha Ts + 1}{Ts + 1}$$

即相当于在网络前(或后)附加一个放大器,使其放大系数等于 α。

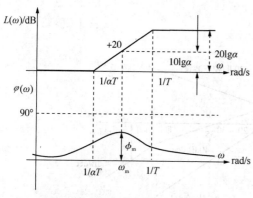

图 6-11　RC 超前网络的 Bode 图

RC 超前网络对数频率特性曲线如图 6-11 所示。从对数幅频特性曲线可以看出,超前网络在 $1/\alpha T \sim 1/T$ 频率之间的输入信号有微分作用,此频率范围内,输出信号的相角超前于输入信号的相角。当频率等于最大超前角频率 ω_m 时,相角超前量达到 φ_m 最大值。其中最大超前角频率 ω_m 是频率 $1/\alpha T$ 和 $1/T$ 的几何中点,即

$$\lg \omega_m = \frac{1}{2}(\lg \frac{1}{\alpha T} + \lg \frac{1}{T}) = \lg \frac{1}{T\sqrt{\alpha}}$$

因此可得　　$$\omega_m = \frac{1}{T\sqrt{\alpha}} \qquad (6\text{-}1)$$

串联超前校正装置的相频特性为

$$\varphi_c(\omega) = \arctan \alpha T\omega - \arctan T\omega = \arctan \frac{(\alpha - 1)T\omega}{1 + \alpha T^2 \omega^2}$$

令 $\dfrac{\mathrm{d}\varphi_c(\omega)}{\mathrm{d}\omega} = 0$,求得 $\omega_m = \dfrac{1}{T\sqrt{\alpha}}$,代入上式

$$\varphi_m = \arctan \frac{\alpha - 1}{2\sqrt{\alpha}} \text{或 } \varphi_m = \arcsin \frac{\alpha - 1}{\alpha + 1} \qquad (6\text{-}2)$$

上式表明,最大超前角 φ_m 仅与 α 值有关,α 值选得越大,则超前网络的微分效果越强。实际选用的 α 值必须考虑到网络物理结构的限制及附加放大器的放大系数等原因,一般取值不大于 20,通常取 $5 < \alpha < 20$,即采用串联超前校正装置的最大补偿相位一般不超过 65°。

此外,ω_m 处的对数幅值为

$$L_m = 20\lg | G_c(j\omega_m) | = 10\lg \alpha \qquad (6\text{-}3)$$

α 与 φ_m 和 $10\lg \alpha$ 的关系曲线如图 6-12 所示。

超前校正装置是一个高通滤波器(高频通过,低频被衰减),它主要能使系统的瞬态响应得到显著改善,利用超前网络相角超前特性。只要正确地将超前网络的交接频率 $1/\alpha T$ 和 $1/T$ 设置在待校正系统截止频率 ω_c 的两边,就可以使已校正系统的截止频率 ω'_c 和相角裕度满足性能指标要求,从而达到改善系统动态性能的目的。

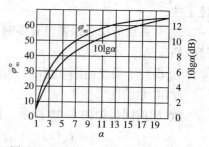

图 6-12　α 与 φ_m 和 $\lg\alpha$ 的关系曲线

串联超前校正设计的一般步骤为:

(1) 如果系统的开环增益 K 未给定,则根据稳态误差要求,确定开环增益 K。

(2) 在已确定 K 值条件下,计算未校正系统的相角裕度。

（3）根据性能指标要求，确定在系统中需要增加的相角超前量。

（4）由式（6-2）或查图 6-12 确定 α 值及 L_m 值，在未校正系统的对数幅频特性曲线上找到幅值等于 $-L_m$ 点所对应的频率，即为 ω'_c，这一频率为所选网络的 ω_c，并且在此频率上将产生最大超前相角值 φ_m。

（5）确定超前网络的交接频率 $\omega_1 = 1/\alpha T$，$\omega_2 = 1/T$。

（6）检验系统的性能指标是否满足要求。

下面举例说明。

【例 6-2】 设单位负反馈控制系统的开环传递函数 $G(s) = \dfrac{4}{s(s+2)}$，试设计串联校正装置，使校正后系统的性能指标满足：$K_v = 20$，$\gamma \geqslant 50°$，$20\lg h \geqslant 10\text{dB}$。

解：（1）确定开环增益 K。

$$G_0(s) = \frac{4}{s(s+2)} = \frac{2}{s(0.5s+1)} \Rightarrow K_0 = 2$$

因为未校正系统为 I 型系统，所以有

$$K_v = \lim_{s\to 0} sG(s) = \lim_{s\to 0} \frac{K_0 K_c}{0.5s+1} = K = 20(s^{-1})$$

则：$K = K_0 K_c = 2K_c = K_v = 20 \Rightarrow K_c = 10$

故满足稳态性能的原系统为

$$G_0(s) = \frac{20}{s(0.5s+1)}$$

（2）作 $G_0(s) = \dfrac{20}{s(0.5s+1)}$ 的对数幅频特性曲线记为 $L_0(\omega)$ 如图 6-13 所示，其中 $20\lg K = 26\text{dB}$，转折频率 $\omega_1 = 2$

剪切频率和相角裕度计算如下：

$$L(1) = 20\lg 20 = 20\lg \frac{2}{1} + 40\lg \frac{\omega_c}{2} \text{或} A(\omega_c)$$

$$\approx \frac{20}{0.5\omega_c^2} \Rightarrow \omega_c \approx 6(\text{rad/s})$$

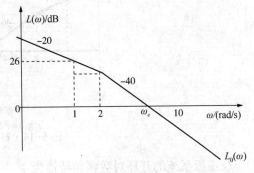

图 6-13 系统的对数幅频特性曲线

$\gamma = 180° + \varphi_0(\omega_c) = 180° - 90° - \arctan 0.5 \times 6 \approx 17° < 50°$

（3）为了满足指标要求（$\gamma' \geqslant 50°$），至少需要加入相角超前量 33°。

应当指出，加入超前校正在增加相角超前量的同时，对数幅频特性曲线的斜率将由 -40dB/dec 增加为 -20dB/dec，从而使校正后的截至频率 $\omega'_c > \omega_c$，因而在频率 ω'_c 点所对应的校正前系统的相裕量必定小于 17°。为了补偿由于 ω'_c 增大而造成的相角滞后量，一般要增加 5°~12°左右的修正量，这里取 5°。若 ω_c 附近的相频特性曲线变化较缓慢时，修正量取值适当减小。反之，变化较快时，修正量取值适当加大。因此，需要加入的超前角度大小可按下式计算

$$\varphi_m = \gamma' - \gamma + 5° \tag{6-4}$$

本例为

$$\varphi_m = 50° - 17° + 5° = 38°$$

（4）由（6-2）式或查图 6-12 确定 α 和 L_m 值,

$$\alpha = \frac{1+\sin\varphi_m}{1-\sin\varphi_m} \Rightarrow \alpha \approx 4.2 \Rightarrow 10\lg\alpha = 6.2\text{dB}$$

在校正前的对数幅频特性曲线 $L_0(\omega)$ 上寻找其幅值等于 $-6.2(\text{dB})$ 时对应的频率 ω'_c。

$$\omega_m = \omega'_c = 9s^{-1}$$

也可根据超前校正原理计算,即在新的 ω'_c 处有:

$$40\lg\frac{\omega'_c}{\omega_c} = 10\lg\alpha \Rightarrow \omega'_c = \omega_c\sqrt[4]{\alpha} \approx 9s^{-1} = \omega_m$$

（5）确定超前网络的交接频率 $\omega_1 = 1/\alpha T$, $\omega_2 = 1/T$。

$$T = \frac{1}{\omega_m\sqrt{\alpha}} = 0.05, \quad \alpha T = 0.23, \quad \omega_1 = \frac{1}{\alpha T} = 4.3, \quad \omega_2 = \frac{1}{T} = 20$$

故, 校正装置: $G_c(s) = \dfrac{10(0.23s+1)}{0.05s+1}$

校正后系统: $G(s) = G_c(s)G_0(s) = \dfrac{20(0.23s+1)}{s(0.5s+1)(0.05s+1)}$

（6）验算

作出校正后系统的开环对数幅频特性曲线 $L(\omega)$ 如图 6-14 所示。

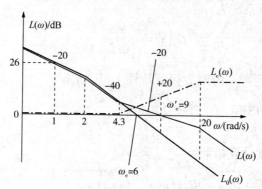

图 6-14 对数幅频特性曲线

校正后系统的开环对数幅频特性为

$$L(\omega) = 20\lg|G_c(j\omega)G_0(j\omega)| = 20\lg|G_c(j\omega)| + 20\lg|G_0(j\omega)|$$

$$\gamma' = 180° + \arctan 0.23 \times 9 - 90° - \arctan 0.5 \times 9 - \arctan 0.05 \times 9 \approx 52.5° > 50°$$

可见, 串连校正后系统的开环对数幅频特性曲线, 为校正前系统开环对数幅频特性曲线与校正装置对数幅频特性曲线之和, 如图 6-14 所示。校正后系统的相角裕度大于 $50°$, 满足要求。幅值裕度, 因校正后的相频特性曲线总大于 $-180°$, 故幅值裕度为无穷大。

校正后系统开环传递函数为

$$G_c(s)G(s) = \frac{20(0.23s+1)}{s(0.5s+1)(0.05s+1)}$$

如果验算结果不满足指标要求, 则从第三步开始, 适当加大角度修正量, 重复计算直到满足要求为止。

综上所述，超前校正有如下特点：

（1）超前校正主要针对系统频率特性的中频段进行校正，使校正后对数幅频特性曲线的中频段斜率为−20dB/dec，并有足够的相位裕量。

（2）超前校正会使系统的穿越频率增加，这表明校正后系统的频带变宽，动态响应速度变快，但系统抗高频干扰的能力也变差。

（3）超前校正很难使原系统的低频特性得到改善，若想用提高增益的办法使低频段上移，则由于整个对数幅频特性曲线的上移，将使系统的平稳性变差，抗高频噪声的能力也将被削弱。

（4）当原系统的对数相频特性曲线在穿越频率附近急剧下降时，由穿越频率的增加而带来的系统的相位滞后量，将超过由校正装置所能提供的相位超前量。此时，若用单级的超前校正装置来校正，将收效不大。

（5）超前校正主要用于系统的稳态性能已满足要求，而动态性能有待改善的场合。

若原系统不稳定或稳定裕量很小且开环相频特性曲线在幅值穿越频率附近有较大的负斜率时，不宜采用相位超前校正；因为随着幅值穿越频率的增加，原系统负相角增加的速度将超过超前校正装置正相角增加的速度，超前网络就起不到补偿滞后相角的作用了。

6.2.3　相位滞后校正

1. 比例积分校正

图 6-15 为一比例积分校正装置，也称为 PI 调节器，其传递函数为

$$G_C(s) = \frac{K_C(T_C s + 1)}{T_C s}$$

式中　$K_C = R_1/R_0$——比例放大倍数；

　　　　$T_C = R_1 C_1$——积分时间常数。

相位滞后校正的 Bode 图如图 6-16 所示。从图可见，PI 调节器提供了负的相位角，所以 PI 校正也称为滞后校正。并且 PI 调节器的对数渐近幅频特性在低频段的斜率为−20dB/dec。因而将它的频率特性和系统固有部分的频率特性相加，可得到校正后的系统的频率特性。可以提高系统的型别，即提高系统的稳态精度。

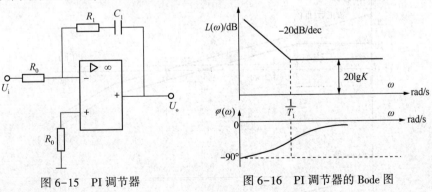

图 6-15　PI 调节器　　　　　图 6-16　PI 调节器的 Bode 图

从相频特性中可以看出，PI 调节器在低频产生较大的相位滞后，所以 PI 调节器串入系统时，要注意将 PI 调节器转折频率放在固有系统转折频率的左边，并且要远一些，这样对系统的稳定性的影响较小。

【**例 6-3**】 已知系统如图 6-17 所示，其固有开环传递函数为

$$G(s) = \frac{K_1}{(T_1 s+1)(T_2 s+1)}$$

其中 $T_1 = 0.33$，$T_2 = 0.036$，$K_1 = 3.2$。采用串联相位滞后校正(PI 调节器)，其中 $K_c = 1.3$，$T_c = 0.33s$。试分析比较系统校正前后的性能变化。

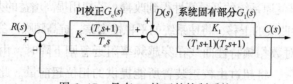

图 6-17　具有 PI 校正的控制系统

解：校正前系统的 Bode 图如图 6-12 中曲线 I 所示。特性曲线低频段的斜率为 0dB/dec，显然是有差系统。下面计算系统的穿越频率和相位裕量。

系统的频率特性为：

$$G(j\omega) = \frac{3.2}{(0.036\omega j+1)(0.33\omega j+1)} = \frac{3.2}{\sqrt{(0.036\omega)^2+1}\sqrt{(0.33\omega)^2+1}}$$

$$\angle -\arctan 0.036\omega - \arctan 0.33\omega$$

从曲线求穿越频率 ω_c：

$$\frac{20\lg 3.2-0}{\lg 3-\lg \omega_c} = -20$$

解出 $\omega_c = 9.5\text{rad/s}$

相角裕度 $\gamma = 180° + \angle G(j\omega_c) = 180° + (-\arctan 0.036\omega_c - \arctan 0.33\omega_c) \approx 88°$

穿越频率 $\omega_c = 9.5\text{rad/s}$，相位裕量 $\gamma = 88°$。

采用 PI 调节器校正，其传递函数为 $G_c(s) = \dfrac{1.3(0.33s+1)}{0.33s}$，Bode 图为图 6-18 中的曲线 II。

校正后系统的曲线如图 6-18 中的曲线 III。其穿越频率 $\omega_c = 13\text{rad/s}$，相位裕量 $\gamma = 65°$。

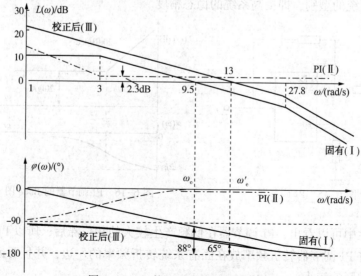

图 6-18　PI 校正对系统性能的影响

由图可见，增加比例积分校正装置后：

（1）在低频段，$L(\omega)$的斜率由校正前的 0dB/dec 变为校正后的 -20dB/dec，系统由 0 型变为 I 型，系统的稳态精度提高。

（2）在中频段，$L(\omega)$的斜率不变，但由于 PI 调节器提供了负的相位角，相位裕量由原来的 88°减小为 65°，降低了系统的相对稳定性；穿越频率 ω_c 有所增大，快速性略有提高。

（3）在高频段，$L(\omega)$的斜率不变，对系统的抗高频干扰能力影响不大。

2. RC 滞后网络

RC 滞后网络如图 6-19 所示

其传递函数为 $G_c(s) = \dfrac{U_o(s)}{U_i(s)} = \dfrac{R_2Cs+1}{\dfrac{R_1+R_2}{R_2}R_2Cs+1}$

式中令 $\beta = \dfrac{R_1+R_2}{R_2} > 1$，$T = R_2C$

$$G_c(s) = \frac{Ts+1}{\beta Ts+1}$$

从传递函数形式上看和超前网络相类似，这里取滞后网络的 $\beta>1$，同超前网络的 $\alpha>1$。

滞后网络的对数频率特性曲线如图 6-20 所示。由图可见，滞后网络的对数幅频特性在交接频率 $1/\beta T \sim 1/T$ 之间呈现积分效应，而相频特性为相角滞后。与超前网络相类似，滞后的最大相角 φ_m 发生在频率 $1/\beta T \sim 1/T$ 的几何中点 ω_m 处。计算 ω_m、φ_m 和 L_m 的方法和超前网络相同。

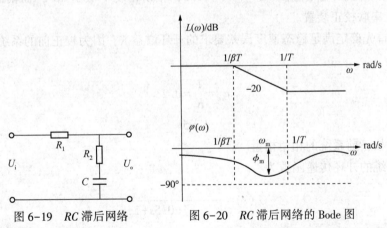

图 6-19　RC 滞后网络　　　图 6-20　RC 滞后网络的 Bode 图

$$\omega_m = \frac{1}{T\sqrt{\beta}} \tag{6-5}$$

$$\varphi_m = \arcsin\frac{\beta-1}{\beta+1}$$

此外，滞后网络对低频信号不产生衰减，而对于高频噪声有抑制作用，β 值越大，网络对噪声的抑制作用越强。

采用滞后校正主要是利用其高频幅值的衰减特性，但应力求避免最大滞后角发生在校正后系统开环截止频率 ω'_c 附近，以免增加相角滞后量，影响动态性能。

滞后网络对数幅值衰减最大值为

$$L\left(\frac{1}{\beta T}\right)=20\lg\frac{1}{\beta T}-20\lg\frac{1}{T}=-20\lg\beta \tag{6-6}$$

串联 RC 滞后校正主要利用滞后网络的高频幅值衰减特性，使截止频率下降，即 $\omega'_c<\omega_c$，从而使系统获得足够的相角裕度。因此，应尽可能使其最大相角滞后处在较低频段内。滞后校正适用于系统响应要求不高而滤波噪声性能要求较高的情况。此外，如果未校正系统具有满意的动态性能，而其稳定性能不满足指标要求时，也可采用串联滞后校正来提高其稳态精度，同时保持其动态性能基本不变。

串联滞后校正设计的一般步骤：

（1）首先确定开环增益 K，以满足系统稳态精度的要求。

（2）在已确定值的 K 条件下，计算未校正系统的相角裕量。

（3）根据对已校正系统相角裕度 γ 的要求，确定校正后系统的截止频率 ω'_c。

（4）选定滞后网络的交接频率 $1/\beta T \sim 1/T$。

（5）检验系统的性能指标是否满足要求。

下面举例说明。

【例6-4】 已知单位反馈系统其开环传递函数为

$$G(s)=\frac{K}{s(s+1)(0.5s+1)}$$

要求校正后系统的稳态速度误差不大于 0.2，相角裕度不低于 40°，而幅值裕度不低于 10dB。试设计串联校正装置。

解： （1）首先确定满足稳态速度误差要求的开环增益 K，因为校正前的系统为 I 型系统，应有

$$e_{ss}=\frac{1}{K}=0.2$$

所以

$$K=5$$

（2）计算校正前系统的相角裕量。

校正前系统的开环传递函数为

$$G_0(s)=\frac{5}{s(s+1)(0.5s+1)}$$

作 $G_0(s)=\dfrac{5}{s(s+1)(0.5s+1)}$ 的对数幅频特性曲线记为 $L_0(\omega)$ 如图 6-21 所示，其中 $20\lg K=14$dB，转折频率 $\omega_1=1$，$\omega_1=2$。

（3）剪切频率和相角裕度计算如下：

$$L(1)=20\lg5=40\lg\frac{2}{1}+60\lg\frac{\omega_c}{2}\Rightarrow\omega_c=2.2(\text{rad/s})$$

或 $A(\omega_c)\approx\dfrac{5}{0.5\omega_c^3}=1\Rightarrow\omega_c=2.2(\text{rad/s})$

$$\gamma = 180° + \varphi_0(\omega_c) = 180° - 90° - \arctan 0.5 \times 2.2 - \arctan 2.2 \approx -20° < 0°$$

其对数幅频特性曲线如图 6-21 所示。由图可见，系统是不稳定的，相角裕度 $\gamma = -20°$，可采用串联滞后校正。

（4）确定校正后系统的截止频率 ω'_c

令 $\gamma(\omega'_c) = \gamma' + \Delta$（取 $\Delta = 14°$）

即 $180° + \varphi_0(\omega'_c) = \gamma' + 14° \Rightarrow \omega'_c = 0.5 (\text{rad/s})$

（5）选定滞后网络的交接频率 $1/\beta T \sim 1/T$。

由滞后校正原理得：

$$L_0(\omega'_c) = 20\lg\beta$$

$$L_0(0.5) = 20\lg\frac{1}{0.5} + 40\lg\frac{2}{1} + 60\lg\frac{2.2}{2} = 20\lg\beta$$

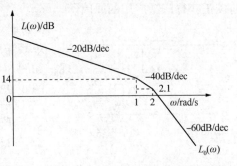

图 6-21 例 6-4 原系统对数幅频特性曲线

解得 $\beta \approx 10$

校正装置的第二个转折频率

$$\omega_2 = \frac{1}{T} = \frac{\omega'_c}{5} = 0.1 \Rightarrow T = 10s, \quad \beta T = 100s, \quad \omega_2 = \frac{1}{\beta T} = 0.01$$

于是所求的滞后校正装置的传递函数为

$$G_c(s) = \frac{10s+1}{100s+1}$$

校正后系统的开环传递函数为

$$G(s) = G_c(s)G_1(s) = \frac{5(10s+1)}{s(0.5s+1)(s+1)(100s+1)}$$

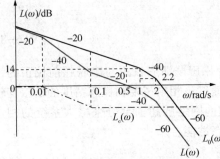

图 6-22 例 6-4 系统的对数幅频特性曲线

（6）验算

作出校正后系统的开环对数幅频特性曲线 $L(\omega)$ 如图 6-22 所示。

校正后系统的开环对数幅频特性为

$$L(\omega) = 20\lg|G_c(j\omega)G_0(j\omega)|$$
$$= 20\lg|G_c(j\omega)| + 20\lg|G_0(j\omega)|$$

$\gamma' = 180° + \arctan 10 \times 0.5 - 90° - \arctan 0.5 \times 0.5$
$- \arctan 0.5 - \arctan 100 \times 0.5 \approx 40°$

满足要求。若不满足要求，可适当增加补偿角度，重新计算设计。

应当指出，采用串联滞后校正将使控制系统的带宽变窄，这虽然会使系统反应输入信号的快速性降低，但却能提高系统的抗干扰能力。

综上所述，串联滞后校正有如下特点：

（1）比例积分校正对系统的动态性能有一定的副作用，使系统的相对稳定性变差。

（2）滞后校正没有改变原系统低频段的特性，往往还允许增加开环增益，从而可改善系统的稳态精度。

（3）由于滞后校正使得系统的高频幅值降低，因而其抗高频干扰的能力得到加强。

（4）滞后校正主要用于需提高系统稳定性或者稳态精度有待改善的场合。

稳态性能是系统在运行中长期起着作用的性能指标，往往是首先要求保证的。因此，在许多场合，宁愿牺牲一点动态性能指标的要求，而首先保证系统的稳态精度，这就是串联超前校正获得广泛应用的原因。

6.2.4 相位滞后－超前校正

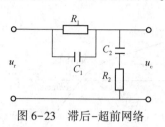

图 6-23 滞后－超前网络

串联滞后－超前校正，可以通过相位滞后－超前网络来实现，如图 6-23 所示。

图 6-23 所示网络传递函数为

$$G_c(s) = \frac{(R_1C_1s+1)(R_2C_2s+1)}{R_1R_2C_1C_2s^2+(R_1C_1+R_2C_2+R_1C_2)s+1}$$
$$= \frac{T_1s+1}{\frac{T_1}{a}s+1} \cdot \frac{T_2s+1}{aT_2s+1} \tag{6-7}$$

式中
$$R_1C_1=T_1; \qquad R_2C_2=T_2;$$

$$R_1C_1+R_2C_2+R_1C_2=\frac{T_1}{a}+aT_2, \qquad (a>1)$$

式中滞后校正部分为 $(T_2s+1)/(aT_2s+1)$；超前校正部分为 $(T_1s+1)/(\frac{T_1}{a}s+1)$。其对数频率特性曲线如图 6-24 所示。由图可见，在频率 ω 由零增加到 ω_1 的频段内，该网络呈现积分性质，具有滞后相角。也就是说，在 $0\sim\omega_1$ 频段里，相角滞后－超前网络具有单独的滞后校正特性；而在 $\omega_1\sim\infty$ 频段内，呈现微分性质，具有超前相角。所以它将起单独的超前校正作用。不难计算，对应相角等于零处的频率 ω_1 为

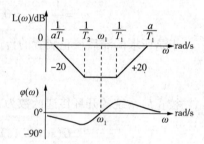

图 6-24 滞后－超前网络 Bode 图

$$\omega_1 = \frac{1}{\sqrt{T_1T_2}} \tag{6-8}$$

应用串联滞后－超前校正设计，实际上是综合地应用串联滞后校正与串联超前校正的设计方法。当未校正系统不稳定，且校正后系统对响应速度、相角裕度和稳态精度的要求均较高时，以采用串联滞后－超前校正为宜。利用滞后－超前网络的超前部分来增大系统的相角裕度，同时利用滞后部分来改善系统的稳态性能或动态性能。

下面举例说明串联滞后－超前校正设计的一般步骤。

【例 6-5】 设单位反馈系统，其开环传递函数为

$$G(s) = \frac{K}{s(s+1)(0.5s+1)}$$

要求：(1) 开环放大系数 $K=10\text{s}^{-1}$；

(2) 相角裕量 $\gamma=50°$；

(3) 幅值裕量 $h=10\text{dB}$；

试确定串联滞后－超前校正网络的传递函数 $G_c(s)$。

解：(1) 根据 $K=10\text{s}^{-1}$ 的要求，绘制未校正系统的开环对数频率特性曲线，如图 6-25 中虚线所示。由图可见，未校正系统的相角裕度等于 $-32°$。说明未校正系统是不稳定的。

(2) 根据系统快速性要求，选择已校正系统的截止频率 ω'_c。本题没有提出明确的要求

故可根据相角裕度的要求来选择 ω'_c。在未校正系统的相频特性曲线中可以看出，当频率等于 1.5rad/s 时，$\angle G(j\omega)$ $= -180°$。可见，选择 $\omega'_c = 1.5\text{rad/s}$ 较为方便，此时所需加入的相角超前量约为 50°，采用滞后-超前网络是完全可以达到的。当然 ω'_c 也不宜取值过小，ω'_c 过小固然可以降低对校正的要求，但由于 ω'_c 值过小，将降低系统的快速性，这也是不希望的。

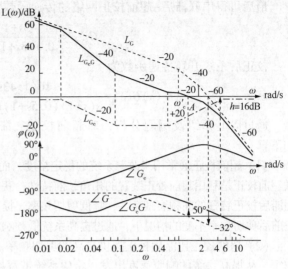

图 6-25　例 6-5Bode 图

（3）当已校正系统的截止频率 ω'_c 确定后，便可以初步确定滞后校正部分的第二个交接频率，选取 $1/T_2 = 0.1\omega'_c$，于是 $1/T_2 = 0.15\text{rad/s}$，若选择 $a = 10$，则滞后部分第一个交接频率即为 $1/aT_2$ $= 0.015\text{rad/s}$。因此滞后校正部分的传递函数为

$$\frac{T_2 s + 1}{a T_2 s + 1} = \frac{6.7 s + 1}{66.7 s + 1}$$

（4）相角超前部分参数的确定。计算对应 ω'_c 时的未校正系统的对数幅值，即

$$L_G = 20\lg | G(j\omega'_c) | = 13(\text{dB})$$

然后，在 ω'_c 点，取 $-L_G = -13\text{dB}$ 得点 A，如图 6-25 中所示。通过 A 点作一条斜率为 $+20\text{dB/dec}$ 的直线，该直线与零分贝坐标线相交，交点频率即为超前校正部分的第二个交接频率 a/T_1（等于 7rad/s）；该直线与滞后校正部分的高频幅值衰减段的交点 B，即为超前校正部分的第一个交接频率 $1/T_1$（等于 0.7rad/s）。因此，超前校正部分的传递函数为

$$\frac{T_1 s + 1}{\dfrac{T_1}{a} s + 1} = \frac{1.43 s + 1}{0.143 s + 1}$$

（5）将滞后、超前校正部分的传递函数组合在一起，得滞后-超前校正网络的传递函数

$$G_c(s) = \frac{1.43 s + 1}{0.143 s + 1} \times \frac{6.67 s + 1}{66.7 s + 1}$$

其对数频率特性曲线如图 6-25 中点划线所示。已校正系统的对数频率特性曲线如图 6-25 中实线所示。

（6）验算。计算校正后系统的相角裕量。因为原系统相频特性在 ω'_c 处相角为 $-180°$，故校正装置 ω'_c 处的相角，即为所求相角裕量

$$\gamma = \angle G_c(j\omega'_c) = 48°$$

从图 6-25 中测量（或计算）得幅值裕量等于 16dB；基本上满足指标要求。可见，在上述初步设计中，只有相角裕量比所求的指标低 2°。如需确保 $\gamma = 50°$，可以通过减弱滞后校正部分对相角滞后的不利影响来达到。例如，可将 $1/T_1 = 0.1\omega'_c$，改选为 $1/T_2 = \omega'_c/15$，就可达到校正后系统相角裕量等于 50° 的指标要求。

最后可得串联滞后-超前校正网络的传递函数为

$$G_c(s) = \frac{1.43s+1}{0.143s+1} \times \frac{10s+1}{100s+1}$$

校正后系统开环传递函数为

$$G_c(s)G(s) = \frac{10(1.43s+1)(10s+1)}{s(s+1)(0.5s+1)(0.143s+1)(100s+1)}$$

通过以上介绍及例题分析,对超前校正、滞后校正和滞后-超前校正三种校正总结如下:

(1)超前校正通常用来改善系统的稳定裕度,而滞后校正通常用来提高系统的稳态精度;串联超前校正是利用超前校正装置的相角超前特性,获得系统所需的相角裕度。串联滞后校正是利用滞后校正装置的高频衰减特性,降低剪切频率,提高系统的相角裕度,或者在基本保证系统校正前后剪切频率不变的情况下,通过提高系统低频响应的放大系数来减小系统的稳态误差。

(2)超前校正比滞后校正提供更高的剪切频率。剪切频率越高,系统频带越宽,调整时间越短。从提高系统的响应速度出发,希望系统带宽越大越好,但带宽越大,系统越易受噪声干扰的影响。因此,当系统需要快速响应特性,输入端噪声电平又较低时,应采用超前校正;反之,当系统对响应速度要求不高,输入端噪声电平又较高时,一般不宜采用超前校正。

(3)如果系统既要获得快速响应特性,又需要获得良好的稳态精度,则可以采用滞后-超前校正。利用滞后-超前校正装置,可提高系统的低频增益并改善其稳态精度,但同时也增大了系统的带宽和稳定裕度。

6.3　反馈校正

在控制系统的校正中,反馈校正也是常用的校正方式之一。反馈校正除了与串联校正一样,可改善系统的性能以外,还可抑制反馈环内不利因素对系统的影响。反馈校正除了具有串联校正同样的校正效果外,还具有串联校正所不可替代的效果。

6.3.1　反馈校正的方式

通常反馈校正可分为硬反馈和软反馈。硬反馈校正装置的主体是比例环节(可能还含有小惯性环节),$G_c(s) = \alpha$(常数),它在系统的动态和稳态过程中都起反馈校正作用;软反馈校正装置的主体是微分环节(可能还含有小惯性环节),$G_c(s) = \alpha s$,它只在系统的动态过程中起反馈校正作用,而在稳态时,反馈校正支路如同断路,不起作用。

6.3.2　反馈校正的作用

在图6-26中,设固有系统被包围环节的传递函数为$G_2(s)$,反馈校正环节的传递函数为$G_C(s)$,则校正后系统被包围部分传递函数变为

$$\frac{X_2}{X_1} = \frac{G_2(s)}{1+G_C(s)G_2(s)}$$

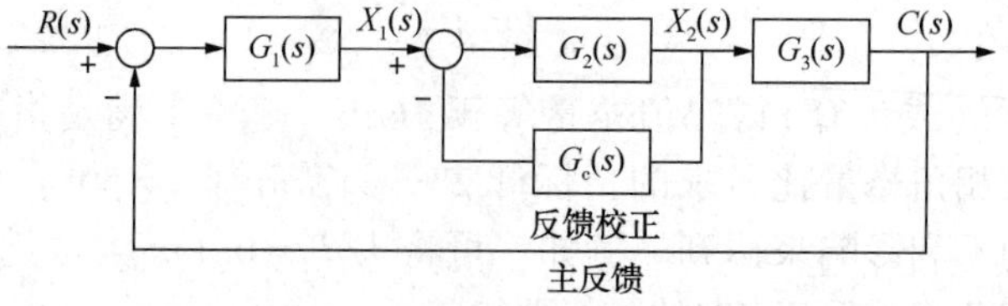

图6-26　反馈校正在系统中的作用

1. 可以改变系统被包围环节的结构和参数，使系统的性能达到所要求的指标。

（1）对系统的比例环节 $G_2(s) = K$ 进行局部反馈

① 当采用硬反馈，即 $G_c(s) = \alpha$ 时，校正后的传递函数为 $G(s) = \dfrac{K}{1+\alpha K}$，增益降低为 $\dfrac{K}{1+\alpha K}$ 倍，对于那些因为增益过大而影响系统性能的环节，采用硬反馈是一种有效的方法。

② 当采用软反馈，即 $G_c(s) = \alpha s$ 时，校正后的传递函数为 $G(s) = \dfrac{K}{1+\alpha K s}$，比例环节变为惯性环节，惯性环节时间常数变为 αK，动态过程变得平缓。对于希望过渡过程平缓的系统，经常采用软反馈。

（2）对系统的积分环节 $G_2(s) = K/s$ 进行局部反馈

① 当采用硬反馈，即 $G_c(s) = \alpha$ 时，校正后的传递函数为

$$G(s) = \frac{K}{s+\alpha K} = \frac{1/\alpha}{\dfrac{1}{\alpha K}s+1}$$

含有积分环节的单元，被硬反馈包围后，积分环节变为惯性环节，惯性环节时间常数变为 $1/(\alpha K)$，增益变为 $1/\alpha$。有利于系统的稳定，但稳态性能变差。

② 当采用软反馈，即 $G_c(s) = \alpha s$ 时，校正后的传递函数为 $G(s) = \dfrac{K/s}{1+\alpha K} = \dfrac{K}{(\alpha K+1)s}$，仍为积分环节，增益降为 $1/(1+\alpha K)$ 倍。

（3）对系统的惯性环节 $G(s) = \dfrac{K}{Ts+1}$ 进行局部反馈

① 当采用硬反馈，即 $G_c(s) = \alpha$ 时，校正后的传递函数为

$$G(s) = \frac{K}{Ts+1+\alpha K} = \frac{K/(1+\alpha K)}{\dfrac{T}{1+\alpha K}s+1}$$

惯性环节时间常数和增益均降为 $1/(1+\alpha K)$，可以提高系统的稳定性和快速性。

② 当采用软反馈，即 $G_c(s) = \alpha s$ 时，校正后的传递函数为 $G(s) = \dfrac{K}{(T+\alpha K)s+1}$，仍为惯性环节，时间常数增加为 $(T+\alpha K)$ 倍。

2. 可以消除系统固有部分中不希望有的特性，从而可以削弱被包围环节对系统性能的不利影响。

当 $G_2(s)G_c(s) \gg 1$ 时，$\dfrac{X_2}{X_1} = \dfrac{G_2(s)}{1+G_c(s)G_2(s)} \approx \dfrac{1}{G_c(s)}$

所以被包围环节的特性主要由校正环节决定，但此时对反馈环节的要求较高。

6.4 复合校正

6.4.1 按输入补偿的复合校正

当系统的输入量可以直接或间接获得时，由输入端通过引入输入补偿这一控制环节时，构成复合控制系统，如图 6-27 所示。

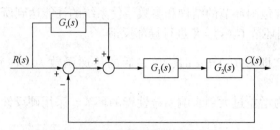

图 6-27　具有输入补偿的复合校正

$$C(s) = G_1(s)G_2(s)\{G_C(s)R(s)+[R(s)-C(s)]\}$$
$$= G_1(s)G_2(s)G_C(s)R(s)+G_1(s)G_2(s)R(s)-G_1(s)G_2(s)C(s)$$

整理得

$$C(s) = \frac{G_1(s)G_2(s)G_C(s)+G_1(s)G_2(s)}{1+G_1(s)G_2(s)}R(s)$$

误差

$$E(s) = R(s)-C(s) = \frac{1-G_1(s)G_C(s)G_2(s)}{1+G_1(s)G_2(s)}R(s)$$

如果满足 $1-G_1(s)G_C(s)G_2(s)=0$，即 $G_C(s)=1/G_1(s)G_2(s)$ 时，则系统完全复现输入信号（即 $E(s)=0$），从而实现输入信号的全补偿。当然，要实现全补偿是非常困难的，当可以实现近似的全补偿，从而可大幅度地减小输入误差改善系统的跟随精度。

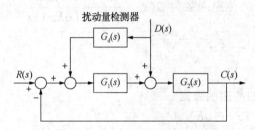

图 6-28　具有输入补偿的复合校正

6.4.2　按扰动补偿的复合校正

当系统的扰动量可以直接或间接获得时，可以采用按扰动补偿的复合控制，如图 6-28 所示。不考虑输入控制，即 $R(s)=0$ 时，扰动作用下的误差为

$$E(s) = R(s)-C(s) = -C(s)$$
$$= -\frac{G_2(s)}{1+G_1(s)G_2(s)}D(s)$$
$$-\frac{G_d(s)G_1(s)G_2(s)}{1+G_1(s)G_2(s)}D(s)$$
$$= -\frac{G_2(s)+G_d(s)G_1(s)G_2(s)}{1+G_1(s)G_2(s)}D(s)$$

如果满足 $1+G_d(s)G_1(s)=0$，即 $G_d(s)=-1/G_1(s)$ 时，则系统因扰动而引起的误差已全部被补偿（即 $E(s)=0$）。同理，要实现全补偿是非常困难的，但可以实现近似的全补偿，从而可大幅度地减小扰动误差，显著地改善系统的动态和稳态性能。由于按扰动补偿的复合校正具有显著减小扰动稳态误差的优点，因此，在一切较高的场合得到广泛应用。

本　章　小　结

（1）系统校正就是在系统中加入校正环节或校正装置，使系统性能得到改善，从而满足给定的各项指标要求。根据校正装置与原系统的连接方式可分为串联校正，反馈校正和复合校正三种方式，根据校正装置的特性可分为超前校正和滞后校正。

（2）超前校正装置具有相位超前作用，它可以补偿原系统过大的滞后相角，从而增加系统的相角裕度和带宽，提高系统的相对稳定性和响应速度。超前校正通常用来改善系统的动态性能，在系统的稳态性能较好而动态性能较差时，采用超前校正可以得到较好的效果。串联校正对系统结构、性能的改善，效果明显，校正方法直观、实用。但由于超前校正装置具有微分的特性，是一种高通滤波装置，它对高频噪声更加敏感，从而降低了系统抗干扰的能力，因此在高频噪声较大的情况下，不宜采用超前校正。

（3）滞后校正装置具有相位滞后的特性，它具有积分的特性，由于积分特性可以减少系统的稳态误差，因此滞后校正通常用来改善系统的稳态性能。

（4）反馈校正除了可以达到与串联校正相同的效果外。还可以抑制来自系统内部和外部扰动的影响，因此对那些工作环境比较差和系统参数变化幅度较大的系统，采用反馈校正效果会更好些。反馈校正能改变被包围环节的参数、性能，甚至可以改变原环节的性质。这一特点使反馈校正，能用来抑制元件（或部件）参数变化和内、外扰动对系统性能的消极影响，有时甚至可取代局部环节。

（5）在系统的反馈控制回路中加入前馈补偿，可组成复合控制。只要参数选择得当，则可以保持系统稳定，减小乃至消除稳态误差，但补偿要适度，过量补偿会引起振荡。

习　题

题 6-1　什么是系统校正？系统校正方式有哪些？

题 6-2　PI 调节器调整系统参数有哪些？它对系统的性能有什么影响？如何减小它对系统稳定性的影响？

题 6-3　PD 控制为什么又称为超前校正？它对系统的性能有什么影响？

题 6-4　已知一单位负反馈系统，未校正系统的开环传递函数 $G_0(s) = \dfrac{20}{s(0.1s+1)}$，串联

校正装置的传递函数 $G_c(s) = \dfrac{s+1}{10s+1}$，要求绘制校正后系统的对数幅频特性曲线和相频特性曲线，并写出校正后系统的开环传递函数。

题 6-5　图 6-29 为某单位负反馈系统校正前、后的开环对数幅频特性曲线，比较系统校正前后的性能变化。

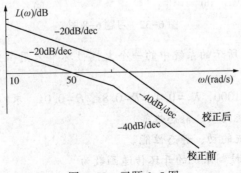

图 6-29　习题 6-5 图

题6-6　图6-30所示为两种串联校正网络的对数幅频特性,它们均由稳定环节组成。若有一单位反馈系统,其开环传递函数为

$$G(s)=\frac{400}{s^2(0.01s+1)}$$

试问:两种校正网络特性中,哪一种可使已校正系统的稳定程度最好?

题6-7　图6-31为某单位负反馈系统校正前、后的开环对数幅频特性曲线,写出系统校正前后的开环传递函数$G_1(s)$和$G_2(s)$;分析校正对系统动、静态性能的影响。

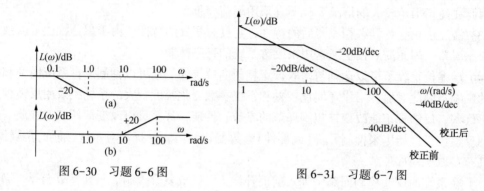

图6-30　习题6-6图　　　　　　　　图6-31　习题6-7图

题6-8　已知系统如图6-32(a)所示,原有的开环传递函数$G_0(s)$的对数幅频特性曲线如图6-32(b)所示,采用串联校正装置$G_C(s)$的对数幅频特性曲线如图6-32(c)所示,试求:(1)原有开环传递函数$G_0(s)$、校正装置传递函数$G_C(s)$和校正方案的系统开环传递函数$G(s)$。(2)说明该校正方案对系统性能的影响。

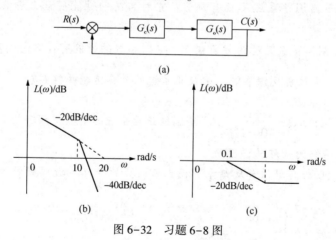

图6-32　习题6-8图

题6-9　若对图6-33所示的系统中的一个大惯性环节采用微分负反馈校正,试分析它对系统性能的影响。

设图中$K_1=0.2$,$K_2=1000$,$K_3=0.4$,$T=0.8s$,$\beta=0.01$。求:

(1)反馈校正前,系统的动、静态性能。

(2)反馈校正后,系统的动、静态性能。

题6-10　某单位反馈控制系统的开环传递函数为

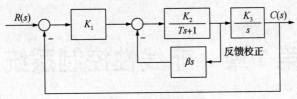

图 6-33　习题 6-9 图

$$G(s) = \frac{K}{s(0.1s+1)(0.001s+1)}$$

若要求校正后系统的静态速度误差系数 $K_\gamma = 1000\text{s}^{-1}$，相位裕度 $\gamma' \geqslant 45°$，试分析系统的性能，并进行串联校正。

题 6-11　某单位反馈控制系统的开环传递函数为

$$G(s) = \frac{4}{s(2s+1)}$$

设计串联滞后校正装置，使系统相位裕量 $\gamma' \geqslant 40°$，并保持原有的开环增益。

第7章 非线性控制系统

在前面几章中，讨论了线性系统的分析和设计方法。然而，一个实际的控制系统都不同程度地存在非线性的特性。所谓非线性是指元件或环节的输入输出静特性不是按线性规律变化的。如果一个控制系统包含一个或一个以上具有非线性特性的环节，则称这类系统为非线性控制系统。

对于非线性程度不很严重，且仅仅在工作点附近小范围内工作的系统，可以用小偏差线性化的方法将非线性特性线性化，线性化之后的系统可以看作线性系统，并可以用线性系统的理论进行分析和研究。然而，对于非线性程度比较严重，输入信号变化范围较大的系统，某些元件将明显地工作在非线性范围，不满足小偏差线性化的条件。这种非线性系统的响应会出现许多用线性系统理论无法解释的现象，只有用非线性系统的理论进行分析，才能得出较为正确的结论。

非线性系统有其特有的规律和特点。在这一章里我们将要讨论为什么会出现非线性特性；非线性系统与线性系统的基本性质有什么不同，分析非线性系统的基本方法，主要介绍两种分析非线性系统的方法：描述函数法和相平面法。

7.1 非线性系统概述

前面介绍了控制系统的分类，如果按照描述元件的动态方程即数学模型的不同可将控制系统分为线性系统和非线性系统，当控制系统中含有一个或一个以上非线性元(部)件时，则这种系统就称为非线性控制系统。在非线性系统中至少有一个元器件的特性不能用线性微分方程描述其输入和输出关系，则系统就不是线性控制系统，而是非线性控制系统，简称非线性系统。非线性系统的特点在于系统中含有一个或多个非线性元件，非线性元件的输入—输出静态特性是非线性特性。常见的典型非线性环节，例如饱和限幅特性、死区特性、继电特性或传动间隙等，凡含有非线性元件的系统均属非线性系统。

7.1.1 典型非线性特性

控制系统中常见的非线性特性，有的是组成系统的元件所固有的，如饱和、死区、间隙、摩擦、滞环等。有些是为了改善系统的性能而加入的，如继电器、变增益放大器等，在系统中加入这类非线性特性可能使系统具有比线性系统更好的动态性能，或者更经济。

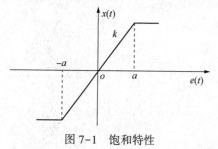

图 7-1 饱和特性

下面简要地介绍一下控制系统中常见的典型非线性的基本特性。

1. 饱和特性

实际放大器只能在一定的输入范围内保持输出和输入之间的线性关系，当输入信号超过某一范围后，环节输出信号不再随输入信号而变化仍保持某一常值，饱和非线性的静特性如图 7-1 所示。图中 $e(t)$ 为非线性环节的输入信号，$x(t)$ 为非线性环节的输出

信号，当外加输入 $e(t)$ 足够大时，大于 a，非线性装置的输出 $x(t)$ 达到饱和，x 不再随输入 e 呈线性变化，而达到饱和状态，即在 $-a<e(t)<a$ 的范围内是线性区，线性区的增益为 k，当 $|e(t)|>a$ 时，进入饱和区。

饱和非线性特性的数学表达式为

$$x(t) = \begin{cases} ke(t) & |e(t)|<a \\ ka & e(t)>a \\ -ka & e(t)<-a \end{cases} \tag{7-1}$$

一般放大器、执行元件都具有饱和特性。通常放大元件由于受电源或输出功率的限制，在输入电压超过放大器的线性工作范围时，输出呈饱和现象。饱和特性当输入信号超过线性区继续增大时，其输出量趋于一个常数值，等效的放大倍数下降。控制系统中有饱和非线性特性存在时，将使系统在大信号作用下的等效开环增益下降，可能使系统响应过程变长和稳态误差增加，假如工作在线性段时系统是发散振荡的，则当输出偏差 $e(t)$ 进入饱和段时，由于系统放大系数下降，有可能形成自激振荡。饱和特性可以限制输出信号的幅度，为了充分发挥系统中各元件的作用，应使系统中各环节同时进入饱和，或者使后级（如功放，执行元件）先进入饱和。

有些系统中加入的限幅、限位装置也可看作是饱和特性的应用。

2. 死区特性

死区特性也称为不灵敏区，它大量存在于各种放大器中，只要输入偏差 $e(t)$ 没有达到一定值 a，放大器输出为零。一旦 $e(t)$ 大于 a，则其输出 $x(t)$ 随 $e(t)$ 增加而线性增加，死区非线性的静特性如图 7-2 所示。其中 $-a<e(t)<a$ 的区域称为死区或不灵敏区，当输入信号的绝对值小于死区范围时，无输出信号。当输入信号的绝对值大于死区时，输出信号才随输入信号变化。死区非线性特性的数学表达式为

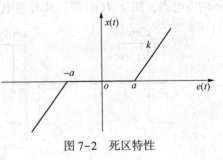

图 7-2 死区特性

$$x(t) = \begin{cases} 0 & |e(t)|<a \\ k[e(t)-a \cdot \mathrm{sign}e(t)] & |e(t)|>a \end{cases} \tag{7-2}$$

式中 $\mathrm{sign}e(t) = \begin{cases} +1 & e(t)>0 \\ -1 & e(t)<0 \end{cases}$

控制系统中的测量元件、执行元件（如伺服电机、液压伺服油缸）等一般都具有死区特性。例如某些测量元件对小于某值的输入量不敏感，伺服电动机只有在输入信号大到一定程度以后才会动作。在控制系统中，由于死区的存在，将产生静态误差，特别是测量元件的不灵敏区的影响较为明显。由摩擦造成的死区将造成系统低速运动的不平滑性。一般说来，控制系统前向通道中，前面环节的死区对系统造成的影响较大，而后面元件的死区对系统的不良影响可以通过提高前级元件的传递系数来减小。

死区特性的存在，一方面可能会导致系统稳态误差的增大和跟踪精度的降低，例如位置随动系统中，死区的存在，将使稳态误差与输入信号大小有关，误差增大，有些场合会导致系统不稳定或自激振荡；另一方面它的存在能提高抗干扰能力，由于系统不灵敏，有利于系

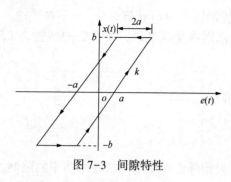

图 7-3 间隙特性

统的稳定或者自激振荡的抑制。

3. 间隙特性

间隙特性一般是由机械传动装置造成的，齿轮传动的齿隙及液压传动的油隙等都属于间隙特性。间隙特性如图 7-3 所示。在齿轮传动中，由于间隙的存在，当主动轮改变方向时，从动轮保持原位不动，直到间隙消除之后才改变方向。

控制系统中有间隙特性存在时，将使系统输出信号在相位上产生滞后，从而使系统的稳定裕量减少，稳定性变差。另外，间隙特性的存在还常常引起系统的自持振荡和稳态误差的增加。因此应尽量减小和避免间隙，如采用双片弹性无隙齿轮代替一般的齿轮，采用低速的力矩电机而去掉减速齿轮箱。

4. 继电器特性

继电器是广泛应用于控制系统和保护装置中的器件，它通常是根据控制的需要，人为产生的一种非线性特性。继电器的类型较多，从输入输出特性上看，有理想继电器，如图 7-4 (a)；具有死区的继电器，如图 7-4(b)；具有滞环的继电器，如图 7-4(c)；具有死区与滞环的继电器，图 7-4(d) 等。几种继电特性的数学描述如下：

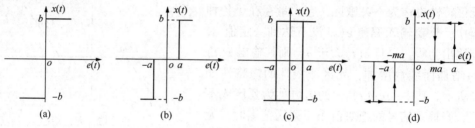

(a)   (b)   (c)   (d)

图 7-4 继电器特性

理想继电特性

$$x(t) = \begin{cases} b, & e>0 \\ -b, & e<0 \end{cases} \tag{7-3}$$

具有死区的继电器继电特性

$$x(t) = \begin{cases} b, & e>a \\ 0, & -a<e<a \\ -b, & e<-a \end{cases} \tag{7-4}$$

具有滞环的继电器特性

$$x(t) = \begin{cases} b, & e>a \\ -b, & e<a \end{cases} \text{且 } \dot{e}>0 \\ \begin{cases} b, & e>-a \\ -b, & e<-a \end{cases} \text{且 } \dot{e}<0 \tag{7-5}$$

具有死区与滞环的继电器特性

$$x(t) = \begin{cases} \left.\begin{array}{l} -b, \ e \leqslant -ma \\ 0, \ -ma < e \leqslant a \\ b, \ e > a \end{array}\right\} \text{且 } \dot{e} > 0 \\ \left.\begin{array}{l} -b, \ e < -a \\ 0, \ -a < e \leqslant ma \\ b, \ e \geqslant ma \end{array}\right\} \text{且 } \dot{e} < 0 \end{cases} \tag{7-6}$$

理想继电器特性是二位继电器的吸合电压和释放电压趋于 0 时的特性，实际上很难实现。一般继电器总有一定的吸合和释放电压值，所以其特性必然出现死区和滞环。死区的存在是由于继电器线圈需要一定数量的电流才能产生吸合作用。滞环的存在是由于铁磁元件磁滞特性使继电器的吸上电流与释放电流不一样大。滞环继电器的特点是，反向释放电压与正向吸合电压相同，正向释放电压与反向吸合电压相同。

继电器特性使系统在输入超过某一值时，输出发生跃变。另外，继电器特性的存在会使系统发生自持振荡，增大系统的稳态误差。

7.1.2　非线性系统的特点

非线性系统与线性系统相比，有许多不同的特点，主要有以下几个方面。

（1）在线性系统中，系统的稳定性只与其结构和参数有关，而与初始条件和外加输入信号无关。对于线性定常系统，其稳定性仅取决于其特征根在 S 平面的分布。而非线性系统的稳定性除了与系统的结构参数有关之外，还与初始条件和输入信号有关。对于一个非线性系统，在不同的初始条件下，运动的最终状态可能完全不同。可能在某一种初始条件下系统是稳定的，而在另一种初始条件下系统是不稳定的。或者在某一种输入信号作用下系统是稳定的，在另一种输入信号作用下系统是不稳定的。因此，对于非线性系统只能判断在某种条件下系统的稳定性如何，不能笼统地说稳定与不稳定，而必须指明是在什么条件、什么范围下稳定。

（2）对线性系统来说，系统的运动状态或收敛于平衡状态，或者发散。只有当系统处于临界稳定状态时，才会出现等幅振荡。但在实际的情况下，这种状态是不能持久的。只要系统参数稍有变化，这一临界状态就不能继续，而变为发散或收敛。然而在非线性系统中，除了发散或收敛于平衡状态两种运动状态外，还会遇到即使没有外界作用存在，系统本身也会产生具有一定振幅和频率的振荡。这种振荡的频率和振幅具有一定的固定性，称为自持振

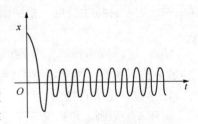

图 7-5　非线性系统的自持振荡

荡、自振荡或自激振荡。通常是一种非正弦的周期振荡，如图 7-5 所示。改变系统的结构和参数，能够改变这种自持振荡的频率和振幅。这是非线性系统所独具的特殊现象，是非线性理论研究的重要问题。

非线性系统中的自持振荡不同于线性系统中临界状态的等幅振荡过程，它可在一定范围内长期存在，不会由于一定范围内的扰动而消失。另外，自持振荡的幅值不受初始偏差变化的影响。在很多情况下，自持振荡有着我们所不希望的、极大的破坏作用；但有时又可利用自持振荡来改善系统的性能。

（3）在线性系统中，当输入信号为正弦函数时，其输出的稳态分量是同频率的正弦信号。输入和稳态输出之间，一般仅在振幅和相位上有所不同，因此可以用频率响应来描述系

统的固有特性。对于非线性系统，如果输入信号为某一频率的正弦信号，其稳态的输出一般并不是同频率的正弦，而是含有高次谐波分量的非正弦周期函数，系统的响应很复杂，常常包含有倍频、分频等谐波分量；有些非线性系统当输入信号的频率由低频端开始增加时，输出的幅值也增加，因此不能直接应用频率特性、传递函数等线性系统常用的概念来分析和综合非线性系统。

(4)对于线性系统，可用线性微分方程来描述，可以应用迭加原理求解。对于非线性系统，要用非线性方程来描述，求解非线性系统，不能使用迭加原理。

对于非线性控制系统，我们把分析的重点放在系统是否稳定，系统是否产生自持振荡，自持振荡的频率和振幅是多少，怎样消除或减小自持振荡的振幅等问题的分析上。

7.1.3　非线性系统分析方法

用非线性系统的理论分析非线性系统，常采用下面一些方法：

1. 数值解法

这是一种利用数字计算机来求解非线性微分方程的方法。一般说来，该方法能解任何非线性系统，且其精度能达到预期的要求。但这种方法注重于系统的特定解，而缺乏反映有关系统全部解的信息。

2. 描述函数法

这种方法实际上是一种谐波线性化方法，可以把它看作是频率响应法在非线性系统中的应用。这是一种近似的方法，可以用于高阶系统。

特点：(1)不受阶次限制；(2)满足一定的条件；(3)只能分析非线性系统的稳定性；(4)不能描述系统的过渡过程和时域指标。

3. 相平面法

相平面法是一种求解非线性方程的图解法。它不仅能提供系统的稳定性信息，而且还能提供系统的动态特性情息。相平面法适用于线性部分为一阶、二阶和能简化成二阶的非线性系统。

特点：(1)较为精确的分段线性化方法；(2)只限于二阶系统以下(绘制相图困难)；(3)能分析系统稳定性和时域指标。

4. 李雅普诺夫直接法

这种方法原则上可以适用于任何复杂的非线性系统。这是用现代控制理论分析非线性系统的一种方法。它可以根据系统的状态方程直接判断系统的稳定性，此方法需要构造一个李雅普诺夫函数，而构造李雅普诺夫函数一般比较困难，需要有较高的技巧。

特点：(1)不受阶次限制；(2)求取函数困难。

5. 微分几何方法

近些年，用这种方法得到了一系列研究成果。

分析非线性系统的方法较多，这些分析方法各有其优缺点和适用范围，合理选用十分重要。本章主要讨论描述函数法和相平面法。

7.2　描述函数法

描述函数分析法(简称描述函数法)是在频率域中分析非线性系统的一种工程近似方法。

它是频率法在一定假设条件下在非线性系统中的应用。描述函数法的实质是一种谐波线性化方法(又称谐波平衡法),其基本思想是用非线性环节输出信号中的基波分量来近似代替正弦信号作用下的实际输出,即忽略输出中的高次谐波分量。描述函数法主要用于分析非线性系统的稳定性,是否产生自持振荡,自持振荡的频率和振幅,消除或减弱自持振荡的方法等。用这种方法分析非线性系统时,系统的阶数不受限制,仅对非线性特性和系统结构有一定要求,因此,该分析方法得到广泛的应用。但该方法的只能用来研究系统的频率响应特性,不能给出时间响应的确切信息。

7.2.1 描述函数的基本概念

1. 描述函数法分析非线性系统的条件

应用描述函数法分析非线性系统时,要求元件和系统应满足以下条件:

(1) 非线性系统的结构图可以简化为只有一个非线性环节 $N(A)$ 和线性部分 $G(s)$ 相串联的典型形式,如图 7-6 所示。应用描述函数法分析时,我们着重要讨论的是非线性环节的输入 $e(t)$ 和输出环节 $x(t)$ 之间的关系。

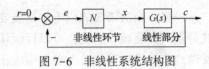

图 7-6 非线性系统结构图

非线性系统的典型结构 $r(t)$ 为零,系统的输出信号可看作回路中的一个中间变量。这样就可以更方便地将非线性系统化简成一个非线性环节与线性部分串联的形式。

(2) 非线性环节的输入输出特性是奇对称的,即 $x(e) = -x(-e)$,以保证非线性环节在正弦输入信号作用下的输出不含直流分量,也就是输出响应的平均值为零。

(3) 系统中的线性部分具有较好的低通滤波特性。这样,当非线性环节输入正弦信号时,输出中的高次谐波分量将被大大削弱。因此,闭环通道内近似地只有一次谐波信号流通。对于一般的非线性系统来说,这个条件是满足的。线性部分的低通滤波特性越好,用描述函数法分析的精度就越高。

用描述函数法近似处理非线性系统的基本出发点,就是用非线性元件输出信号中的基波代替其在正弦输入信号作用下的实际输出,而把所有高于一次的谐波分量忽略掉。

设非线性环节的输入信号为正弦信号

$$e(t) = A\sin\omega t$$

则非线性环节的输出信号 $x(t)$ 是一个非正弦周期函数。$x(t)$ 中含有基波分量(即一次谐波),还有高次谐波。$x(t)$ 可以展开成下列傅里叶级数的形式

$$x(t) = A_0 + \sum_{n=1}^{\infty} (A_n\cos n\omega t + B_n\sin n\omega t)$$

$$= A_0 + \sum_{n=1}^{\infty} X_n\sin(n\omega t + \varphi_n) \tag{7-7}$$

式中

$$A_0 = \frac{1}{2\pi}\int_0^{2\pi} x(t)\,\mathrm{d}(\omega t) \tag{7-8}$$

$$A_n = \frac{1}{\pi}\int_0^{2\pi} x(t)\cos n\omega t\,\mathrm{d}(\omega t) \tag{7-9}$$

$$B_n = \frac{1}{\pi}\int_0^{2\pi} x(t)\sin n\omega t\,\mathrm{d}(\omega t) \tag{7-10}$$

$$X_n = \sqrt{A_n^2 + B_n^2} \tag{7-11}$$

取基波分量，有

$$A_1 = \frac{1}{\pi} \int_0^{2\pi} x(t)\cos\omega t\, \mathrm{d}(\omega t)$$

$$B_1 = \frac{1}{\pi} \int_0^{2\pi} x(t)\sin\omega t\, \mathrm{d}(\omega t) \tag{7-12}$$

如果非线性环节的特性是奇对称的，则式(7-8)中 $A_0 = 0$，则基波分量为

$$x_1(t) = A_1\cos\omega t + B_1\sin\omega t = X_1\sin(\omega t + \phi_1) \tag{7-13}$$

式中

$$X_1 = \sqrt{A_1^2 + B_1^2}$$

一般，高次谐波的幅值比基波要小，系统中线性部分所具有的低通滤波特性又使高次谐波分量大大衰减。因此，可以近似认为只有非线性环节输出信号中的基波分量能沿闭环回路反馈到非线性环节的输入端而构成正弦输入 $e(t)$。

在谐波线性化系统中，非线性元件可以用一个只是对正弦信号的幅值和相位进行变换的环节来代替，该环节的特性可以用一个复函数来描述，其模等于输出基波信号的幅值与输入正弦信号幅值之比，其相位是输出基波信号与输入正弦信号之间的相位差。

2. 描述函数定义

它实际上是非线性元件输出的基波分量对输入正弦波的复数比。描述函数用符号 $N(A)$ 表示，即

$$N(A) = \frac{X_1}{A}e^{j\phi_1} \tag{7-14}$$

式中 $N(A)$——非线性元件的描述函数；

　　　A——正弦输入信号的振幅；

　　　X_1——输出信号基波分量的振幅；

　　　ϕ_1——输出信号基波分量相对输入正弦信号的相移。

描述函数一般为输入信号振幅的函数，当非线性环节中包含储能元件时，描述函数同时为输入信号振幅 A 和频率 ω 的函数。这时记为 $N(A, \omega)$。

如果非线性特性为单值奇函数时，$A_1 = 0$，从而 $\phi_1 = 0$，描述函数 $N(A)$ 是一个实函数如式(7-15)，输出基波信号 $X_1(t)$ 与输入正弦信号 $e(t)$ 同相位。但对于双值非线性特性，$N(A)$ 是一个复函数。

$$N(A) = \frac{X_1}{A} \tag{7-15}$$

求出非线性环节的描述函数 $N(A)$ 后，就可用 $N(A)$ 代替非线性环节，从而建立起非线性系统的数学描述，这样，可以将线性系统频率法扩展到非线性系统中，用来分析非线性系统的稳定性和自激振荡状态。

7.2.2　典型非线性特性的描述函数

1. 饱和特性的描述函数

饱和特性在输入正弦信号 $e(t) = A\sin\omega t$ 时的输入输出波形图如图 7-7 所示。输出信号 x

(t) 的数学表达式为

$$x(t) = \begin{cases} kA\sin\omega t & 0 \leqslant \omega t \leqslant \alpha_1 \\ k\alpha & \alpha_1 \leqslant \omega t \leqslant \pi - \alpha_1 \\ kA\sin\omega t & \pi - \alpha_1 \leqslant \omega t \leqslant \pi \end{cases} \qquad (7\text{-}16)$$

式 (7-16) 中 $\alpha_1 = \arcsin\dfrac{\alpha}{A}$

由于输出 $x(t)$ 是单值奇对称函数，所以有 $A_1 = 0$　$A_0 = 0$

由式可求得：

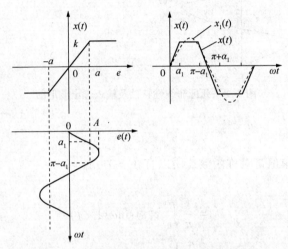

图 7-7　饱和非线性特性及输入输出波形图

$$B_1 = \frac{1}{\pi}\int_0^{2\pi} x(t)\sin\omega t\,\mathrm{d}(\omega t)$$

$$= \frac{4}{\pi}\int_0^{\phi_1} KA\sin^2\omega t\,\mathrm{d}(\omega t) + \frac{4}{\pi}\int_{\phi_1}^{\frac{\pi}{2}} Ka\sin\omega t\,\mathrm{d}(\omega t)$$

$$= \frac{2KA}{\pi}\left[\arcsin\frac{a}{A} + \frac{a}{A}\sqrt{1 - \left(\frac{a}{A}\right)^2}\right]$$

可得饱和特性的描述函数为

$$N(A) = \frac{B_1}{A} = \frac{2K}{\pi}\left[\arcsin\frac{a}{A} + \frac{a}{A}\sqrt{1 - \left(\frac{a}{A}\right)^2}\right] \quad (A \geqslant a) \qquad (7\text{-}17)$$

由上式可以看出，当 $A \geqslant a$，描述函数是输入振幅 A 的函数，而且是非线性关系。若 $A < a$，系统工作在线性区段，则描述函数为：$N(A) = K$，成为一个比例环节。因此，可将描述函数看作一可变放大系数的放大器。

2. 死区特性的描述函数

死区特性在输入 $e(t) = A\sin\omega t$ 时的输入与输出波形图如图 7-8 所示。输出信号 $x(t)$ 的数学表达式为

$$x(t) = \begin{cases} 0 & 0 \leqslant \omega t \leqslant \alpha \\ k(A\sin\omega t - a) & \alpha \leqslant \omega t \leqslant \pi - \alpha \\ 0 & \pi - \alpha \leqslant \omega t \leqslant \pi \end{cases} \qquad (7\text{-}18)$$

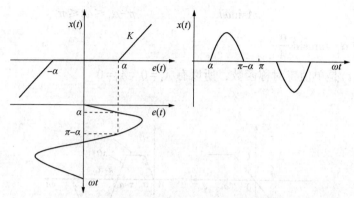

图 7-8 死区非线性特性及输入输出波形图

式 (7-18) 中 $\alpha_1 = \arcsin \dfrac{a}{A}$

由于输出 $x(t)$ 是单值奇对称函数，所以有 $A_1 = 0$ $A_0 = 0$

由式可求得：

$$B_1 = \frac{1}{\pi} \int_0^{2\pi} x(t) \sin\omega t\, d(\omega t)$$

$$= \frac{4}{\pi} \int_0^{\frac{\pi}{2}} K(A\sin\omega t - a)\, a\sin\omega t\, d(\omega t)$$

$$= \frac{2KA}{\pi} \left[\frac{\pi}{2} - \arcsin\frac{a}{A} - \frac{a}{A}\sqrt{1 - \left(\frac{a}{A}\right)^2} \right]$$

求得死区特性的描述函数为

$$N(A) = \frac{B_1}{A} = \frac{2K}{\pi} \left[\frac{\pi}{2} - \arcsin\frac{a}{A} - \frac{a}{A}\sqrt{1 - \left(\frac{a}{A}\right)^2} \right] \quad (A \geqslant a) \qquad (7\text{-}19)$$

由式 (7-19) 可知，当 $\dfrac{a}{A}$ 很小，即不灵敏区小，$N(A)$ 趋近于 K，当 $\dfrac{a}{A}$ 变大，$N(A)$ 随着减小，当 $\dfrac{a}{A}$ 趋近于 1 时，$N(A)$ 趋近于零。

3. 继电特性的描述函数

具死区和滞环的继电特性在正弦信号作用下的输入、输出波形，如图 7-9 所示。假定输入 $e(t) = A\sin\omega t$。

由图可知，在正弦信号作用下，继电特性输出为

$$x(t) = \begin{cases} 0, & 0 \leqslant \omega t < \alpha_1 \\ b, & \alpha_1 \leqslant \omega t < \pi - \alpha_2 \\ 0, & \pi - \alpha_2 \leqslant \omega t < \pi \end{cases}$$

式中 $\quad a_1 = \arcsin\dfrac{a}{A}$，$a_2 = \arcsin\dfrac{ma}{A}$

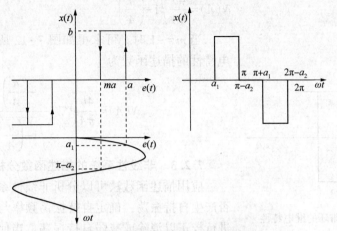

图 7-9　继电特性及输入输出波形图

$$A_1 = \frac{2}{\pi} \int_{a_1}^{\pi-a_2} b\cos\omega t \, d(\omega t) = \frac{2ab(m-1)}{\pi A} \tag{7-20}$$

$$B_1 = \frac{2}{\pi} \int_{a_1}^{\pi-a_2} b\sin\omega t \, d(\omega t) = \frac{2b}{\pi}\left[\sqrt{1-\left(\frac{ma}{A}\right)^2} + \sqrt{1-\left(\frac{a}{A}\right)^2}\right] \tag{7-21}$$

具死区和磁滞回环继电特性的描述函数 $N(A)$ 为

$$N(A) = |N(A)| e^{j\phi_1} = \sqrt{\left(\frac{A_1}{A}\right)^2 + \left(\frac{B_1}{A}\right)^2} \, e^{j\tan^{-1}\frac{A_1}{B_1}} \tag{7-22}$$

$$|N(A)| = \frac{2b}{\pi A}\sqrt{2\left[1-m\left(\frac{a}{A}\right)^2 + \sqrt{1+m^2\left(\frac{a}{A}\right)^4 - (m^2+1)\left(\frac{a}{A}\right)^2}\right]} \tag{7-23}$$

$$\phi_1 = \arctan \frac{(m-1)\dfrac{a}{A}}{\sqrt{1-m^2\left(\dfrac{a}{A}\right)^2} + \sqrt{1-\left(\dfrac{a}{A}\right)^2}} \tag{7-24}$$

当 $a=0$ 时，可求得如图 7-10 所示继电特性的描述函数为

$$N(A) = \frac{4b}{\pi A} \tag{7-25}$$

当 $m=1$，$a \neq 0$ 时，可求得如图 7-11 所示，具有死区的继电特性的描述函数为

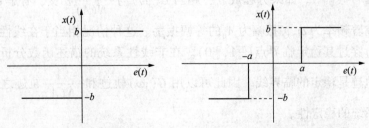

图 7-10　理想继电特性　　　图 7-11　具有死区的继电特性

$$N(A) = \frac{4b}{\pi A}\sqrt{1-\left(\frac{a}{A}\right)^2} \tag{7-26}$$

当 $m=-1$ 时，可求得如图 7-12 所示具有滞环的继电特性的描述函数为

$$N(A) = \frac{4b}{\pi A}e^{j\arctan\frac{-\left(\frac{a}{A}\right)}{\sqrt{1-\left(\frac{a}{A}\right)^2}}} \tag{7-27}$$

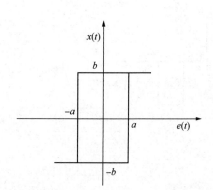

图 7-12 具有滞环的继电特性

7.2.3 非线性系统的描述函数分析

应用描述函数法可以分析非线性系统是否稳定，是否产生自持振荡，确定自持振荡频率与振幅以及对系统进行校正以消除或减弱自持振荡。当使用描述函数法分析非线性系统时，要把非线性系统化简成一个等效线性部分 $G(s)$ 与等效非线性部分 $N(A)$ 在闭环回路中串联的标准形式。如图 7-13 所示。

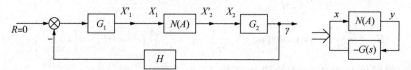

图 7-13 非线性系统结构图的化简图

1. 非线性系统的稳定性分析

用描述函数法分析非线性系统的稳定性，实际上是线性系统中的奈氏判据在非线性系统中的推广。设非线性系统的结构如图所示，则经谐波线性化后系统的闭环频率响应为

$$\frac{C(j\omega)}{R(j\omega)} = \frac{N(A)G(j\omega)}{1+N(A)G(j\omega)}$$

系统在 $s=j\omega$ 时的特征方程为

$$1+N(A)G(j\omega)=0 \tag{7-28}$$

或者写成

$$G(j\omega) = -\frac{1}{N(A)} \tag{7-29}$$

其中 $-\frac{1}{N(A)}$ 称为非线性特性的负倒描述函数。方程中有两个未知数，频率 ω 和非线性环节输入正弦信号振幅 A。如果方程成立，相当 $G(j\omega)$ 与 $-\frac{1}{N(A)}$ 相交，有解 ω_0 和 A_0，则意味着系统中存在着频率为 ω_0，振幅为 A_0 的等幅振荡。这种情况相当于在线性系统中，开环频率特性 $G(j\omega)$ 穿过其稳定临界点 $(-1，j0)$。在非线性系统的描述函数分析中，负倒描述函数 $-\frac{1}{N(A)}$ 的轨迹是稳定的临界线。因此可以用 $G(j\omega)$ 轨迹和 $-\frac{1}{N(A)}$ 轨迹之间的相对位置来判别非线性系统的稳定性。

为了判别非线性系统的稳定性，应当首先画出 $G(j\omega)$ 和 $-\frac{1}{N(A)}$ 的轨迹，在 $G(j\omega)$ 上标明

ω增加的方向，在$-\dfrac{1}{N(A)}$上标明A增加的方向。假设非线性系统的线性部分是最小相位环节，所有的零、极点都在 S 平面左半部。非线性系统稳定性判断的规则如下：

（1）如果线性部分的频率特性$G(j\omega)$的轨迹不包围$-\dfrac{1}{N(A)}$的轨迹，如图 7-14（a）所示，则非线性系统是稳定的。$G(j\omega)$离$-\dfrac{1}{N(A)}$越远，系统的相对稳定性越好。

（2）如果$G(j\omega)$的轨迹包围$-\dfrac{1}{N(A)}$的轨迹，如图 7-14（b）所示，则非线性系统是不稳定的，不稳定的系统，其响应是发散的。

（3）如果$G(j\omega)$的轨迹与$-\dfrac{1}{N(A)}$的轨迹相交，如图 7-14（c）所示，交点处的ω_0和A_0对应系统中的一个等幅振荡。这个等幅振荡可能是自持振荡，也可能在一定条件下收敛或发散。这要根据具体情况分析确定。

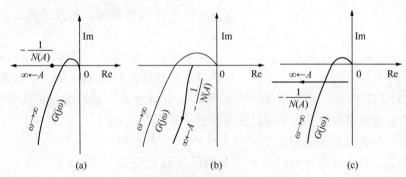

图 7-14　描述函数法分析非线性系统稳定性

2. 自持振荡的确定

$G(j\omega)$与$-1/N(A)$轨迹相交，即方程

$$G(j\omega) = -\frac{1}{N(A)}$$

有解，方程的解ω和A对应着一个周期运动信号的频率和振幅。只有稳定的周期运动才是非线性系统的自持振荡。

所谓稳定的周期运动，是指系统受到轻微扰动作用偏离原来的运动状态，在扰动消失后，系统的运动又能重新恢复到原来频率和振幅的等幅持续振荡。不稳定的周期运动是指系统一经扰动就由原来的周期运动变为收敛、发散或转移到另一稳定的周期运动状态。

图 7-15 中，$G(j\omega)$与$-\dfrac{1}{N(A)}$有两个交点 a 和 b 点，a 点处对应的频率和振幅为ω_a和A_a，b 点处对应的频率和振幅为ω_b和A_b。这说明系统中可能产生两个不同频率和振幅的周期运动，这两个周期运动能否维持，是不是自持振荡必须具体分析。

假设系统原来工作在 a 点，如果受到一个轻微的外界干扰，致使非线性元件输入振幅A增加，则工作点沿着$-\dfrac{1}{N(A)}$轨迹上 A 增大的方向移到 c 点，由于 c 点被$G(j\omega)$曲线所包围，系统不稳定，响应是发散的。所以非线性元件输入振幅 A 将增大，工作点沿着 $-\dfrac{1}{N(A)}$ 曲线上 A 增大的方向向 b 点转移。反之，如果系统受到的轻微扰动是使非线性元件的输入振幅 A 减小，则工作点将移到 d 点。由于 d 点不被 $G(j\omega)$ 曲线包围，系统稳定，响应收敛，振荡越来越弱，A 逐渐衰减为零。因此 a 点对应的周期运动不是稳定的，在 a 点不产生自持振荡。

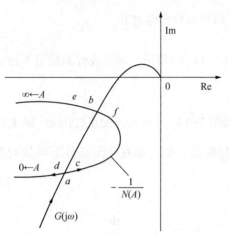

图 7-15 非线性系统自激振荡分析

若系统原来工作在 b 点，如果受到一个轻微的外界干扰，使非线性元件的输入振幅 A 增大，则工作点由 b 点移到 e 点。由于 e 点不被 $G(j\omega)$ 所包围，系统稳定，响应收敛，工作点将沿着 A 减小的方向又回到 b 点。反之，如果系统受到轻微扰动使 A 减小，则工作点将由 b 点移到 f 点。由于 f 点被 $G(j\omega)$ 曲线所包围，系统不稳定，响应发散，振荡加剧，使 A 增加。于是工作点沿着 A 增加的方向又回到 b 点。这说明 b 点的周期运动是稳定的，系统在这一点产生自持振荡，振荡的频率为 ω_b，振幅为 A_b。

由上面的分析可知，图 7-15 所示系统在非线性环节的正弦输入振幅 $A<A_a$ 时，系统收敛；当 $A>A_a$ 时，系统产生自持振荡，自持振荡的频率为 ω_b，振幅为 A_b。系统的稳定性与初始条件及输入信号有关。这正是非线性系统与线性系统的不同之处。

综上所述，非线性系统周期运动的稳定性可以这样来判断：在复平面上，将线性部分 $G(j\omega)$ 曲线包围的区域看成是不稳定区域，而不被 $G(j\omega)$ 曲线包围的区域看成是稳定区域，如上图 7-16 所示。当交点处的 $-\dfrac{1}{N(A)}$ 曲线沿着 A 增加的方向由不稳定区进入稳定区，则该交点代表的是稳定的周期运动，即产生自持振荡。反之，交点处的 $-\dfrac{1}{N(A)}$ 曲线沿着 A 增加的方向由稳定区进入不稳定区时，该交点代表的是不稳定的周期运动，不产生自持振荡。

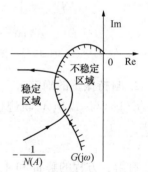

图 7-16 周期运动的稳定性判断

3. 分析步骤

应用描述函数法对非线性控制系统进行稳定分析和设计的步骤：

（1）将非线性系统进行方框图化简；

（2）在复平面上绘制 $-\dfrac{1}{N(A)}$ 和 $G(j\omega)$ 的特性曲线；

（3）按奈氏判据推广准则判定系统的稳定性；

（4）分析稳定性与极限环振荡情况。

4. 描述函数的应用举例

【例 7-1】 设含饱和特性的非线性系统如图 7-17 所示，其中饱和非线性特性的参数

$a = 1$，$k = 2$。

（1）试确定系统稳定时线性部分增益 K 的临界值 K_c。

（2）试计算 $K = 15$ 时，系统自持振荡的振幅和频率。

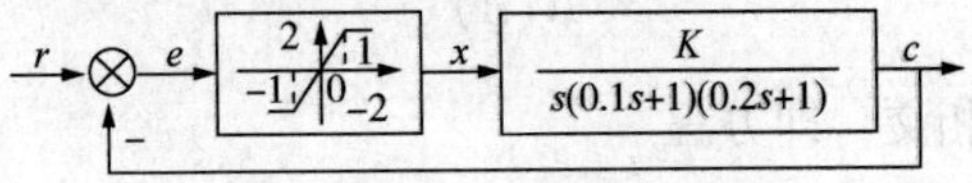

图 7-17　例 7-1 题结构图

解：（1）饱和非线性特性的描述函数为

$$N(A) = \frac{2k}{\pi}\left[\arcsin\frac{a}{A} + \frac{a}{A}\sqrt{1-\left(\frac{a}{A}\right)^2}\right]$$

其负倒描述函数为

$$-\frac{1}{N(A)} = \frac{-\pi}{2k\left[\arcsin\dfrac{a}{A} + \dfrac{a}{A}\sqrt{1-\left(\dfrac{a}{A}\right)^2}\right]}$$

$$= \frac{-\pi}{4\left[\arcsin\dfrac{1}{A} + \dfrac{1}{A}\sqrt{1-\left(\dfrac{1}{A}\right)^2}\right]}$$

在上式中，当 $A \to a = 1$ 时，$-\dfrac{1}{N(A)} = -\dfrac{1}{2}$ 当 $A \to \infty$ 时，$-\dfrac{1}{N(A)} = -\infty$

因此，$-\dfrac{1}{N(A)}$ 的轨迹在负实轴上 $-1/2$ 至 $-\infty$ 一段，如图 7-18 欲使系统稳定，则线性部分 $G(j\omega)$ 轨迹必须不包围（$-1/2$ 至 $-\infty$）线段。由线性部分传递函数

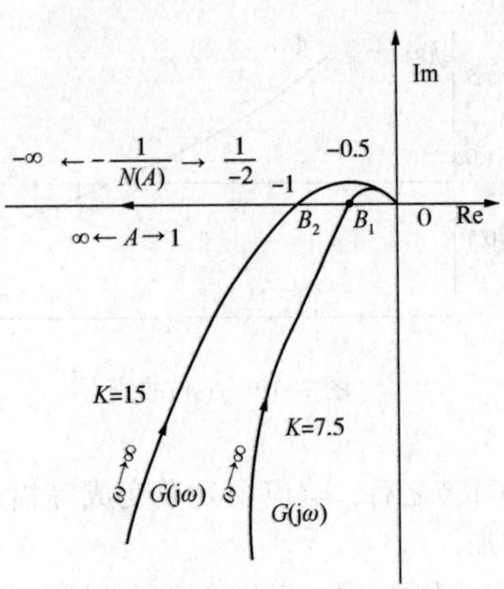

$$G(s) = \frac{K}{s(0.1s+1)(0.2s+1)}$$

$$G(j\omega) = \frac{K}{j\omega(0.1j\omega+1)(0.2j\omega+1)}$$

$$= \frac{K}{j\omega[0.02(j\omega)^2+0.3j\omega+1]}$$

$$= \frac{K}{\omega}\frac{[-0.3\omega-j(1-0.02\omega^2)]}{(1+0.05\omega^2+0.0004\omega^4)}$$

图 7-18　例 7-1 题图

令虚部等于零即

$$-\frac{K(1-0.02\omega^2)}{\omega(1+0.05\omega^2+0.0004\omega^4)} = 0$$

可求得 $G(j\omega)$ 与负实轴相交处的频率为 $\omega = 7.07\text{rad/s}$。将 $\omega = 7.07\text{rad/s}$ 代入 $R_e[G(j\omega)] =$

$$-\frac{K0.03\omega}{\omega(1+0.05\omega^2+0.0004\omega^4)} = 0$$ 可求得 $G(j\omega)$ 与负实轴相交处的幅值为 $\dfrac{0.3K}{4.5}$。

当 $G(j\omega)$ 轨迹通过（-1，$j0$）点时，则可求得系统稳定时 K 的临界值 K_C，即

$\dfrac{0.3K}{4.5} = -\dfrac{1}{2}$，解得 $K_C = 7.5$

当线性部分增益 $K = 15$ 时，$G(j\omega)$ 与 $-\dfrac{1}{N(A)}$ 相交，交点 B_2 为稳定点产生自持振荡。

$G(j\omega)$ 与 $-\dfrac{1}{N(A)}$ 轨迹相交，即方程

$$G(j\omega) = -\dfrac{1}{N(A)}$$

可求得交点处的频率为 $\omega = 7.07\text{rad/s}$，由 $\text{Re}[G(j\omega)]$ 可求得交点处的幅值 -1。

$$\text{Re}\left[-\dfrac{1}{N(A)}\right] = \dfrac{-\pi}{4\left[\arcsin\left(\dfrac{1}{A}\right) + \dfrac{1}{A}\sqrt{1-\left(\dfrac{1}{A}\right)^2}\right]}$$

因为 $\dfrac{-\pi}{4\left[\arcsin\left(\dfrac{1}{A}\right) + \dfrac{1}{A}\sqrt{1-\left(\dfrac{1}{A}\right)^2}\right]}$

$$\arcsin\left(\dfrac{1}{A}\right) + \dfrac{1}{A}\sqrt{1-\left(\dfrac{1}{A}\right)^2} = \dfrac{\pi}{4}$$

令 $f(A) = \arcsin\dfrac{1}{A} + \dfrac{1}{A}\sqrt{1-\left(\dfrac{1}{A}\right)^2}$

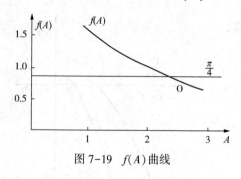

图 7-19　$f(A)$ 曲线

以 A 为变量作出 $f(A)$ 曲线，如图 7-19。

$f(A)$ 与 $\dfrac{\pi}{4}$ 相交于 O 点，求得 $A = 2.5$

$$A = 2.5$$

所以，当 $K = 15$ 时系统自持振荡的振幅为 $A = 2.5$，频率为 $\omega = 7.07\text{rad/s}$。

这个系统中的饱和非线性特性如果换成一个增益为 2 的线性放大器，则成为线性系统。这个线性系统是不稳定的，其响应是发散的。有了饱和非线性环节之后，响应由发散变成等幅的自持振荡，其原因是饱和特性限制了振幅的无限制增加。

【例 7-2】　已知含死区的继电特性的非线性系统结构如图 7-20，其中继电器参数 $a = 1$，$b = 3$，试分析系统是否产生自激振荡，若产生自激振荡，求出振幅和振荡频率。若使系统不产生自振，确定 a，b 之间应满足的关系。

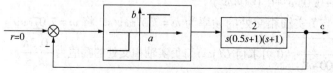

图 7-20　例 7-2 系统结构图

解：带死区的继电特性的描述函数为

$$N(A) = \frac{4b}{\pi A}\sqrt{1-\left(\frac{a}{A}\right)^2}$$

其负倒数函数为 $-\dfrac{1}{N(A)} = -\dfrac{\pi A}{4b\sqrt{1-\left(\dfrac{a}{A}\right)^2}}$

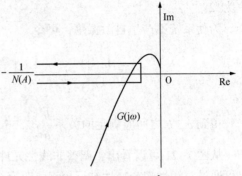

画 $-\dfrac{1}{N(A)}$ 曲线

当 $A \to a$ 时，$-\dfrac{1}{N(A)} \to -\infty$；

$A \to \infty$ 时，$-\dfrac{1}{N(A)} \to -\infty$。

$-\dfrac{1}{N(A)}$ 曲线如图 7-21。

图 7-21　$G(j\omega)$ 与 $-\dfrac{1}{N(A)}$ 曲线

线性部分：

$$G(j\omega) = \frac{2}{j\omega(0.5j\omega+1)(j\omega+1)} = \frac{2}{\omega\sqrt{0.25\omega^2+1}\sqrt{\omega^2+1}}\angle -90°-\arctan 0.5\omega-\arctan\omega$$

画 $G(j\omega)$ 曲线：$\omega \to 0$，$\infty\angle -90°$

$\omega \to \infty$，$0\angle -270°$

$G(j\omega)$ 曲线如图 7-21 所示。

可见 $-\dfrac{1}{N(A)}$ 在负实轴上有极值点。

令 $\dfrac{\mathrm{d}}{\mathrm{d}A}\left[\dfrac{1}{N(A)}\right] = 0$，求得极值点

$$A = \sqrt{2}a$$

将 $a=1$，$b=3$ 代入下式

$$-\frac{1}{N(A)}\Big|_{A=\sqrt{2}} = -\frac{\pi}{6} \approx -0.52$$

求交点：令 $\angle -90°-\arctan 0.5\omega-\arctan\omega = -180°$

即：$\dfrac{1}{0.5\omega} = \omega$　解出 $\omega_g = \sqrt{2}$

$$|G(j\omega_g)| = \frac{2}{\omega\sqrt{0.25\omega^2+1}\sqrt{\omega^2+1}} = \frac{2}{\sqrt{2}\sqrt{1.5}\sqrt{3}} = \frac{2}{3} \approx 0.66$$

可见，$G(j\omega)$ 曲线与 $-\dfrac{1}{N(A)}$ 曲线相交，为求得交点处对应的振幅值，令

$$-\frac{\pi A}{4b\sqrt{1-(\frac{a}{A})^2}} = -\frac{\pi A}{12\sqrt{1-(\frac{1}{A})^2}} = -\frac{2}{3}$$

求得两个振幅值 $A_1 = 1.11$，$A_2 = 2.3$。

　　这说明系统存在两个振幅不同，而振荡频率相同的周期运动，通过对周期运动的稳定性判别可得振幅为1.11的周期运动是不稳定的。振幅为2.3的周期运动是稳定的，振荡频率为$\omega = \sqrt{2}$，幅值为0.66。且产生的是一个稳定的自激振荡，自激振荡的振幅为2.3，振荡频率为$\sqrt{2}$。

　　为使系统不产生自激振荡，可令

$$-\frac{1}{N(A)}\bigg|_{A=\sqrt{2}a} -\frac{1}{N(A)}\bigg|_{A=\sqrt{2}a} = -\frac{\pi A}{12\sqrt{1-(\frac{1}{A})^2}}\bigg|_{A=\sqrt{2}a} \leqslant -\frac{2}{3}$$

　　得到a，b之间应满足的关系$\dfrac{b}{a} < 2.36$。

　　从图7-21可以看出，调整非线性元件的参数a或b也可达到消除自持振荡目的。另外也可通过对线性部分特性进行校正，改变线性部分特性曲线的形状来消除自持振荡。

7.3　相平面法

　　相平面分析法(简称相平面法)是一种在时域中求解二阶微分方程的图解法。它不仅能分析系统的稳定性和自振荡，而且能给出系统运动轨迹的清晰图像。相平面法一般适用于二阶非线性系统的分析。相平面分析法的主要工作是画相平面上的相轨迹图，有了相轨迹图，就可以在相平面上分析系统的稳定性、时间响应特性、稳态精度以及初始条件和参数对系统性能的影响等。

7.3.1　相轨迹的概念和性质

1. 相平面和相轨迹

　　设一个二阶系统可以用下面的常微分方程

$$\ddot{x} + f(x, \dot{x}) = 0 \tag{7-30}$$

来描述。其中$f(x, \dot{x})$是x和$\dot{x}$的线性或非线性函数。在一组非全零初始条件下($\dot{x}(0)$和$x(0)$不全为零)，系统的运动可以用解析解$x(t)$和$\dot{x}(t)$描述。如图7-22(b)和(c)所示。$x(t)$和$\dot{x}(t)$称为系统运动的相变量(状态变量)，如果取$x(t)$为横坐标和$\dot{x}(t)$为纵坐标构成坐标平面，则系统的每一个状态均对应于该平面上的一点，这个平面称相平面。当t变化时，这一点在x-$\dot{x}$平面上描绘出的轨迹，表征系统状态的演变过程，该轨迹就叫做相轨迹，也称为相平面图，简称相图。如图7-22(a)所示。所以，只要能绘出相平面图，通过对相平面图的分析，就可以完全确定系统所有的动态性能，这种分析方法称为相平面法。二阶系统相轨迹的容易得到，但要作出三阶或三阶以上系统的相轨迹比较困难，甚至是不可能的。所以它常用于求解二阶线性或非线性系统的图解方法。

　　所谓相平面，指的是用$x(t)$和$\dot{x}(t)$分别作为横坐标和纵坐标的直角坐标平面称为相平面。

　　所谓相轨迹：指的是随时间的增加，状态$x(t)$和$\dot{x}(t)$相应变化形成的轨迹叫相轨迹。

2. 相轨迹的性质

　　相平面的上半平面中，$\dot{x} > 0$，相迹点沿相轨迹向x轴正方向移动，所以上半部分相轨迹

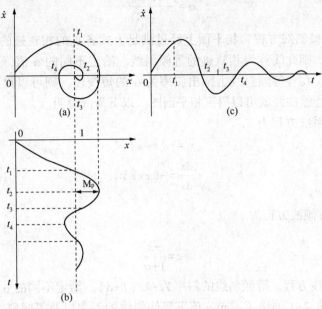

图 7-22　相平面

箭头向右；同理，下半相平面 $\dot{x}<0$，相轨迹箭头向左。总之，相迹点在相轨迹上总是按顺时针方向运动。当相轨迹穿越 x 轴时，与 x 轴交点处有 $\dot{x}=0$，因此，相轨迹总是以 $\pm90°$ 方向通过 x 轴的。

通过相平面上任一点的相轨迹在该点处的斜率 α 由表达式为

$$\alpha=\frac{\mathrm{d}\dot{x}}{\mathrm{d}x}=\frac{\mathrm{d}\dot{x}/\mathrm{d}t}{\mathrm{d}x/\mathrm{d}t}=\frac{-f(x,\ \dot{x})}{\dot{x}} \tag{7-31}$$

相平面上任一点 $(x,\ \dot{x})$，只要不同时满足 $\dot{x}=0$ 和 $f(x,\ \dot{x})=0$，则 α 是一个确定的值。这样，通过该点的相轨迹不可能多于一条，相轨迹不会在该点相交。这些点就是相平面上的普通点。

相平面上同时满足 $\dot{x}=0$ 和 $f(x,\ \dot{x})=0$ 的点处，α 不是一个确定的值。

$$\alpha=\frac{\mathrm{d}\dot{x}}{\mathrm{d}x}=\frac{-f(x,\ \dot{x})}{\dot{x}}=\frac{0}{0} \tag{7-32}$$

通过该点的相轨迹有一条以上。这些点是相轨迹的交点，称为奇点。显然，奇点只分布在相平面的 x 轴上。由于奇点处 $\ddot{x}=\dot{x}=0$，故奇点也称为平衡点。

7.3.2　绘制相平面图的等倾斜线法

绘制相平面图可以采用解析法，由方程 $\ddot{x}+f(x,\ \dot{x})=0$ 解出 $x(t)$ 和 $\dot{x}(t)$，在 x-$\dot{x}$ 平面绘出系统相轨迹。一般非线性微分方程求解比较困难，实际中通常采用下面将介绍的"等倾斜线法"绘制系统相平面图。

等倾斜线法是一种通过图解方法求相轨迹的方法。由系统微分方程式可得出

$$\frac{\mathrm{d}\dot{x}}{\mathrm{d}x}=\frac{-f(x,\ \dot{x})}{\dot{x}} \tag{7-33}$$

式 (7-33) 中，$\mathrm{d}\dot{x}/\mathrm{d}x$ 表示相平面上相轨迹的斜率。若取斜率为常数，则上式可改写成

$$\alpha = \frac{f(x, \dot{x})}{\dot{x}} \qquad (7\text{-}34)$$

式(7-34)为等倾斜线方程。相平面上经过满足上式各点的相轨迹的斜率都等于 α。若将这些点连成一线，则此线称为相轨迹的等倾斜线。给定不同的 α 值，则可在相平面上画出相应的等倾斜线。在各等倾斜线上画出斜率为 α 的短线段，则可以得到相轨迹切线的方向场。沿方向场画连续曲线就可以得到相平面图。以下举例说明。

【例 7-3】 设系统方程为

$$\ddot{x} = -(x + \dot{x})$$

$$\dot{x}\frac{\mathrm{d}\dot{x}}{\mathrm{d}x} = -(x + \dot{x})$$

设 $\alpha = \dfrac{\mathrm{d}\dot{x}}{\mathrm{d}x}$，则等倾线方程为

$$\dot{x} = \frac{-x}{1+\alpha} \qquad (7\text{-}35)$$

式(7-35)是直线方程。等倾斜线的斜率为 $-1/(1+\alpha)$。给定不同的 α，便可以得出对应的等倾斜线斜率。表 7-1 列出了不同 α 值下等倾斜线的斜率以及等倾斜线与 x 轴的夹角 β。图 7-23 画出了 α 取不同值时的等倾斜线和代表相轨迹切线方向的短线段。画出方向场后，很容易绘制出从一点开始的特定的相轨迹。

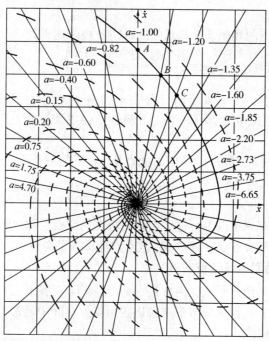

图 7-23 确定相轨迹切线方向的方向场及相平面上的一条相轨迹

表 7-1　不同 α 值下等倾斜线的斜率及 β

α	−6.68	−3.75	−2.73	−2.19	−1.84	−1.58	−1.36	−1.18	−1.00
$\dfrac{-1}{1+\alpha}$	0.18	0.36	0.58	0.84	1.19	1.73	2.75	5.67	∞
β	10°	20°	30°	40°	50°	60°	70°	80°	90°
α	−0.82	−0.64	−0.42	−0.16	0.19	0.73	1.75	4.68	∞
$\dfrac{-1}{1+\alpha}$	−5.76	−2.75	−1.73	−1.19	−0.84	−0.58	−0.36	−0.18	0.00
β	100°	110°	120°	130°	140°	150°	160°	170°	180°

7.3.3　二阶系统的相图及奇点的类型

二阶线性系统的微分方程为

$$\ddot{x}+2\zeta\omega_n\dot{x}+\omega_n^2x=0 \tag{7-36}$$

由于 $\dot{x}=\dfrac{\mathrm{d}x}{\mathrm{d}t}$，$\ddot{x}=\dfrac{\mathrm{d}\dot{x}}{\mathrm{d}t}=\dfrac{\mathrm{d}\dot{x}}{\mathrm{d}x}\cdot\dfrac{\mathrm{d}x}{\mathrm{d}t}=\dfrac{\mathrm{d}\dot{x}}{\mathrm{d}x}\cdot\dot{x}$，则上式又可写为

$$\frac{\mathrm{d}\dot{x}}{\mathrm{d}x}=-\frac{\omega_n^2x+2\zeta\omega_n\dot{x}}{\dot{x}} \tag{7-37}$$

式(7-37)表示了二阶系统相轨迹上各点的斜率，在相平面原点处，有 $x=0$，$\dot{x}=0$，即 $\dfrac{\mathrm{d}\dot{x}}{\mathrm{d}x}=\dfrac{0}{0}$，二阶线性系统的奇点(或平衡点)的位置在坐标原点(0，0)。当 ζ 取不同值时，系统的特征根在复平面上的分布情况不同，相应的有六种性质不同的奇点。

（1）中心点

当 $\zeta=0$ 时，系统的特征根是一对纯虚根，位于复平面的虚轴上。系统的时域响应为不衰减的正弦振荡，此时

$$\frac{\mathrm{d}\dot{x}}{\mathrm{d}x}=-\frac{\omega_n^2x}{\dot{x}},$$

对上式两侧分别取积分，得

$$x^2+\left(\frac{\dot{x}}{\omega_n}\right)^2=R^2$$

上式表明，系统的相轨迹是一簇围绕坐标原点的同心椭圆，如图 7-24(a)。椭圆的横轴和纵轴由初始条件给出。每个椭圆对应一定频率下的等幅振荡过程，线性系统的等幅振荡实际上是不能持续的。这种情况下的奇点称为中心点。

（2）稳定焦点

当 $0<\zeta<1$ 时，系统的特征根是一对具有负实部的共轭复根，位于复平面的左半部。系统的时域响应为收敛于平衡点的周期性衰减振荡。相平面图是一接收敛于原点的对数螺线。收敛于原点，如图 7-24(b)所示。这种情况下的奇点称为稳定焦点。

（3）稳定节点

当 $\zeta>1$ 时，系统的特征根是两个负实根，位于复平面的负实轴上。系统的时域响应是收敛于平衡点的非周期性衰减。对应的相轨迹是一簇趋于原点的抛物线，如图 7-24(c)所

示。这种情况下的奇点称为稳定节点。

（4）鞍点

系统的方程为

$$\ddot{x} + 2\zeta\omega_n\dot{x} - \omega_n^2 x = 0$$

这相当于正反馈系统的情况，这时系统的特征根为一正、一负两个实根。系统的时域响应也是非周期性发散的，相轨迹中有直线和双曲线族，如图7-24(d)，这种情况下的奇点称为鞍点，是不稳定的平衡状态。

（5）不稳定焦点

当$-1<\zeta<0$时，系统的特征根是一对具有正实部的共轭复根，位于复平面的右半部。系统的时域响应是发散的振荡。相轨迹的曲线也是向外发散的。如图7-24(e)所示。这种情况下的奇点称为不稳定焦点。

（6）不稳定节点

当$\zeta<-1$时，系统的特征根是两个正实根，位于复平面的正实轴上。系统的时域响应是非周期的发散，相轨迹的曲线背离奇点向外发散。如图7-24(f)所示。这种情况下的奇点称为不稳定节点。

以上六种不同性质奇点所对应的根的分布、相平面图都绘于图7-24中以便比较。

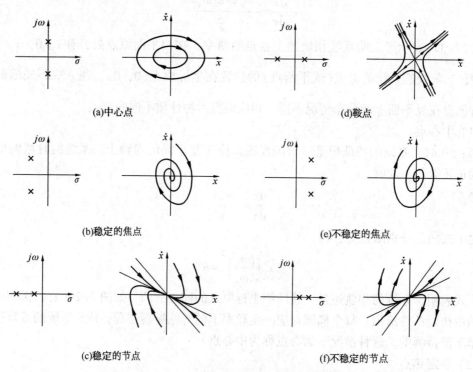

(a)中心点　　　　　　　　　　　　　(d)鞍点

(b)稳定的焦点　　　　　　　　　　(e)不稳定的焦点

(c)稳定的节点　　　　　　　　　　(f)不稳定的节点

图7-24　二阶线性系统特征根与奇点

7.3.4　非线性系统的相平面分析

大多数非线性控制系统所含有的非线性特性是分段线性的，或者可以用分段线性特性来近似。用相平面法分析这类系统时，一般采用"分区-衔接"的方法。首先，根据非线性特性的线性分段情况，用几条分界线（开关线）把相平面分成几个线性区域，在各个线性区域内，各自用一个线性微分方程来描述。其次，画出各线性区的相平面图。最后，将相邻区间的相轨迹衔接成连续的曲线，即可获得系统的相平面图。

用相平面法分析可以分段线性化的非线性系统的一般步骤如下：

① 将非线性特性用分段的直线特性来表示，写出各段的数学表达式。

② 选择合适的坐标，常用误差 e 及其导数 $\dot{e}$；分别作为相平面的横坐标和纵坐标。根据非线性特性将相平面分成若干区域，使非线性特性在每个区域内都呈线性特性。

③ 确定每个区域奇点的类型和在相平面上的位置。奇点的位置还与输入信号的形式和大小有关。

④ 画出各区的相轨迹。

⑤ 在切换点上将相邻区域的相轨迹连接起来。

【例 7-4】　具有死区特性的非线性系统如图 7-25 所示。$r(t)=R_1(t)$，R 为常数。试画出相轨迹图，分析系统的运动规律。

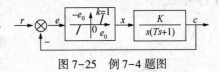

图 7-25　例 7-4 题图

解：题中非线性的数学表达式为

$$x=\begin{cases} 0, & |e|<e_0 \\ e-e_0, & e>e_0 \\ e+e_0, & e<-e_0 \end{cases}$$

线性部分的微分方程为

$$T\ddot{c}+\dot{c}=Kx$$

因为 $e=r-c$，$r(t)=R\times 1(t)$，$\dot{r}=\ddot{r}=0$，$\ddot{e}=\ddot{r}-\ddot{c}=-\ddot{c}$

以 $\ddot{e}=-\ddot{c}$ 代入上式可得 $T\ddot{e}+\dot{e}+Kx=0$

选择误差信号 e 及其导数 $\dot{e}$ 为相平面。根据死区非线性特性将相平面分成三个区，即 Ⅰ 区（$|e|<e_0$），Ⅱ 区（$e>e_0$），Ⅲ 区（$e<-e_0$）。

将 $x=0$ 代入得 Ⅰ 区微分方程 $T\ddot{e}+\dot{e}=0$　　$|e|<e_0$

相轨迹的斜率方程为 $\dfrac{\mathrm{d}\dot{e}}{\mathrm{d}e}=\dfrac{-\dfrac{1}{T}\dot{e}}{\dot{e}}=-\dfrac{1}{T}$

令 $\begin{cases} \dfrac{1}{T}\dot{e}=0 \\ \dot{e}=0 \end{cases}$，解得 $\dot{e}=0$　　$|e|<e_0$

这说明 Ⅰ 区没有奇点，Ⅰ 区的相轨迹为斜率为 $-\dfrac{1}{T}$ 的直线。

将 $x=e-e_0$ 代入得 Ⅱ 区微分方程 $T\ddot{e}+\dot{e}+K(e-e_0)=0$　　$e>e_0$

相轨迹的斜率方程为 $\dfrac{\mathrm{d}\dot{e}}{\mathrm{d}e}=\dfrac{-\dfrac{1}{T}\dot{e}+\dfrac{K}{T}(e-e_0)}{\dot{e}}$

$$令 \begin{cases} \dfrac{1}{T}\dot{e} + \dfrac{K}{T}(e-e_0) = 0 \\ \dot{e} = 0 \end{cases}, \ 解得 \begin{cases} \dot{e} = 0 \\ e = e_0 \end{cases} \quad e > e_0$$

Ⅱ区奇点的位置在$(e_0，0)$，处于Ⅰ区和Ⅱ区的分界线上，实际上是个虚奇点。奇点的类型为稳定的焦点或节点，视参数T、K的值而定。

将$x = e + e_0$代入得Ⅲ区微分方程$T\ddot{e} + \dot{e} + K(e+e_0) = 0 \quad e < -e_0$

类似地可确定Ⅲ区奇点的位置在$(-e_0，0)$，处于Ⅰ区和Ⅲ区的分界线上，实际上也是个虚奇点。

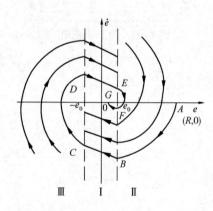

图7-26　例7-4题相轨迹图

设Ⅱ区和Ⅲ区的奇点是稳定焦点，则Ⅱ区和Ⅲ区的相轨迹为对数螺线。若系统原来处于静止状态，则相轨迹的起始点坐标在$(R，0)$。

该系统响应阶跃输入信号时完整的相轨迹如图7-26中曲线ABCDEFG所示。这是始于Ⅱ区的初始点A，中间经Ⅰ、Ⅲ、Ⅰ、Ⅱ等区，最终进入死区的衰减振荡的相轨迹。从图中看到，相轨迹最终并不趋向位于分界线上的奇点$(e_0，0)$和$(-\dot{e}_0，0)$，而停止在Ⅰ区的代表死区的平衡线$\dot{e} = 0$，系统的稳态误差在$-e_0$至e_0之间，其值与初始条件及输入信号的幅度有关。

如果系统中没有死区特性，则是一个Ⅰ型线性系统，对阶跃输入的稳态误差为零，由此可见，死区会增加系统的稳态误差。

本 章 小 结

1. 非线性系统有许多不同于线性系统的特点：

（1）非线性系统的稳定性与输入信号及初始条件有关。

（2）非线性系统可以产生稳定的自激振荡。

（3）非线性系统输出的动态过程曲线的形状与输入信号的大小及初始条件的大小有关，因此，叠加原理不适用于非线性系统。

2. 描述函数法的基本思想是用一次谐波分量近似代替非线性环节的输出，即用谐波线性化方法将非线性环节线性化。

3. 应用推广的奈氏判据可以判别非线性系统的稳定性，也可以确定系统的自振状态。

4. 相平面分析法是研究二阶非线性系统的一种图解方法。相平面图清楚地表示了系统在不同初始条件下的自由运动。相平面分析法可以采用分段线性化分析非线性系统。

习　　题

题7-1　三个非线性系统的非线性特性一样，线性部分传递函数分别如下：

(1) $G(s) = \dfrac{s}{s(0.1s+1)}$;　(2) $G(s) = \dfrac{2}{s(s+1)}$;　(3) $G(s) = \dfrac{2(1.5s+1)}{s(s+1)(0.1s+1)}$

试问，当用描述函数法分析时，哪个系统分析的准确度高？为什么？

题 7-2　一个非线性系统，其非线性特性是一个斜率 $k=1$ 的饱和特性。当不考虑饱和因素时，闭环系统稳定。试问该系统有没有可能产生自振？为什么？

题 7-3　将下列图 7-27 所示非线性系统简化成非线性部分 $N(X)$ 和等效的线性部分 $G(s)$ 相串联的单位反馈系统，并写出线性部分的传递函数 $G(s)$。

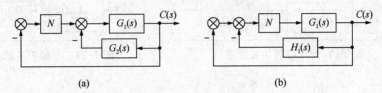

(a)　　　　　　　　　(b)

图 7-27　习题 7-3 题图

题 7-4　判别图 7-28 所示各系统是否存在自振点。

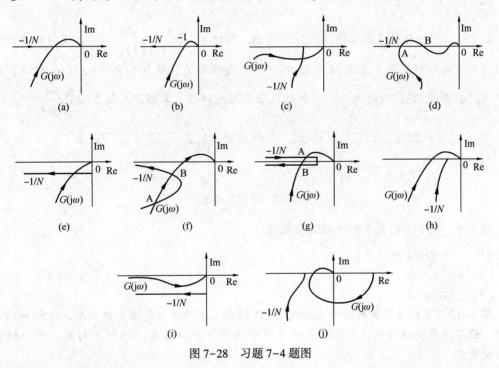

(a)　　(b)　　(c)　　(d)

(e)　　(f)　　(g)　　(h)

(i)　　(j)

图 7-28　习题 7-4 题图

题 7-5　非线性系统如图 7-29 所示。试确定系统是否存在自振，若存在自振，确定其自振的振幅和频率。

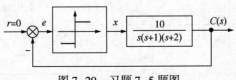

图 7-29　习题 7-5 题图

题7-6 具有饱和非线性特性的系统结构如图7-30所示，已知非线性环节的描述函数为 $N(A)=\dfrac{2}{\pi}\left[\arcsin\dfrac{1}{A}+\dfrac{1}{A}\sqrt{1-\left(\dfrac{1}{A}\right)^2}\right]$，试用描述函数法分析 $K=10$ 时系统的稳定性，并求 K 的临界稳定值。

题7-7 如图7-31所示系统。试用描述函数法确定在下列传递函数时系统是否稳定，是否存在自振，若存在自振，确定其参数。

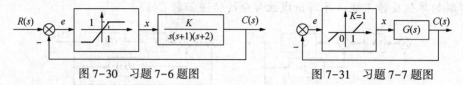

图7-30 习题7-6题图   图7-31 习题7-7题图

(1) $G(s)=\dfrac{20}{s(s+0.05)(s+0.1)}$

(2) $G(s)=\dfrac{2}{s(s+0.1)}$

题7-8 已知线性系统如图7-32(a)所示，其中 $G(s)=\dfrac{10}{s(s+1)(s+2)}$，试用奈奎斯特稳定判据判定闭环稳定性。若系统中增加一个非线性环节，结构如图7-32(b)所示，判断图7-32(b)系统的稳定性。(注：非线性环节为继电特性，其描述函数 $N(A)=\dfrac{4}{\pi A}$)

图7-32 习题7-8题图

题7-9 绘制并研究下列方程的相轨迹

(1) $\ddot{x}+x+\mathrm{sign}(\dot{n}x)=0$

(2) $\ddot{x}+|x|=0$

(3) $\ddot{x}+\sin x=0$

题7-10 非线性系统的结构图如图7-33所示。系统开始是静止的，输入信号 $r(t)=4\times 1(t)$，试写出开关线方程，确定奇点的位置和类型，画出该系统的相平面图，并分析系统的运动特点。

题7-11 具有饱和非线性特性的控制系统如题7-34图所示，试用相平面法分析系统的阶跃响应。

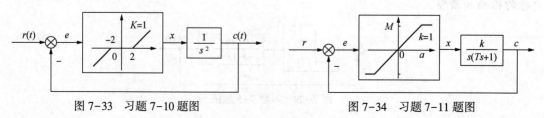

图7-33 习题7-10题图   图7-34 习题7-11题图

题 7-12　已知非线性系统的结构图如题 7-35 图所示。图中非线性环节的描述函数

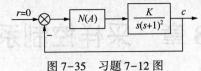

图 7-35　习题 7-12 图

$$N(A) = \frac{A+6}{A+2} \quad (A>0)$$

试用描述函数法确定：
(1) 使该非线性系统稳定、不稳定以及产生周期运动时，线性部分的 K 值范围；
(2) 判断周期运动的稳定性，并计算稳定周期运动的振幅和频率。

第8章　采样控制系统

随着数字计算机，特别是微型计算机在控制系统中得到广泛地应用，分析和综合这类系统的离散控制理论得到了迅速的发展。

在连续系统中，系统所有的变量都是连续时间的函数，即在 $t>0$ 的任何时刻都有定义，这样的信号称为连续时间信号。如果信号只有在时间的一些离散点上或区间上有定义，则称这样的信号为离散时间信号，简称离散信号。如果一个系统中的变量有离散时间信号，就把这个系统叫作离散时间系统，简称离散系统。如果系统中的离散时间信号是通过对系统中的连续时间信号采样得到的，就称这样的系统为采样系统。如果系统中的离散信号是经过量化而成为数字序列形式的数字信号，则可称这样的系统为数字系统。有数字计算机参与控制的控制系统称为计算机控制系统，计算机控制系统是最常见的一种数字控制系统。

在很多情况下，采样系统经过等效变换都可以表示成图 8-1 所示的典型结构。与连续系统相比较，很明显，采样系统中增加了采样开关(采样器)和保持器(信号复现滤波器)两个环节。图中 $e^*(t)$ 为一脉冲序列，称采样信号。

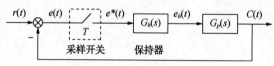

图 8-1　采样系统典型结构

8.1　信号的采样与复现

在离散控制系统中，一方面，为了数字控制器，需要使用采样器把连续信号变换为脉冲信号；另一方面，为了控制连续式元部件，又需要使用保持器将脉冲信号变换为连续信号。因此，为了定量研究离散系统，必须对信号的采样过程和保持过程用数学的方法加以描述。信号的采样过程是将模拟信号变成离散时间信号的过程，而信号的复现是将离散信号变成连续信号的过程。

8.1.1　采样过程

所谓采样就是把一个连续信号 $e(t)$，按一定的时间间隔 T 逐点取其瞬时值，从而得到一串脉冲 $e^*(t)$ 或数码信号。实现采样的装置叫作采样器或采样开关。如图 8-2(a)、(b)所示。由于开关闭合时间 τ 远远小于采样周期 T 及系统的最大时间常数，而可近似地认为 τ 趋于零，即把实际的窄脉冲信号视为理想脉冲。所以理想采样开关的输出 $e^*(t)$ 是一个理想的脉冲序列，它是由单位理想脉冲序列 $\delta_T(t)$ 与被采样信号 $e(t)$ 相乘后产生的，即

$$e^*(t)=e(t)\delta_T(t)$$

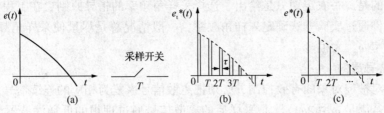

图 8-2 采样开关的输入、输出信号

理想采样过程可以看成是一个幅值调制过程，如图 8-3 所示。采样器好比是一个幅值调制器，理想脉冲序列 $\delta_T(t)$ 作为幅值调制器的载波信号，$\delta_T(t)$ 的数学表达式为

$$\delta_T(t) = \sum_{n=0}^{\infty} \delta(t - nT) \tag{8-1}$$

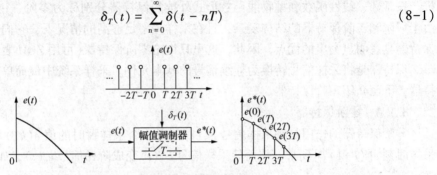

图 8-3 采样的脉冲调制过程

$e(t)$ 调幅后得到的信号，即采样信号 $e^*(t)$ 为

$$e^*(t) = e(t)\delta_T(t) = e(t) \sum_{n=0}^{\infty} \delta(t - nT) \tag{8-2}$$

$$e^*(t) = e(0)\delta(t) + e(T)\delta(t-T) + e(2T)\delta(t-2T) + \cdots + e(nT)\delta(t-nT) + \cdots \tag{8-3}$$

或

$$e^*(t) = \sum_{n=0}^{\infty} e(nT)\delta(t - nT)$$

必须指出，上述把窄脉冲信号当作理想脉冲信号处理是近似的，也是有条件的，即要求采样的持续时间 τ 要远小于采样周期 T 和系统中被控对象的最小时间常数。这一要求在一般的系统中都能得到满足。

8.1.2 采样定理

连续信号 $e(t)$ 经过采样后只能给出采样时刻上的数值，而不能给出各采样时刻之间的数值。因此，采样过程丢失了 $e(t)$ 所含的信息。怎样才能使离散信号 $e^*(t)$ 大体上反映连续信号 $e(t)$ 的变化规律呢？定性地看，如果连续信号 $e(t)$ 变化缓慢，即所含的最高频串分量的频率 ω_{max} 较低，而采样频率 ω_s 比较高（即采样周期 T 较小），则 $e^*(t)$ 基本上能反映 $e(t)$ 的变化规律。

根据有关理论可以证明，当采样频率满足 $\omega_s \geqslant 2\omega_{max}$ 时，采样后脉冲序列中将包含连续信号的全部信息。这就是著名的香农（shannou）定理，亦称采样定理。

香农采样定理是必须严格遵守的一条准则，它指明了从采样信号中不失真地复现原连续信号所必需的理论上的最小采样周期 T。采样周期选择得当，是连续信号 $e(t)$ 可以从采样信号 $e^*(t)$ 中完全复现的前提。

需要指出的是，香农定理只是给出了选择采样角频率的指导原则，在工程中常根据具体问题和实际条件通过实验方法确定采样角频率，一般情况总是尽量使采样角频率 ω_s 比信号频谱的最高频率 ω_{max} 大很多。

8.1.3 信号重构

为了实现对被控对象的有效控制，必须把离散信号恢复为相应的连续信号。由上述的采样定理可知，若满足 $\omega_s \geq 2\omega_{max}$，把采样后的离散信号通过理想的低通滤波器滤去其高频分量，滤波器的输出就是原有的连续信号。但是理想滤波器，在物理实现上是不能实现的。因此，需要寻求一种既在特性上接近于理想滤波器，又在物理上可实现的滤波器，保持器就是这种实际的滤波器。保持器是一种时域的外推装置，即按过去或现在时刻的采样值进行外推。按常数、线性函数和抛物线函数形式外推的保持器分别称为零阶、一阶和二阶保持器。由于一阶和二阶保持器的结构复杂，且在采样频率足够高的情况下，它们的性能并不比零阶保持器具有明显突出的优点，因此，这里只讨论零阶保持器(可用 ZOH 表示)。

保持器是将采样信号转换为连续信号的基本元件。采样系统中最简单的保持器是零阶保持器，下面介绍零阶保持器。

8.1.4 零阶保持器

零阶保持器的作用是将采样信号 $e^*(t)$ 的每一个采样瞬时的值 $e(kT)$ 一直保持到下一个采样时刻 $e[(k+1)T]$ 到来，从而使采样信号 $e^*(t)$ 变成阶梯信号 $e_h(t)$，如图 8-4 所示。

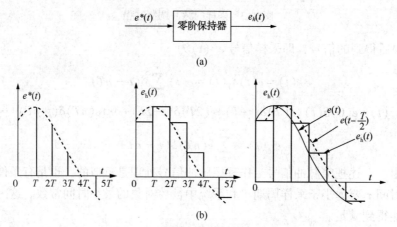

图 8-4 零阶保持器的输入输出关系

由于处在每个采样区间内的信号值为常数，其导数为零，故称零阶保持器。如果将阶梯信号 $e_h(t)$ 的每个区间的中点连接起来如图 8-4(b)所示，则可得到与 $e(t)$ 形状一致而在时间上落后 $T/2$ 的曲线 $e(t-T/2)$，从而可以看出，零阶保持器具有相位滞后性质。

零阶保持器的单位脉冲过渡函数的图形是高度为 1，宽度为 T 的矩形波，如图 8-5(a)所示。为了求其拉氏变换式，可以把它分解成两个阶跃函数之和，如图 8-5(b)所示。于是，脉冲过渡函数可表示为

$$y(t) = 1(t) - 1(t-T)$$

相应的拉氏变换式为

$$Y(s) = \frac{1}{s} - \frac{1}{s}e^{-Ts} = \frac{1 - e^{-Ts}}{s}$$

这就是零阶保持器的传递函数，即

$$G_h(s) = \frac{1-e^{-Ts}}{s} \tag{8-4}$$

而零阶保持器的频率特性为

$$G_h(j\omega) = \frac{1-e^{-j\omega T}}{j\omega} = \frac{T\sin(\omega T/2)}{\omega T/2} \angle -\omega T/2$$

其频率特性曲线如图 8-6 所示。

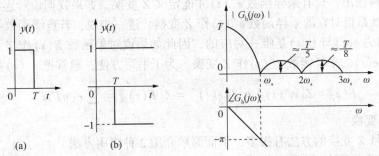

图 8-5　零阶保持器的脉冲过渡函数　　图 8-6　零阶保持器的幅频和相频特性

由图 8-6 可见，其幅值随频率增加而衰减，是一低通滤波器，但不是一个理想的低通滤波器。它除了允许采样信号的主频谱分量通过以外，尚允许部分高频分量通过。因此，由零阶保持器恢复的连续信号与原来的连续信号相比是有差异的。从相频特性看，零阶保持器是一个相位滞后元件，滞后相位随 ω 增加而增加。零阶保持器加到系统中，有可能使原来稳定的系统变为不稳定。由于零阶保持器的相位滞后量比一阶和二阶保持器都要小，且其结构简单、易于实现，可采用一阶 RC 无源网络来近似实现，因而它在控制系统中被广泛地应用。

8.2　Z 变换与 Z 反变换

在连续系统分析中，应用拉氏变换作为数学工具，采用微分方程、传递函数、结构图、频率特性等数学模型来分析线性连续控制系统的动态及稳态特性。在离散系统分析中，采用 Z 变换作为数学工具，以系统的差分方程、脉冲传递函数为基础进行离散系统的分析。Z 变换它是从拉氏变换延伸出来的一种变换方法，它是离散时间信号拉氏变换的一种变形，可由拉普拉斯变换导出。

8.2.1　Z 变换的定义

采样信号的数学表达式为

$$e^*(t) = \sum_{k=0}^{\infty} e(nT)\delta(t-nT)$$

将上式进行拉氏变换，可得采样函数 $e^*(t)$ 的拉氏变换式，用 $E^*(s)$ 表示

$$L[e^*(t)] = E^*(s) = \sum_{n=0}^{\infty} e(nT)e^{-nTs}$$

如果引入新的复变量 z，使 $z = e^{Ts}$，则 $E^*(s)$ 将变成新变量 z 的函数，通常用 $E(z)$ 来表

示，即

$$E(z) = E^*(s) = \sum_{n=0}^{\infty} e(nT)z^{-n}$$

我们称 $E(z)$ 为 $e^*(t)$ 的 Z 变换，记作 $Z[e^*(t)]$，即

$$E(z) = Z[e^*(t)] = e(0) + e(T)z^{-1} + e(2T)z^{-2} + e(3T)z^{-3} + \cdots = \sum_{n=0}^{\infty} e(nT)z^{-n}$$

(8-5)

这里应强调指出，只有采样函数 $e^*(t)$ 才能定义 Z 变换。如果我们说对连续函数 $e(t)$ 作 Z 变换时，这就是指对它的采样函数 $e^*(t)$ 作 Z 变换。进一步说，若连续函数 $e(t)$ 的拉氏变换为 $E(s)$，因为 $e(t)$ 与 $E(s)$ 是唯一对应的，因此如果说对象函数 $E(s)$ 作 Z 变换，也就是指对其原函数 $e(t)$ 的采样函数 $e^*(t)$ 作 Z 变换。为了书写方便，通常把 $e^*(t)$ 的 Z 变换记作

$$E(z) = Z[e^*(t)] = Z[e(t)] = Z[E(s)] = \sum_{n=0}^{\infty} e(nT)z^{-n}$$

(8-6)

8.2.2 Z 变换

求离散信号 Z 变换的方法有很多，下面简单介绍 2 种常用方法。

1. 用定义求 Z 变换(级数求和)

(1) 单位理想脉冲函数

设 $e(t) = \delta(t)$，因为 $\delta(t)$ 只在 $t = 0$ 处存在，其他时刻均为零，所以其 Z 变换为

$$E(z) = Z[e^*(t)] = e(0) + e(T)z^{-1} + e(2T)z^{-2} + e(2T)z^{-3} + \cdots = \sum_{n=0}^{\infty} e(nT)z^{-n}$$

$$E(z) = Z[\delta(t)] = 1$$

(8-7)

(2) 单位阶跃函数

设 $e(t) = 1(t)$，由于单位阶跃函数的采样函数为

$$e^*(t) = \sum_{n=0}^{\infty} \delta(t - nT)$$

Z 变换为

$$E(z) = Z[1(t)] = \sum_{n=0}^{\infty} z^{-n}$$

$$= 1 + z^{-1} + z^{-2} + z^{-3} + \cdots$$

若 $|z| > 1$ 时，则上式便可缩写成如下的闭合形式，即

$$E(z) = Z[1(t)] = \frac{1}{1-z^{-1}} = \frac{z}{z-1}$$

(8-8)

(3) 指数函数

衰减指数函数 $e(t) = e^{-at}$ 在各采样时刻上的采样值 1, e^{-aT}, e^{-2aT}, e^{-3aT}, $\cdots$代入式中，得

$$E(z) = \sum_{n=0}^{\infty} e(nT)z^{-n} = 1 + e^{-aT}z^{-1} + e^{-2aT}z^{-2} + \cdots + e^{-naT}z^{-n} + \cdots$$

上式中若条件

$$|e^{aT}z| > 1$$

成立，则可写成下列闭式，即

$$E(z) = Z[e^{-at}] = \frac{1}{1-e^{-aT}z^{-1}} = \frac{z}{z-e^{-aT}}$$

(8-9)

2. 部分分式法

部分方式法是利用指数函数的 Z 变换，将传递函数展开为 $\dfrac{A}{s+a}$ 形式，利用 $e(t)=Ae^{-at}$ 的

Z 变换 $E(z)=Z[Ae^{-at}]==\dfrac{Az}{z-e^{-aT}}$ 来求。

【例 8-1】　求 $E(s)=\dfrac{a}{s(s+a)}$ 的 Z 变换。

解：将 $E(s)$ 进行部分分式展开 $E(s)=\dfrac{a}{s(s+a)}=\dfrac{1}{s}-\dfrac{1}{s+a}$

对 $E(s)$ 进行拉氏反变换 $L^{-1}[E(s)]=L^{-1}\left[\dfrac{1}{s}-\dfrac{1}{s+a}\right]=1(t)-e^{-at}$

$$E(z)=Z[1(t)-e^{-at}]=\frac{z}{z-1}-\frac{z}{z-e^{-aT}}=\frac{z(1-e^{-aT})}{(z-1)(z-e^{-aT})}$$

【例 8-2】　求 $e(t)=\sin\omega t$ 的 Z 变换。

解：对 $e(t)=\sin\omega t$ 取拉氏变换得

$$E(s)=\frac{\omega}{s^2+\omega^2}$$

展成部分分式，即

$$E(s)=\frac{1}{2j}\left(\frac{1}{s-j\omega}-\frac{1}{s+j\omega}\right)$$

求拉氏反变换得

$$\sin\omega t=\frac{e^{j\omega t}-e^{-j\omega t}}{2j}$$

分别求各部分的 Z 变换，得

$$E(z)=Z[\sin\omega t]=\frac{1}{2j}\left(\frac{1}{1-e^{j\omega T}z^{-1}}-\frac{1}{1-e^{j\omega T}z^{-1}}\right)=\frac{1}{2j}\frac{z(e^{j\omega T}-e^{-j\omega T})}{z^2-z(e^{j\omega T}+e^{-j\omega T})+1}$$

由欧拉方程

$$\sin\omega T=\frac{e^{j\omega T}-e^{-j\omega T}}{2j},\quad \cos\omega T=\frac{e^{j\omega T}+e^{-j\omega T}}{2j}$$

得到

$$E(z)=\frac{z\sin\omega T}{z^2-2z\cos\omega T+1}$$

上述方法对有理函数最为简单，是 Z 变换中最常用的一种方法，作为工程计算是很有用的。

8.2.3　Z 变换的基本性质

与拉氏变换类似，Z 变换也有一些基本性质，应用这些基本性质可以简化 Z 变换的运算。

（1）线性定理

若已知 $e_1(t)$ 和 $e_2(t)$ 的 Z 变换分别为 $E_1(z)$ 和 $E_2(z)$，其中 a，b 为常数，则有

$$Z[ae_1(t)\pm be_2(t)]=aZ[e_1(t)]\pm bZ[e_2(t)]=aE_1(z)\pm bE_2(z) \tag{8-10}$$

这个定理表明离散函数的线性组合的 Z 变换，等于它们 Z 变换的线性组合。

（2）延迟定理

若 $e(t)$ 的 Z 变换为 $E(z)$，则有

$$Z[e(t-nT)]=z^{-n}E(z) \tag{8-11}$$

其中 n 为正整数。这个定理表明原函数在时域中延迟 n 个采样周期，其 Z 变换等于 Z^{-n} 与原函数 Z 变换的乘积。

【例 8-3】 试计算 $e^{-a(t-T)}$ 的 Z 变换，其中 a 为常数。

解： 由延迟定理

$$Z[e^{-a(t-T)}]=z^{-1}\cdot z[e^{-at}]=z^{-1}\cdot\frac{z}{z-e^{-aT}}=\frac{1}{z-e^{-aT}}$$

（3）超前定理

若 $e(t)$ 的 Z 变换为 $E(z)$，则有

$$Z[e(t+nT)]=z^n\left[E(z)-\sum_{k=0}^{n-1}e(kT)z^{-k}\right] \tag{8-12}$$

上述的延迟定理和超前定理统称为实数位移定理又称为平移定理，实数位移的含义，是指整个采样序列在时间轴上左右平移若干采样周期，左移为超前，右移为延迟。实数位移定理在用 Z 变换求解差分方程时经常用到，它可将差分方程转化为 Z 域的代数方程。

（4）复位移定理

设 $e(t)$ 的 Z 变换为 $E(z)$，则有 $Z[e(t)e^{\mp at}]=E(ze^{\pm aT})$ \tag{8-13}

其中，a 为常数。复数位移定理的含义是：函数 $e^*(t)$ 乘以指数序列 $e^{\mp anT}$ 的 Z 变换，就等于在 $E(z)$ 中，以 $ze^{\pm aT}$ 取代原算子 z。

【例 8-4】 已知 $e(t)=t\cdot e^{-at}$，求 $E(z)$。

解： 由复位移定理

$$Z[e(t)]=Z[t\cdot e^{-at}]=E[z\cdot e^{aT}]$$

令 $e_1(t)=t$，则

$$E_1(z)=Z[e_1(t)]=\frac{Tz}{(z-1)^2}$$

$$Z[e(t)]=\frac{Tze^{aT}}{(ze^{aT}-1)^2}$$

（5）初值定理

设 $e(t)$ 的 Z 变换为 $E(z)$，且极限 $\lim\limits_{z\to\infty}E(z)$ 存在，则

$$\lim_{t\to 0}e^*(t)=\lim_{z\to\infty}E(z) \tag{8-14}$$

【例 8-5】 求 $f(t)=e^{-at}$ 的初值。

解：

$$Z[e^{-at}]=\frac{1}{1-e^{-aT}z^{-1}}$$

$$f(0)=\lim_{z\to\infty}\frac{1}{1-e^{-aT}z^{-1}}=1$$

(6) 终值定理

设 $e(t)$ 的 Z 变换为 $E(z)$，且 $e(nT)$ 为有限值，$n=0$，1，2，3，$\cdots$，$(z-1)E(z)$ 在 Z 平面以原点为圆心的单位圆上和圆外均没有极点，则有

$$e(\infty)=\lim_{z\to1}\frac{z-1}{z}E(z) \tag{8-15}$$

【例 8-6】 设 Z 变换函数为

$$E(z)=\frac{z^3}{(z-1)(z^2+7z+5)}$$

试利用终值定理确定 $e(nT)$ 的终值。

解：由终值定理，得

$$e(\infty)=\lim_{z\to1}(z-1)E(z)=\lim_{z\to1}(z-1)\frac{z^3}{(z-1)(z^2+7z+5)}=\lim_{z\to1}\frac{z^3}{(z^2+7z+5)}=\frac{1}{13}$$

应用终值定理时，要特别注意其条件，否则会得出错误的结论。

(7) 卷积定理

设 $x(nT)$ 和 $y(nT)$，$n=0$，1，2，$\cdots$，为两个采样信号序列，其离散卷积定义为

$$x(nT)*y(nT)=\sum_{k=0}^{\infty}x(kT)y[(n-k)T] \tag{8-16}$$

则卷积定理可描述为：在时域中，若

$$g(nT)=x(nT)*y(nT) \tag{8-17}$$

则在 Z 域中必有

$$G(z)=X(z)Y(z)$$

8.2.4 Z 反变换

在连续系统中，根据系统的传递函数与输入信号的拉氏变换可以求得输出信号的拉氏变换，然后再应用拉氏反变换可求得系统的时间响应。同样，在采样系统中，根据输出信号的 Z 变换，应用 Z 反变换也可求得采样系统的时间响应。

所谓 Z 反变换，就是已知 Z 变换表达式 $E(z)$，求相应时域脉冲序列 $e^*(t)$ 的变换。

1. 部分分式展开法

部分分式展开法是将 $E(z)$ 展成若干个分式和的形式，而每一个分式可通过 Z 变换表查出所对应的时间函数 $e(t)$，并将其转换为脉冲信号 $e^*(t)$。在进行部分分式展开时，与拉氏变换稍有不同，由 Z 变换表可见，除个别信号外，大多数信号的 Z 变换式在其分子上都有因子 z，所以应先把 $E(z)/z$ 展开成部分分式之和，然后将所得结果的每一项都乘以 z，即得 $E(z)$ 的展开式。下面举例说明。

【例 8-7】 已知 Z 变换式为 $E(z)=\dfrac{10z}{(z-1)(z-2)}$，试求其 Z 反变换。

解：首先将 $E(z)/z$ 展开成部分分式

$$\frac{E(z)}{z}=\frac{10}{(z-1)(z-2)}=\frac{10}{z-2}-\frac{10}{z-1}$$

$$E(z)=\frac{10z}{z-2}-\frac{10z}{z-1}$$

$$Z^{-1}\left[\frac{z}{z-1}\right]=1 \qquad Z^{-1}\left[\frac{z}{z-2}\right]=2^n$$

$$e^*(t)=\sum_{k=0}^{\infty}e(nT)\delta(t-nT)=e(0)\delta(t)+e(T)\delta(t-T)+e(2T)\delta(t-2T)+\cdots$$

$$=0+10\delta(t-T)+30\delta(t-2T)+70\delta(t-3T)+\cdots$$

2. 幂级数法(综合除法)

通常 $E(z)$ 是 z 的有理分式函数,可表示为两个关于 z 的多项式之比

$$E(z)=\frac{b_0 z^m+b_1 z^{m-1}+\cdots+b_m}{a_0 z^n+a_1 z^{n-1}+\cdots+a_n}(n>m)$$

$$E(z)=e(0)z^0+e(T)z^{-1}+e(2T)z^{-2}+\cdots$$

用长除法求出分式的商,将会具有上式的级数形式,奇数中各个项的系数将会是时间函数在各采样时间的值,从这些值可以进一步构成整个过渡过程。

【例8-8】　已知 Z 变换式为 $E(z)=\dfrac{10z}{(z-1)(z-2)}$,试求其 Z 反变换。

解: $E(z)=\dfrac{10z}{(z-1)(z-2)}=\dfrac{10z^{-1}}{1-3z^{-1}+2z^{-2}}$

应用综合除法

$$
\begin{array}{r}
10z^{-1}+30z^{-2}+70z^{-3}+\cdots \\
1-3z^{-1}+2z^{-2}\overline{\smash{\big)}\,10z^{-1}\phantom{+30z^{-2}+70z^{-3}}} \\
\underline{10z^{-1}-30z^{-2}+20z^{-3}} \\
30z^{-2}-20z^{-3} \\
\underline{30z^{-2}-90z^{-3}+60z^{-4}} \\
70z^{-3}-60z^{-4} \\
\underline{70z^{-3}-210z^{-4}+140z^{-5}} \\
\cdots\cdots
\end{array}
$$

$$E(z)=10z^{-1}+30z^{-2}+70z^{-3}+\cdots\cdots$$

$$e^*(t)=\sum_{k=0}^{\infty}e(nT)\delta(t-nT)=e(0)\delta(t)+e(T)\delta(t-T)+e(2T)\delta(t-2T)+\cdots$$

$$=0+10\delta(t-T)+30\delta(t-2T)+70\delta(t-3T)+\cdots$$

8.2.5　用 Z 变换法求解差分方程

Z 变换法除了用来分析离散信号外,更重要的一个用途是求解离散系统的差分方程及脉冲传递函数。和连续系统类似,线性离散系统的数学模型有差分方程、脉冲传递函数和离散状态空间表达式三种。脉冲传递函数在下节介绍,现在着重看一下差分方程及用 Z 变换法求解差分方程。正如前几章所讲的,描述连续系统可以采用微分方程的形式,其中包含连续自变量的函数及其导数;对于离散系统不存在微分,而是用离散自变量的函数及前后采样的时刻离散信号之间的关系来描述离散控制系统的行为,由此建立起来的方程称为差分方程,它是描述离散系统的基本形式。离散系统分为多种,我们所讨论的主要是线性定常离散系统,该系统输入输出的变换关系是线性的,即满足叠加定理,且输入输出关系不随时间改变,描述线性定常离散系统的方程即线性常系数差分方程。

对于线性定常离散系统，k 时刻的输出 $c(k)$，不但与 k 时刻的输入 $r(k)$ 有关，而且与 k 时刻以前的输入 $r(k-1)$，$r(k-2)$，…有关，同时还与 k 时刻以前的输出 $c(k-1)$，$c(k-2)$，…有关。这种关系一般可以用 n 阶后向差分方程来描述，即

$$c(k) = -\sum_{i=1}^{n} a_i c(k-i) + \sum_{j=0}^{m} b_j r(k-j) \tag{8-18}$$

式中，a_i，$i=1$，2，…，n 和 b_j，$j=0$，1，…，m 为常系数，$m \leqslant n$。式(8-18)称为 n 阶线性常系数差分方程。

线性定常离散系统也可以用 n 阶前向差分方程来描述，即

$$c(k+n) = -\sum_{i=1}^{n} a_i c(k+n-i) + \sum_{j=0}^{m} b_j r(k+m-j) \tag{8-19}$$

下面介绍用 Z 变换方法求解差分方程。

设差分方程如式(8-18)所示，对差分方程两端取 Z 变换，并利用 Z 变换的实数位移定理，得到以 z 为变量的代数方程，然后对代数方程的解 $C(z)$ 取 Z 反变换，可求得输出序列 $c(k)$。

【例 8-9】　试用 Z 变换法解下列二阶差分方程：

$$c(k+2) - 2c(k+1) + c(k) = 0$$

设初始条件 $c(0)=0$，$c(1)=1$。

解：对差分方程的每一项进行 Z 变换，根据实数位移定理：

$$Z[c(k+2)] = z^2 C(z) - z^2 c(0) - zc(1) = z^2 C(z) - z$$
$$Z[-2c(k+1)] = -2zC(z) + 2zc(0) = -2zC(z)$$
$$Z[c(k)] = C(z)$$

于是，差分方程变换为关于 z 的代数方程

$$(z^2 - 2z + 1)C(z) = z$$

解出

$$C(z) = \frac{z}{z^2 - 2z + 1} = \frac{z}{(z-1)^2}$$

查 Z 变换表，求出 Z 反变换

$$c^*(t) = \sum_{n=0}^{\infty} n\delta(t-n)$$

差分方程的解，可以提供线性定常离散系统在给定输入序列作用下的输出响应序列特性，但不便于研究系统参数变化对离散系统性能的影响。因此，需要研究线性定常离散系统的另一种数学模型--脉冲传递函数。

此外，工程上求解常系数差分方程除了 Z 变换法外，通常还采用迭代法。

若已知差分方程式(8-18)或式(8-19)，并且给定输出序列的初值，则可以利用递推关系，在计算机上通过迭代一步一步地算出输出序列。

【例 8-10】　已知二阶差分方程

$$c(k) = r(k) + 5c(k-1) - 6c(k-2)$$

输入序列 $r(k)=1$，初始条件为 $c(0)=0$，$c(1)=1$，试用迭代法求输出序列 $c(k)$，$k=0$，1，2，3，4，5，…。

解： 根据初始条件及递推关系，得

$$c(0) = 0$$
$$c(1) = 1$$
$$c(2) = r(2) + 5c(1) - 6c(0) = 6$$
$$c(3) = r(3) + 5c(2) - 6c(1) = 25$$
$$c(4) = r(4) + 5c(3) - 6c(2) = 90$$
$$c(5) = r(5) + 5c(4) - 6c(3) = 301$$

8.3 脉冲传递函数

8.3.1 脉冲传递函数的定义

在连续系统中，传递函数的定义为：在零初始条件下输出 $c(t)$ 和输入 $r(t)$ 的拉氏变换式之比，即

$$G(s) = \frac{C(s)}{R(s)}$$

类似地，采样系统的传递函数可定义为：在零初始条件下输出 $c^*(t)$ 和输入 $r^*(t)$ 的 Z 变换式之比，即

$$G(z) = \frac{C(z)}{R(z)} \tag{8-20}$$

为了区别于连续系统，采样系统的传递函数称为脉冲传递函数或 z 传递函数。

值得提出的是，在列写具体环节的脉冲传递函数时，必须特别注意，在该环节的两侧都应该设置同步采样器，如图 8-7(a) 所示。求出的系统脉冲传递函数，显然有：

$$C(z) = G(z)R(z) \tag{8-21}$$

而

$$c^*(t) = Z^{-1}[C(z)] = Z^{-1}[G(z)R(z)]$$

因此，求取 $c^*(t)$ 的关键仍在于求取系统的脉冲传递函数 $G(z)$。

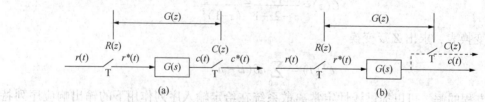

图 8-7 开环采样系统

对于大多数实际系统来说，尽管其输入为采样信号，但其输出往往仍是连续信号 $c(t)$，不是采样信号 $c^*(t)$，如图 8-7(b) 所示。这时，为了引出 $c^*(t)$ 及求取脉冲传递函数，可以在输出端虚设一个理想采样开关，它与输入端的采样开关同步工作，因此具有相同的采样周期 T。这样，其脉冲传递函数 $G(z)$ 即为如图 8-7(b) 中所示。从而就可以确定脉冲传递函数 $G(z)$ 与连续传递函数 $G(s)$ 之间的关系。

脉冲传递函数 $G(z)$ 也可以用连续传递函数 $G(s)$ 的拉氏反变换——脉冲瞬态响应的采样函数 $g^*(t)$ 的 Z 变换求得，即

$$G(z) = Z[g^*(t)] = \sum_{n=0}^{\infty} g(nT)z^{-n} \qquad (8-22)$$

或
$$G(z) = Z[g(t)] = Z[G(s)] \qquad (8-23)$$

由此可见，求脉冲传递函数 $G(z)$ 的步骤为：

（1）求得连续部分的传递函数 $G(s)$；

（2）求得连续部分的脉冲瞬态响应 $g(t) = L^{-1}[G(s)]$；

（3）求得采样的脉冲函数 $g^*(t)$ 的 Z 变换 $G(s)$。

下面举例说明。

【例 8-11】 已知开环系统如图 8-8 所示，试求其脉冲传递函数 $G(z)$。

解： 连续传递函数

$$G(s) = \frac{10}{s(s+10)}$$

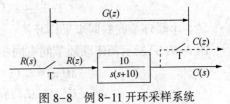

图 8-8 例 8-11 开环采样系统

脉冲瞬态响应为

$$g(t) = L^{-1}\left[\frac{10}{s(s+10)}\right] = L^{-1}\left[\frac{1}{s} - \frac{1}{s+10}\right]$$

查拉氏反变换表，可得

$$g(t) = 1(t) - e^{-10t}$$

采样的脉冲瞬态响应 $g^*(t)$ 的 Z 变换 $G(z)$ 为：

$$G(z) = Z[1(t)] - Z[e^{-10t}] = \frac{z}{z-1} - \frac{z}{z-e^{-10T}} = \frac{z(1-e^{-10T})}{(z-1)(z-e^{-10T})}$$

上式就是所求开环系统的脉冲传递函数。可见脉冲传递函数与采样周期 T 有关。

8.3.2 开环采样系统的脉冲传递函数

离散系统中，n 个环节串联时，串联环节间有无同步采样开关，等效的脉冲传递函数是不相同的。

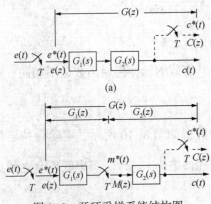

图 8-9 开环采样系统结构图

（1）串联环节间无同步采样开关

图 8-9（a）所示串联环节间无同步采样开关时，其脉冲传递函数 $G(z) = C(z)/E(z)$。可由描述连续工作状态的传递函数 $G_1(s)$ 与 $G_2(s)$ 的乘积 $G_1(s)G_2(s)$ 求取，记为

$$G(z) = Z[G_1(s)G_2(s)] = G_1G_2(z) \qquad (8-24)$$

上式表明，两个串联环节间无同步采样开关隔离时，等效的脉冲传递函数等于这两个环节传递函数乘积的 Z 变换。

上述结论可以推广到无采样开关隔离的 n 个环节相串联的情况中，即

$$G(z) = Z[G_1(s)G_2(s)\cdots G_n(s)] = G_1G_2\cdots G_n(z)$$

$$(8-25)$$

【例8-12】 两串联环节 $G_1(s)$ 和 $G_2(s)$ 之间无同步采样开关，$G_1(s) = \dfrac{a}{(s+a)}$，

$G_2(s) = \dfrac{1}{s}$，求串联环节等效的脉冲传递函数 $G(z)$。

解：

$$G(z) = G_1 G_2(z) = Z[G_1(s)G_2(s)] = Z\left[\frac{a}{s(s+a)}\right] = Z\left[\frac{1}{s} - \frac{1}{(s+a)}\right]$$

$$= \frac{z}{z-1} - \frac{z}{z-e^{-aT}} = \frac{z(1-e^{-aT})}{(z-1)(z-e^{-aT})}$$

（2）串联环节间有同步采样开关

图8-9(b)所示两串联环节间有同步采样开关隔离时，有

$$M(z) = G_1(z)E(z), \quad G_1(z) = Z[G_1(s)]$$

$$C(z) = G_2(z)M(z), \quad G_2(z) = Z[G_2(s)]$$

于是，脉冲传递函数为 $\qquad G(z) = \dfrac{C(z)}{E(z)} = G_1(z)G_2(z)$ （8-26）

上式表明，有同步采样开关隔开的两个环节串联时，其等效的脉冲传递函数等于这两个环节脉冲传递函数的乘积。上述结论可以推广到有同步采样开关隔开的 n 个环节串联的情况，即

$$G(z) = Z[G_1(s)]Z[G_2(s)]\cdots Z[G_n(s)] = G_1(z)G_2(z)\cdots G_n(z)$$ （8-27）

【例8-13】 两串联环节 $G_1(s)$ 和 $G_2(s)$ 之间有同步采样开关，$G_1(s) = \dfrac{a}{(s+a)}$，$G_2(s) = \dfrac{1}{s}$，求串联环节等效的脉冲传递函数 $G(z)$。

解：

$$G(z) = G_1(z)G_2(z) = Z[G_1(s)]Z[G_2(s)] = Z\left[\frac{a}{(s+a)}\right]Z\left[\frac{1}{s}\right]$$

$$= \frac{az}{z-e^{-aT}} \cdot \frac{z}{z-1} = \frac{az^2}{(z-1)(z-e^{-aT})}$$

综上分析，在串联环节间有无同步采样开关隔离，其等效的脉冲传递函数是不相同即 $G_1 G_2(z) \neq G_1(z)G_2(z)$

（3）环节与零阶保持器串联

数字控制系统中通常有零阶保持器与环节串联的情况，如图8-10所示。零阶保持器的传递函数为 $H_0(s) = \dfrac{1-e^{-Ts}}{s}$，与之串联的另一个环节的传递函数为 $G_0(s)$。两串联环节之间无同步采样开关隔离。

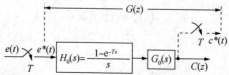

图8-10　有零阶保持器的开环采样系统

$$G(z) = \frac{C(z)}{E(z)} = Z\left[\frac{1-e^{-Ts}}{s} \cdot G_0(s)\right] = Z\left[\frac{G_0(s)}{s} - e^{-Ts}\frac{G_0(s)}{s}\right] = Z\left[\frac{G_0(s)}{s}\right] - z^{-1}Z\left[\frac{G_0(s)}{s}\right]$$

$$= (1-z^{-1})Z\left[\frac{G_0(s)}{s}\right] \qquad (8-28)$$

【例 8-14】 设离散系统如图 8-11 所示，已知

$$G_p(s) = \frac{a}{s(s+a)}$$

试求系统的脉冲传递函数 $G(z)$。

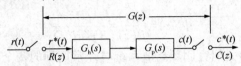

图 8-11 有零阶保持器的开环采样系统

解：因为

$$\frac{G_p(s)}{s} = \frac{a}{s^2(s+a)} = \frac{1}{s^2} - \frac{1}{a}\left(\frac{1}{s} - \frac{1}{s+a}\right)$$

Z 变换可得

$$Z\left[\frac{G_p(s)}{s}\right] = \frac{Tz}{(z-1)^2} - \frac{1}{a}\left(\frac{z}{z-1} - \frac{z}{z-e^{-aT}}\right) = \frac{\frac{1}{a}z\left[(e^{-aT}+aT-1)z+(1-aTe^{-aT}-e^{-aT})\right]}{(z-1)^2(z-e^{-aT})}$$

因此，有零阶保持器的开环系统脉冲传递函数

$$G(z) = (1-z^{-1})Z\left[\frac{G_p(s)}{s}\right] = \frac{\frac{1}{a}\left[(e^{-aT}+aT-1)z+(1-aTe^{-aT}-e^{-aT})\right]}{(z-1)(z-e^{-aT})}$$

把上述结果与例 8-13 所得结果做一比较，可以看出，零阶保持器不改变开环脉冲传递函数的阶数，也不影响开环脉冲传递函数的极点，只影响开环零点。

8.3.3 闭环系统的脉冲传递函数

设采样系统的结构图如图 8-12 所示，图中所有采样开关都同步工作，采样周期为 T。

由于采样器在闭环系统中可以有多种配置，因此闭环离散系统结构图形式并不唯一。图 8-12 是一种比较常见的误差采样闭环离散系统结构图。图中，虚线所示的理想采样开关是为了便于分析而设的，所有理想采样开关都同步工作，采样周期为 T。下面分别求取闭环脉冲传递函数 $\Phi(z) = \frac{C(z)}{R(z)}$ 及偏差脉冲传递函数 $\Phi_e(z) = \frac{E(z)}{R(z)}$。

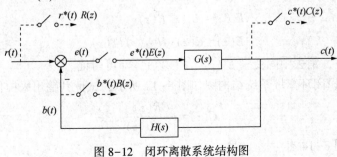

图 8-12 闭环离散系统结构图

由脉冲传递函数的定义及开环脉冲传递函数的求法，对图8-12可建立方程组如下：

$$\begin{cases} C(z) = G(z)E(z) \\ E(z) = R(z) - B(z) \\ B(z) = GH(z)E(z) \end{cases}$$

解上面联立方程，可得该闭环离散系统脉冲传递函数

$$\Phi(z) = \frac{C(z)}{R(z)} = \frac{G(z)}{1 + GH(z)} \tag{8-29}$$

闭环离散系统的误差脉冲传递函数

$$\Phi_e(z) = \frac{E(z)}{R(z)} = \frac{1}{1 + GH(z)} \tag{8-30}$$

式(8-29)和式(8-30)是研究闭环离散系统时经常用到的两个闭环脉冲传递函数。与连续系统相类似，令 $\Phi(z)$ 或 $\Phi_e(z)$ 的分母多项式为零，便可得到闭环离散系统的特征方程：

$$D(z) = 1 + GH(z) = 0 \tag{8-31}$$

式中，$GH(z)$ 为开环离散系统脉冲传递函数。

需要指出，闭环离散系统脉冲传递函数不能直接从 $\Phi(s)$ 和 $\Phi_e(s)$ 求 Z 变换得来，

即 $\Phi(z) \neq Z[\Phi(s)]$，$\quad \Phi_e(z) \neq Z[\Phi_e(s)]$

这是由于采样器在闭环系统中有多种配置的缘故。

用与上面类似的方法，还可以推导出采样器为不同配置形式的闭环系统的脉冲传递函数。但是，只要误差信号 $e(t)$ 处没有采样开关，输入采样信号 $r^*(t)$ 便不存在，此时不可能求出闭环离散系统的脉冲传递函数，而只能求出输出采样信号的 Z 变换函数 $C(z)$。

【例8-15】 设闭环离散系统结构图如图8-13所示，试证其闭环脉冲传递函数为

$$\Phi(z) = \frac{G_1(z)G_2(z)}{1 + G_1(z)HG_2(z)}$$

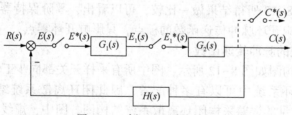

图8-13 例8-15系统结构

证明： 由图8-13得

$$\begin{cases} C(z) = G_2(z)E_1(z) \\ E_1(z) = G_1(z)E(z) \\ E(z) = R(z) - HG_2(z)E_1(z) \end{cases}$$

求解该方程组，消去中间变量 $E_1(z)$、$E(z)$ 后，即可得证。

【例8-16】 设闭环离散系统结构图如图8-14所示，试证其输出采样信号的 Z 变换为

$$C(z) = \frac{GR(z)}{1 + GH(z)}$$

证明： 由图8-14有

$$C(z) = GR(z) - GH(z)C(z)$$

$$[1 + GH(z)]C(z) = GR(z)$$

$$C(z) = \frac{GR(z)}{1 + GH(z)}$$

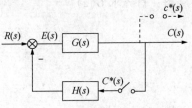

图 8-14 例 8-16 系统结构

证毕。

由于误差信号 $e(t)$ 处无采样开关，从上式解不出 $C(z)/R(z)$，因此求不出闭环脉冲传递函数，但可以求出 $C(z)$，进而确定闭环系统的采样输出信号 $c^*(t)$。

应当指出，一般来说，采样系统结构图的形式，将随着采样开关的位置及其个数的不同而不同。不同结构形式的脉冲传递函数一般也是不同的，一些常见的情况总结到表 8-1 中。

表 8-1 典型闭环采样系统及其 $C(z)$

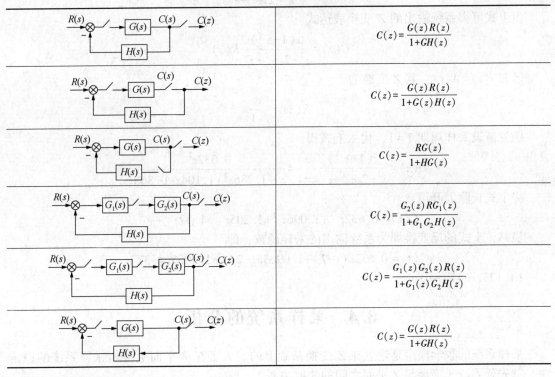

结构图	$C(z)$
	$C(z) = \dfrac{G(z)R(z)}{1 + GH(z)}$
	$C(z) = \dfrac{G(z)R(z)}{1 + G(z)H(z)}$
	$C(z) = \dfrac{RG(z)}{1 + HG(z)}$
	$C(z) = \dfrac{G_2(z)RG_1(z)}{1 + G_1G_2H(z)}$
	$C(z) = \dfrac{G_1(z)G_2(z)R(z)}{1 + G_1(z)G_2H(z)}$
	$C(z) = \dfrac{G(z)R(z)}{1 + GH(z)}$

【例 8-17】 采样系统如图 8-15 所示。试求系统闭环脉冲传递函数 $\Phi(z)$ 及采样周期 $T=1s$ 时，系统的阶跃响应。

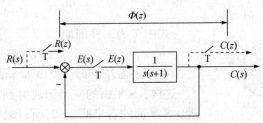

图 8-15 例 8-17 闭环采样系统

解：首先求 $G(z)$

$$G(z)=Z\left[\frac{1}{s(s+1)}\right]=Z\left[\frac{1}{s}-\frac{1}{s+1}\right]$$

$$=\frac{z}{z-1}-\frac{z}{z-e^{-T}}$$

$$=\frac{z(1-e^{-T})}{(z-1)(z-e^{-T})}$$

因为

$$\Phi(z)=\frac{C(z)}{R(z)}=\frac{G(z)}{1+G(z)}$$

$$\Phi(z)=\frac{z(1-e^{-T})}{z^2-2ze^{-T}+e^{-T}}$$

由上式可得系统输出的 Z 变换表达式

$$C(z)=\frac{z(1-e^{-T})}{z^2-2ze^{-T}+e^{-T}}R(z)$$

已知 $r(t)=1(t)$，其 Z 变换为

$$R(z)=\frac{z}{z-1}$$

题意假设采样周期 $T=1$，代入上式得

$$C(z)=\frac{z(1-e^{-1})}{z^2-2ze^{-1}+e^{-1}}\frac{z}{z-1}=\frac{0.632z^2}{z^3-1.736z^2+1.104z-0.368}$$

将上式长除展开得

$$C(z)=0.632z^{-1}+1.096z^{-2}+1.205z^{-3}+1.12z^{-4}+\cdots$$

显然，上式的反变换即为系统输出的采样函数，即

$$e^*(t)=0.632\delta(t-T)+1.096\delta(t-2T)+1.206\delta(t-3T)$$

$$+1.12\delta(t-4T)+\cdots$$

8.4　采样系统的分析

采样系统的数学模型是建立在 Z 变换基础上的。为了在 Z 平面上分析采样系统的稳定性，首先要弄清 S 平面与 Z 平面之间的映射关系。

8.4.1　S 平面到 Z 平面的映射关系

我们在定义 Z 变换时，规定了复变量 s 与复变量 z 的转换关系为

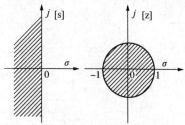

图 8-16　S 平面到 Z 平面映射关系

$$z=e^{Ts}$$

式中 T 为采样周期。

$$s=\sigma+j\omega$$

在 S 平面左半部，复变量 s 的实部 $\sigma<0$，因此 $|z|<1$。这样，S 平面的左半部映射到 Z 平面单位圆内部。同理，S 平面的右半部 $\sigma>0$，$|z|>1$ 在 Z 平面的映象为单位圆外部区域。如图 8-16 所示。

从对 S 平面与 Z 平面映射关系的分析可见，S 平面

上的稳定区域左半 S 平面在 Z 平面上的映象是单位圆内部区域，这说明，在 Z 平面上，单位圆之内是 Z 平面的稳定区域，单位圆之外是 Z 平面的不稳定区域，Z 平面上单位圆是稳定区域和不稳定区域的分界线。

8.4.2　采样系统的稳定性

采样系统稳定性的概念与连续系统相同。如果一个线性定常采样系统的脉冲响应序列趋于零，则系统是稳定的，否则系统不稳定。

由 s 域到 z 域的映射关系及连续系统的稳定判据，可知：

（1）S 左半平面映射为 Z 平面单位圆内的区域，对应稳定区域；

（2）S 右半平面映射为 Z 平面单位圆外的区域，对应不稳定区域；

（3）S 平面上的虚轴，映射为 Z 平面的单位圆周，对应临界稳定情况，属不稳定。

假设采样控制系统输出 $c(t)$ 的 Z 变换可以写为

$$C(z) = \frac{M(z)}{D(z)} R(z)$$

式中，$M(z)$ 和 $D(z)$ 是 z 的多项式，并且 $D(z)$ 的阶数高于 $M(z)$ 的阶数。系统在单位脉冲作用下，有

$$C(z) = \Phi(z) = \frac{M(z)}{D(z)} = \sum_{i=1}^{n} \frac{c_i z}{z - p_i} \qquad (8-32)$$

式中，$p_i(i=1,2,3,\cdots n)$ 为 $\Phi(z)$ 的极点。

对式(8-32)求 Z 反变换得

$$c(nT) = \sum_{i=1}^{n} c_i p_i^n \qquad (8-33)$$

若使 $\lim\limits_{n\to\infty} c(nT) = 0$，必须有 $|p_i| < 1$，$i=1,2,3,\cdots n$，即采样系统的全部极点均位于 Z 平面上以原点为圆心的单位圆内。

另一方面，如果采样系统的全部极点均位于 Z 平面上以原点为圆心的单位圆之内，则有

$$|p_i| < 1 \quad (i=1,2,\cdots n)$$

则一定有

$$\lim_{k\to\infty} c(kT) = \lim_{k\to\infty} \sum_{i=1}^{n} c_i p_i^k \to 0 \qquad (8-34)$$

说明系统稳定。

采样系统稳定的充要条件是：

设闭环采样系统的特征根，或闭环脉冲传递函数的极点为：$z_1, z_2, \cdots z_n$，若采样系统的全部特征根 $z_i(i=1,2,\cdots,n)$ 都分布在 Z 平面的单位圆之内，或者说全部特征根的模都必须小于1，即 $|z_i|<1(i=1,2,\cdots,n)$。如果在上述特征根中，有位于 Z 平面单位圆之外者时，则闭环系统将是不稳定的。Z 平面上的单位圆的圆周是系统稳定与不稳定的分界线。

闭环采样系统的特征根可通过采样系统的特征方程求得。

若闭环脉冲传递函数为

$\Phi(z) = \dfrac{C(z)}{R(z)} = \dfrac{G(z)}{1+GH(z)}$，令闭环脉冲传递函数的分母多项式等于零，得到系统的特征

方程为 $1+GH(z)=0$，便可求得特征根。

需要注意，有些采样系统求不出闭环脉冲传递函数，而只能写出被控制量的 Z 变换表达式 $C(z)$。令闭环系统被控制量的 Z 变换 $C(z)$ 表达式的分母多项式为零，也可得到系统的特征方程。

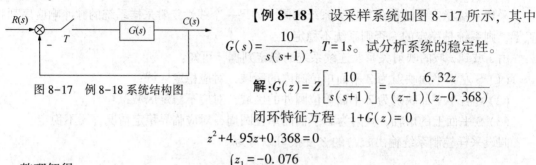

图 8-17　例 8-18 系统结构图

【例 8-18】　设采样系统如图 8-17 所示，其中 $G(s)=\dfrac{10}{s(s+1)}$，$T=1s$。试分析系统的稳定性。

解：$G(z)=Z\left[\dfrac{10}{s(s+1)}\right]=\dfrac{6.32z}{(z-1)(z-0.368)}$

闭环特征方程　$1+G(z)=0$

$$z^2+4.95z+0.368=0$$

整理解得

$$\begin{cases} z_1=-0.076 \\ z_2=-4.876 \end{cases}$$

由于 z_2 的模大于 1，因此，该采样系统不稳定。

比较加入采样器前、后，连续系统和采样控制系统的稳定性。不难发现，加入采样器后，系统由原来的稳定变成不稳定了，这表明采样器会降低系统的稳定性。若仍保持采样系统稳定，可通过增大采样频率，或者减小开环增益实现。

劳斯稳定判据：线性连续系统的劳斯稳定判据是通过系统特征方程的系数及其构成的劳斯阵列表来判断系统的稳定性。劳斯判据的优点在于不必求解特征方程的根，用代数方法来判断特征方程的根中位于右半 S 平面的个数。而在采样系统中，需要判别的是特征方程的根是否在 Z 平面的单位圆之内。因此不能直接将劳斯判据应用于以复变量 z 表示的特征方程。为了在采样系统中应用劳斯判据，则需要引用一个新的坐标变换，将 Z 平面的稳定区域映射到新平面的左半部。由于复变量 z 是 s 的超越函数，用作这种变换时并不方便，所以我们采用 ω 变换，将 Z 平面上的单位圆内，映射为 ω 平面的左半部。如图 8-18。为此令

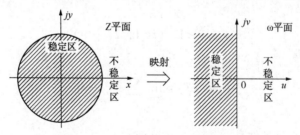

图 8-18　Z 平面到 ω 平面映射关系

$$w=\frac{z+1}{z-1}\text{或}z=\frac{w+1}{w-1} \tag{8-35}$$

应指出，ω 变换是线性变换，映射关系是一一对应的，z 的有理多项式经过 ω 变换之后，则是 ω 的有理多项式。以 z 为变量的特征方程经过 ω 变换之后，变成以 ω 为变量的特征方程，仍然是代数方程。系统特征方程经过 ω 变换之后，就可以应用劳斯判据来判断采样系统的稳定性。

【例 8-19】　闭环离散系统如图 8-19 所示，其中采样周期 $T=0.1s$，试求系统稳定时

K 的临界值。

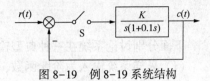

图 8-19 例 8-19 系统结构

解： 求出 $G(s)$ 的 Z 变换

$$G(z) = Z\left[\frac{K}{s(0.1s+1)}\right] = \frac{0.632Kz}{z^2 - 1.368z + 0.368}$$

闭环特征方程为

$$1 + G(z) = z^2 + (0.632K - 1.368)z + 0.368 = 0$$

令 $z = (w+1)/(w-1)$，得

$$\left(\frac{w+1}{w-1}\right)^2 + (0.632K - 1.368)\left(\frac{w+1}{w-1}\right) + 0.368 = 0$$

化简后，得 w 域特征方程

$$0.632Kw^2 + 1.264w + (2.736 - 0.632K) = 0$$

列出劳斯表

w^2	$0.632K$	$2.736 - 0.632K$
w^1	1.264	0
w^0	$2.736 - 0.632K$	

从劳斯表第一列系数可以看出，为保证系统稳定，必须有 $0 < K < 4.33$，故系统稳定的临界增益 $K = 4.33$。

8.4.3 稳态误差

类似于连续系统，我们定义线性单位反馈采样系统的稳态误差为系统达到稳态时，输入信号 $r^*(t)$ 和输出信号 $c^*(t)$ 在采样瞬时上的差值，即

$$e_{ss}^* = \lim_{t \to \infty} e^*(t) = \lim_{n \to \infty} e(nT) = \lim_{n \to \infty}[r(nT) - c(nT)] \tag{8-36}$$

设单位反馈采样系统如图 8-20 所示。根据终值定理，有

$$e_{ss}^* = e^*(\infty) = \lim_{z \to 1} \frac{z-1}{z} E(z)$$

由图 8-20 可得

$$E(z) = \Phi_e(z)R(z) = \frac{1}{1+G(z)}R(z)$$

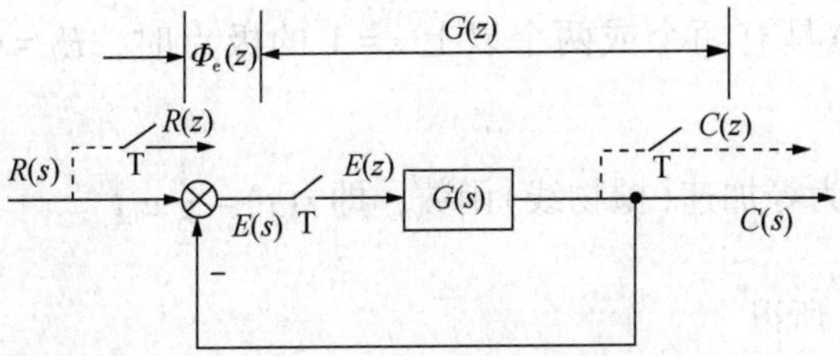

图 8-20 单位反馈采样系统

式中 $\Phi_e(z)$ 为系统误差脉冲传递函数。假定终值存在，即系统误差脉冲传递函数 $\Phi_e(z)$ 的全部极点均分布在 Z 平面上的单位圆内，于是就可应用终值定理来求取稳态误差（采样瞬时上的稳态误差）。

得

$$e_{ss}^* = \lim_{z \to 1} \frac{z-1}{z} \frac{1}{1+G(z)} R(z)$$

下面分别讨论系统在三种典型输入信号作用下的稳态误差。

(1) 采样系统输入为阶跃函数,即 $r(t) = R_0 \cdot 1(t)$。

由于 $r(t) = R_0 \cdot 1(t)$,所以

$$R(z) = \frac{R_0 z}{z-1}$$

代入可得位置误差为

$$e_{ss}^* = \lim_{z \to 1} \frac{R_0}{1+G(z)} = \frac{R_0}{1+\lim_{z \to 1} G(z)} = \frac{R_0}{1+K_p} \tag{8-37}$$

其中

$$K_p = \lim_{z \to 1} G(z) \tag{8-38}$$

称为静态位置误差系数(简称位置误差系数)。

如果 $G(z)$ 不包含 $z=1$ 的极点,则 K_p 为一有限常值,则 $e_{ss}^* \neq 0$,且随着 K_p 增大而减小。当 $G(z)$ 具有一个或一个以上 $z=1$ 的极点时,则 $K_p = \infty$,系统的位置误差等于零。

(2) 采样系统输入为斜坡速度函数,即 $r(t) = V_0 t$。

由于 $r(t) = V_0 t$,所以

$$R(z) = \frac{V_0 Tz}{(z-1)^2}$$

速度误差为

$$e_s^* = \lim_{z \to 1} \frac{V_0 T}{(z-1)[1+G(z)]} = \frac{V_0}{\frac{1}{T} \lim_{z \to 1}(z-1)G(z)} = \frac{V_0}{K_v} \tag{8-39}$$

其中

$$K_v = \frac{1}{T} \lim_{z \to 1}(z-1)G(z) \tag{8-40}$$

称为静态速度误差系数(简称速度误差系数)。

显然,若 $G(z)$ 中包含有一个 $z=1$ 的极点时,K_v 为常值,存在常值误差,同样随着 K_v 增大而减小。而当 $G(z)$ 具有两个或两个以上 $z=1$ 的极点时,$K_v = \infty$,系统的速度误差等于零。

(3) 采样系统输入为等加速(抛物线)函数,即 $r(t) = \frac{1}{2} a_0 t^2$。

由于 $r(t) = \frac{1}{2} a_0 t^2$,所以

$$R(z) = \frac{a_0 T^2 z(z+1)}{2(z-1)^3}$$

加速度误差为

$$e_{ss}^* = \lim_{z \to 1} \frac{a_0 T^2 (z+1)}{2(z-1)^2 [1+G(z)]} = \frac{a_0}{\frac{1}{T^2} \lim_{z \to 1}(z-1)^2 G(z)} = \frac{a_0}{K_a} \tag{8-41}$$

其中

$$K_a = \frac{1}{T^2}\lim_{z \to 1}(z-1)^2 G(z) \tag{8-42}$$

称为静态加速度误差系数(简称加速度误差系数)。

这时只有当 $G(z)$ 具有三个或更多个 $z=1$ 的极点时,$K_a = \infty$,系统加速度误差为零。

应当注意,与连续系统一样,这里所说的速度、加速度误差,并不是指在速度、加速度上的误差,而是指当系统输入为速度、加速度函数时系统输入在位置上的误差。

可以求出单位反馈采样系统在三种典型输入信号作用下的稳态误差。见表8-2。

表8-2 静态误差系数表示的终值误差

系统类型	位置误差 $r(t)=R_0 \cdot 1(t)$	速度误差 $r(t)=V_0(t)$	加速度误差 $r(t)=a_0 t^2/2$
0 型	$\frac{R_0}{1+K_p}$	∞	∞
I 型	0	$\frac{V_0}{K_v}$	∞
II 型	0	0	$\frac{a_0}{K_a}$
静态误差系数	$K_p = \lim\limits_{z \to 1}G(z)$	$K_v = \frac{1}{T}\lim\limits_{z \to 1}(z-1)G(z)$	$K_a = \frac{1}{T^2}\lim\limits_{z \to 1}(z-1)^2 G(z)$

【例 8-20】 求图8-21(a)所示采样系统的稳态误差。

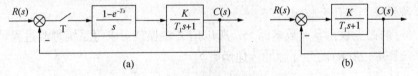

图 8-21 采样系统及其相应的连续系统

解: 由图可知采样系统的开环脉冲传递函数为

$$G(z) = Z\left[\frac{1-e^{-Ts}}{s} \cdot \frac{K}{T_1 s+1}\right] = \frac{K(1-e^{-T/T_1})}{z-e^{-T/T_1}}$$

可见,$G(z)$ 中不包含有 $z=1$ 的极点,所以是 0 型系统。其位置误差系数为

$$K_p = \lim_{z \to 1}G(z) = K$$

因此,阶跃输入下,系统的稳态误差为

$$e_{ss}^* = \frac{R_0}{1+K}$$

很明显,该 e_{ss}^* 和图8-21(b)所示的连续系统的稳态误差完全相同。这说明,采样器和保持器同时存在时,对系统的稳态误差无影响,即系统仍保持连续系统时的稳态误差。应当指出,连续系统离散化不会改变系统的类型,即系统无差度不变。

8.4.4 采样系统的过渡过程分析

用 Z 变换法来分析线性采样系统的过渡过程,与用拉氏变换法来分析线性连续系统的过渡过程非常相似。首先求出系统输出的 Z 变换式 $C(z) = \Phi(z)R(z)$,然后应用 Z 反变换,求得输出的采样函数 $e^*(t)$ [或 $e(nT)$],即采样系统的过渡过程。采样系统与连续系统的根本差别在于采样系统中加入了采样器及保持器。因此，下面着重讨论采样器、保持器以及采样周期对系统过渡过程的影响。

1. 采样器、保持器对系统过渡过程的影响

首先回顾一下图8-22(a)所示简单连续系统的阶跃响应。

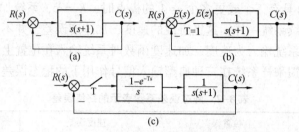

图 8-22　加入采样器、保持器后的系统结构图

系统输出的拉氏变换式为

$$C(s) = \frac{1}{s^2+s+1} \frac{1}{s}$$

图8-22(a)所示连续系统的阶跃响应为

$$c(t) = 1 - 1.16 e^{-0.5t} \sin(0.866t + 60°)$$

其过渡过程曲线如图8-23中的实线(a)所示，超调量 $\sigma\% = 16\%$。

现在，假定在连续系统中加入一个采样器，其采样周期 $T = 1s$。如图8-22(b)所示。观察一下对系统性能会有什么影响。

由于 $G(s)$ 的极点数比零点数多两个，所以用 Z 变换就可求得系统过渡过程。

采样系统图8-22(b)的开环脉冲传递函数为

$$G(z) = Z\left[\frac{1}{s(s+1)}\right] = \frac{z(1-e^{-T})}{(z-1)(z-e^{-T})}$$

闭环脉冲传递函数为

$$\Phi(z) = \frac{G(z)}{1+G(z)}$$

单位阶跃输入信号 $r(t) = 1(t)$ 的 Z 变换式为

$$R(z) = \frac{z}{z-1}$$

因此，系统输出的 Z 变换式为

$$C(z) = \Phi(z)R(z)$$
$$= \frac{z^2(1-e^{-T})}{(z-1)(z^2-2ze^{-T}+e^{-T})}$$

将 $T = 1$ 代入上式得

$$C(z) = \frac{0.632z^2}{(z-1)(z^2-0.736z+0.386)}$$
$$= \frac{0.632z^2}{z^3-1.736z^2+1.004z-0.386}$$

利用长除法可得展开式

$$C(z)= 0.632z^{-1}+1.096z^{-2}+1.205z^{-3}+1.12z^{-4}+1.014z^{-5}+0.98z^{-6}+\cdots$$

进行反变换得

$$c^*(t)= 0.632\delta(t-T)+1.096\delta(t-2T)+1.205\delta(t-3T)+1.12\delta(t-4T)$$
$$+1.014\delta(t-5T)+0.98\delta(t-6T)+\cdots$$

根据上式作图，并用光滑曲线连接得采样系统图8-23(b)的过渡过程，如图8-23中虚线(b)所示。比较曲线(a)和(b)，可以看出加入采样器后系统的输出 $c(t)$ 的上升时间减小，而超调量增大了，系统稳定程度变差；若放大系数 K 增大，采样器的影响将更严重。计算表明，当 $K=4.32$ 时，系统就将处于临界稳定状态了。而连续系统的放大系数理论上可以到无穷大。

若在连续系统中同时加入采样器和保持器，如图8-23(c)所示。输入仍是单位阶跃函数，采样周期 T 仍为 $1s$。

这时，系统开环脉冲传递函数为

$$G(z)= Z\left[\frac{1-e^{-Ts}}{s}\frac{1}{s(s+1)}\right]$$
$$= \frac{0.368z+0.264}{(z-1)(z-0.368)}$$

于是有

$$C(z)= \frac{G(z)}{1+G(z)}R(z)$$
$$= \frac{z(0.368z+0.264)}{(z-1)(z^2-z+0.632)}$$

利用长除法，得

$$C(z)= 0.368z^{-1}+1.00z^{-2}+1.40z^{-3}+1.40z^{-4}+1.15z^{-5}+0.90z^{-6}$$
$$+0.80z^{-7}+0.86z^{-8}+0.97z^{-9}+1.05z^{-10}+1.06z^{-11}+1.01z^{-12}+0.96z^{-13}+\cdots$$

它所对应的阶跃响应 $c(t)$ 如图8-23中的点划线(c)所示。可见，由于加入保持器，超调量增加到40%，调节时间也加长了。这是由于保持器的引入，相当于在系统中增加了一个相位迟后环节的缘故。

2. 采样周期对采样系统输出的影响

现仍以图8-22(c)所示系统为例，系统输入仍为单位阶跃函数。

系统开环脉冲传递函数为

$$G(z)= Z\left[\frac{1-e^{-Ts}}{s}\frac{1}{s(s+1)}\right]$$
$$= \frac{T(z-e^{-T})-(z-1)(1-e^{-T})}{(z-1)(z-e^{-T})}$$

系统闭环脉冲传递函数为

$$\Phi(z)= \frac{C(z)}{R(z)}=\frac{G(z)}{1+G(z)}$$

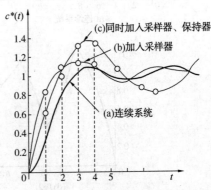

图8-23　系统的阶跃响应

$$= \frac{T(z-e^{-T})-(z-1)(1-e^{-T})}{(z-1)(z-e^{-T})+T(z-e^{-T})-(z-1)(1-e^{-T})}$$

输出响应的 Z 变换式

$$C(z) = \frac{z\left[(T-1+e^{-T})z-(Te^{-T}+e^{-T}-1)\right]}{(z-1)\left[z^2-(2-T)z+(1-Te^{-T})\right]}$$

（1）令采样周期 $T=0.1\text{s}$，则

$$C(z) = \frac{0.005z^2+0.0045z}{z^3-2.9z^2+2.81z-0.91}$$

$$= 0.005z^{-1}+0.019z^{-2}+0.041z^{-3}+0.07z^{-4}+0.105z^{-5}$$
$$+0.146z^{-6}+0.19z^{-7}+0.239z^{-8}+0.29z^{-9}+0.334z^{-10}$$
$$+0.339z^{-11}+0.454z^{-12}+0.509z^{-13}+0.564z^{-14}+0.618z^{-15}$$
$$+0.671z^{-16}+0.722z^{-17}+0.771z^{-18}+0.818z^{-19}+0.863z^{-20}$$
$$+0.905z^{-21}+0.944z^{-22}+0.98z^{-23}+1.013z^{-24}+1.043z^{-25}$$
$$+1.07z^{-26}+1.094z^{-27}+1.115z^{-28}+1.133z^{-29}+1.148z^{-30}$$
$$+1.16z^{-31}+1.17z^{-32}+1.18z^{-33}+1.185z^{-34}+1.188z^{-35}$$
$$+1.189z^{-36}+1.188z^{-37}+1.185z^{-38}+1.18z^{-39}+1.17z^{-40}+\cdots$$

从上面计算可见，当采样周期 T 很小时，若仍采用长除法，就需要计算出几十个甚至几百个点才能较完整地描绘出 $c^*(t)$ 的曲线。这当然是一件很繁琐的事，但如果借助于计算机，就方便得多了。

进行 Z 反变换，可得 $c^*_{0.1}(t)$ 如图 8-24 曲线(b)所示。图 8-24 曲线(a)为图 8-24(a)连续系统的阶跃响应。从图中可以看出曲线(a)和曲线(b)极为相似。连续系统输出 $c(t)$ 的超调量 $\sigma\%=16\%$，第一峰值时间 $t_p=3.6\text{s}$。而采样周期 $T=0.1\text{s}$ 的系统输出 $c^*_{0.1}(t)$ 的 $\sigma\%\approx18\%$，$t_p\approx3.6\text{s}$。

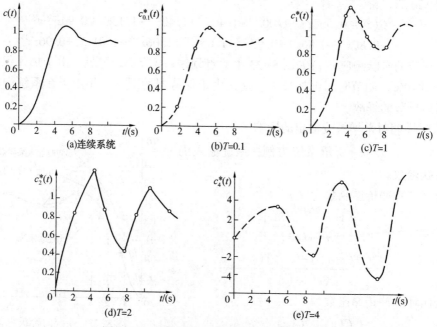

图 8-24　采样周期 T 对系统阶跃响应的影响

（2）令采样周期 $T=1s$，则

$$C(z) = \frac{z(0.368z+0.264)}{(z-1)(z^2-z+0.632)}$$

$$= 0.368z^{-1}+1.0z^{-2}+1.4z^{-3}+1.4z^{-4}+1.15z^{-5}+0.9z^{-6}$$

$$+0.8z^{-7}+0.86z^{-8}+0.97z^{-9}+1.05z^{-10}+1.06z^{-11}$$

$$+1.01z^{-12}+0.96z^{-13}+\cdots$$

相应的 $c_1^*(t)$ 如图 8-24 曲线（c）所示。$\sigma\%=16\%$，t_p 无多大变化。

（3）令采样周期 $T=2s$，则

$$C(z) = \frac{z(1.135z+0.595)}{(z-1)(z^2+0.73)}$$

$$= 1.135z^{-1}+1.73z^{-2}+0.901z^{-3}+0.467z^{-4}+1.072z^{-5}$$

$$+1.389z^{-6}+0.947z^{-7}+0.716z^{-8}+1.039z^{-9}+1.207z^{-10}+\cdots$$

对应的输出响应 $c_2^*(t)$ 如图 8-24 中曲线（d）所示。输出响应性能变得更差，超调量高达 73%。

（4）令采样周期 $T=4s$，则

$$C(z) = \frac{z(3.018z+0.91)}{(z-1)(z^2+2z+0.928)}$$

$$= 3.02z^{-1}-2.11z^{-2}+5.34z^{-3}$$

$$-4.82z^{-4}+8.6z^{-5}-8.8z^{-6}+\cdots$$

采样系统输出 $c_4^*(t)$ 如图 8-24 曲线（e）所示，$c_4^*(t)$ 是发散曲线，变成不稳定系统。

综上分析可见，闭环采样系统中随着采样周期增大，系统响应特性变差，有时甚至会使一个稳定系统变成为不稳定系统。所以采样周期不能太大，对图 8-24（c）所示系统来说，采样周期以小于系统连续部分时间常数为宜。

为什么采样周期增大会使系统响应特性变差呢？这是由于在连续系统中，系统输出实际值与希望值之间的偏差每时每刻都进行测量，并不断进行控制。而采样系统则不同，由于采样器相当于一个开关，当开关打开时，系统实际上处于开环控制状态，显然，采样周期越大，系统处于开环状态的时间就越长，这对按偏差控制的系统来说是很不利的，因此，一般来说，采样周期增大对系统动态性能影响是不利的。

8.5 采样系统的数字校正

线性离散系统的校正（设计）方法，主要有离散化设计和模拟化设计两种。离散化设计方法又称直接数字设计法，它是直接在离散域进行分析，求出系统的脉冲传递函数，然后按离散系统理论设计数字控制器。模拟化设计方法按连续系统理论设计校正装置，求出数字控制器的等效连续环节，再将该环节数字化。本节介绍直接数字设计方法。

8.5.1 数字控制器的脉冲传递函数

设离散系统如图 8-25 所示。图中，$G_D(z)$ 为数字控制器（数字校正装置）的脉冲传递函数，$G_0(s)$ 为保持器和被控对象的传递函数。

设 $G_0(s)$ 的 Z 变换为 $G_0(z)$，由图可以求出系统的闭环脉冲传递函数

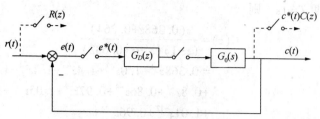

图 8-25 具有数字控制器采样系统

$$\Phi(z) = \frac{C(z)}{R(z)} = \frac{G_D(z)G_0(z)}{1+G_D(z)G_0(z)} \tag{8-43}$$

以及误差脉冲传递函数

$$\Phi_e(z) = \frac{E(z)}{R(z)} = \frac{1}{1+G_D(z)G_0(z)} \tag{8-44}$$

由式(8-43)和式(8-44)可以分别求出数字控制器的脉冲传递函数为

$$G_D(z) = \frac{\Phi(z)}{G_0(z)\left[1-\Phi(z)\right]} \tag{8-45}$$

或者

$$G_D(z) = \frac{1-\Phi_e(z)}{G_0(z)\Phi_e(z)} = \frac{\Phi(z)}{G_0(z)\Phi_e(z)} \tag{8-46}$$

显然

$$\Phi_e(z) = 1-\Phi(z) \tag{8-47}$$

下面根据对离散系统性能指标的要求，确定闭环脉冲传递函数 $\Phi(z)$ 或误差脉冲传递函数 $\Phi_e(z)$，然后利用式(8-45)或式(8-46)确定数字控制器的脉冲传递函数 $G_D(z)$。

8.5.2 最少拍系统设计

在采样过程中，称一个采样周期为一拍。所谓最少拍系统，是指在典型输入作用下，能以有限拍结束响应过程，且在采样时刻上无稳态误差的离散系统。

最少拍系统的设计原则是：设被控对象 $G_0(z)$ 无延迟且在 Z 平面单位圆上及单位圆外无零极点[$(1,j0)$除外]，要求选择闭环脉冲传递函数 $\Phi(z)$，使系统在典型输入作用下，经最少采样周期后能使输出序列在各采样时刻的稳态误差为零，达到完全跟踪的目的，进一步由式(8-45)或式(8-46)确定数字控制器的脉冲传递函数 $G_D(z)$。

典型输入可表示为如下一般形式

$$R(z) = \frac{A(z)}{(1-z^{-1})^m} \tag{8-48}$$

其中，$A(z)$ 是不含 $(1-z^{-1})$ 因子的 z^{-1} 多项式。根据最少拍系统的设计原则，首先求误差信号 $e(t)$ 的 Z 变换为

$$E(z) = \Phi_e(z)R(z) = \frac{\Phi_e(z)A(z)}{(1-z^{-1})^m} \tag{8-49}$$

根据 Z 变换终值定理，离散系统的稳态误差为

$$e(\infty) = \lim_{z \to 1}(1-z^{-1})^m E(z) = \lim_{z \to 1}(1-z^{-1})\frac{A(z)}{(1-z^{-1})^m}\Phi_e(z)$$

上式表明，使 $e(\infty)$ 为零的条件是 $\Phi_e(z)$ 中包含有 $(1-z^{-1})^m$ 的因子，即

$$\Phi_e(z) = (1-z^{-1})^m F(z)$$

式中，$F(z)$ 为不含 $(1-z^{-1})$ 因子的多项式。为了使求出的 $D(z)$ 简单，阶数最低，可取 $F(z)=1$。即

$$\Phi_e(z) = (1-z^{-1})^m \tag{8-50}$$

由式（8-47）可知

$$\Phi(z) = 1 - \Phi_e(z) = 1 - (1-z^{-1})^m = \frac{z^m - (z-1)^m}{z^m}$$

即 $\Phi(z)$ 的全部极点均位于 Z 平面的原点。

由 Z 变换定义

$$E(z) = \sum_{n=0}^{\infty} e(nT)z^{-n} = e(0) + e(T)z^{-1} + e(2T)z^{-2} + \cdots$$

按照最小拍系统设计原则，最小拍系统应该自某个时刻 n 开始，在 $k \geq n$ 时，有 $e(kT) = e[(k+1)T] = e[(k+2)T] = \cdots = 0$，此时系统的动态过程在 $t = kT$ 时结束，其调节时间 $t_s = kT$。

下面分别讨论最少拍系统在不同典型输入作用下，数字控制器脉冲传递函数 $G_D(z)$ 的确定方法。

1. 单位阶跃输入时

由于 $r(t) = 1(t)$ 时，有

$$Z[1(t)] = \frac{z}{z-1} = \frac{1}{1-z^{-1}}$$

由式（8-48）可知 $m=1$，$A(z)=1$，故由式（8-50）及（8-47）可得

$$\Phi_e(z) = (1-z^{-1}), \qquad \Phi(z) = z^{-1}$$

于是，根据式（8-45）求出

$$G_D(z) = \frac{z^{-1}}{(1-z^{-1})G_0(z)}$$

由式（8-49）知

$$E(z) = \frac{A(z)}{(1-z^{-1})^m} \Phi_e(z) = 1$$

表明：$e(0)=1$，$e(T)=e(2T)=\cdots=0$。可见，最少拍系统经过一拍便可完全跟踪输入 $r(t)=1(t)$，如图 8-26 所示。这样的离散系统称为一拍系统，系统调节时间 $t_s = T$。

2. 单位斜坡输入时

$r(t) = t$ 时，有

$$R(z) = Z[t] = \frac{Tz}{(z-1)^2} = \frac{Tz^{-1}}{(1-z^{-1})^2}$$

由式（8-48）可知 $m=2$，$A(z)=Tz^{-1}$，故

$$\Phi_e(z) = (1-z^{-1})^2, \quad \Phi(z) = 1 - \Phi_e(z) = 2z^{-1} - z^{-2}$$

于是

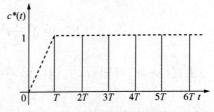

图 8-26　最少拍系统的单位阶跃响应序列

$$G_D(z) = \frac{\Phi(z)}{G_0(z)\Phi_e(z)} = \frac{z^{-1}(2-z^{-1})}{(1-z^{-1})^2 G_0(z)}$$

且有

$$E(z) = \frac{A(z)}{(1-z^{-1})^m}\Phi_e(z) = Tz^{-1}$$

即有：$e(0)=0$，$e(T)=T$，$e(2T)=e(3T)=\cdots=0$。可见，最少拍系统经过两拍便可完全跟踪输入 $r(t)=t$，单位斜坡响应为

$$C(z) = \Phi(z)R(z) = (2z^{-1}-z^{-2})\frac{Tz^{-1}}{(1-z^{-1})^2} = 2Tz^{-2}+3Tz^{-3}+\cdots+nTz^{-n}+\cdots$$

基于 Z 变换定义，得到最少拍系统在单位斜坡作用下的输出序列 $c(nT)$ 为 $c(0)=0$，$c(T)=0$，$c(2T)=2T$，$c(3T)=3T$，$\cdots c(nT)=nT$，$\cdots$

响应过程如图 8-27 所示。系统调节时间 $t_s=2T$。

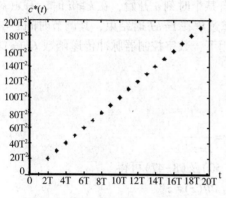

图 8-27　最少拍系统的单位斜坡响应

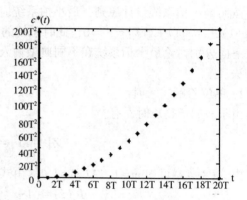

图 8-28　最少拍系统的单位加速度响应

3. 单位加速度输入时

由于 $r(t)=t^2/2$ 时，有

$$R(z) = Z\left[\frac{1}{2}t^2\right] = \frac{T^2 z(z+1)}{2(z-1)^3} = \frac{\frac{1}{2}T^2 z^{-1}(1+z^{-1})}{(1-z^{-1})^3}$$

由式(8-48)可知 $m=3$，$A(z)=\frac{1}{2}T^2 z^{-1}(1+z^{-1})$，故

$$\Phi_e(z) = (1-z^{-1})^3$$

$$\Phi(z) = 1-\Phi_e(z) = 3z^{-1}-3z^{-2}+z^{-3}$$

因此，数字控制器脉冲传递函数

$$G_D = \frac{z^{-1}(3-3z^{-1}+z^{-2})}{(1-z^{-1})^3 G_0(z)}$$

误差脉冲序列及输出脉冲序列的 Z 变换分别为

$$E(z) = A(z) = \frac{1}{2}T^2 z^{-1} + \frac{1}{2}T^2 z^{-2}$$

$$C(z) = \Phi(z) R(z) = \frac{3}{2} T^2 z^{-2} + \frac{9}{2} T^2 z^{-3} + \cdots + \frac{n^2}{2} T^2 z^{-n} + \cdots$$

于是有

$$e(0) = 0, \ e(T) = \frac{1}{2} T^2, \ e(2T) = \frac{1}{2} T^2, \ e(3T) = e(4T) = \cdots = 0$$

$$c(0) = c(T) = 0, \ c(2T) = 1.5 T^2, \ c(3T) = 4.5 T^2, \ \cdots$$

可见，最少拍系统经过三拍便可完全跟踪输入 $r(t) = t^2/2$。根据 $c(nT)$ 的数值，可以绘出最少拍系统的单位加速度响应序列，如图 8-28 所示。系统调节时间 $t_s = 3T$。

各种典型输入作用下最少拍系统的设计结果列于表 8-3 中。

表 8-3　最少拍系统的设计结果

典型输入		闭环脉冲传递函数		数字控制器脉冲传递函数	调节时间
$r(t)$	$R(z)$	$\Phi_e(z)$	$\Phi(z)$	$D(z)$	t_s
$1(t)$	$\dfrac{1}{1-z^{-1}}$	$1-z^{-1}$	z^{-1}	$\dfrac{z^{-1}}{(1-z^{-1}) \, G_0(z)}$	T
t	$\dfrac{Tz^{-1}}{(1-z^{-1})^2}$	$(1-z^{-1})^2$	$2z^{-1}-z^{-2}$	$\dfrac{z^{-1}(2-z^{-1})}{(1-z^{-1})^2 \, G_0(z)}$	$2T$
$\dfrac{1}{2} t^2$	$\dfrac{T^2 z^{-1}(1+z^{-1})}{2 \, (1-z^{-1})^3}$	$(1-z^{-1})^3$	$3z^{-1}-3z^{-2}+z^3$	$\dfrac{z^{-1}(3-3z^{-1}+z^{-2})}{(1-z^{-1})^3 \, G_0(z)}$	$3T$

【例 8-21】　设单位反馈线性定常离散系统的连续部分和零阶保持器的传递函数分别为

$$G_p(s) = \frac{10}{s(s+1)}$$

$$G_h(s) = \frac{1-e^{-sT}}{s}$$

其中采样周期 $T = 1s$。若要求系统在单位斜坡输入时实现最少拍控制，试求数字控制器脉冲传递函数 $G_D(z)$。

解：系统开环传递函数

$$G_0(s) = G_p(s) G_h(s) = \frac{10(1-e^{-sT})}{s^2(s+1)}$$

$$Z\left[\frac{1}{s^2(s+1)}\right] = \frac{Tz}{(z-1)^2} - \frac{(1-e^T)z}{(z-1)(z-e^{-T})}$$

$$G_0(z) = 10(1-z^{-1})\left[\frac{Tz}{(z-1)^2} - \frac{(1-e^{-T})z}{(z-1)(z-e^{-T})}\right] = \frac{3.68z^{-1}(1+0.717z^{-1})}{(1-z^{-1})(1-0.368z^{-1})}$$

根据 $r(t) = t$，由表 8-3 查出最少拍系统应具有的闭环脉冲传递函数和误差脉冲传递函数为

$$\Phi(z) = 2z^{-1}(1-0.5z^{-1})$$

$$\Phi_e(z) = (1-z^{-1})^2$$

由式（8-46）可见，$\Phi_e(z)$ 的零点 $z=1$ 可以抵消 $G(z)$ 在单位圆上的极点 $z=1$；$\Phi(z)$ 的

z^{-1}可以抵消 $G_0(z)$ 的传递函数延迟 z^{-1}，故按式（8-46）算出的 $G_D(z)$，可以确保系统在 $r(t)=t$ 作用下成为最少拍系统。

根据给定的 $G_0(z)$ 和查出的 $\Phi(z)$ 及 $\Phi_e(z)$，求得

$$G_D(z)=\frac{0.543(1-0.368z^{-1})(1-0.5z^{-1})}{(1-z^{-1})(1+0.717z^{-1})}$$

本 章 小 结

（1）在采样控制系统中，通过采样器将连续信号变换成离散信号的过程称为采样。为了使采样得到的信号能完全反映原来连续信号的变化规律，或不失真的恢复原来连续信号，采样频率的选择应满足采样定理。

（2）采样控制系统常用 Z 变换数学工具。Z 变换与拉普拉斯变换类似，都是线性变换，都有相对应的一些性质。

（3）脉冲传递函数是采样控制系统的数学模型，其定义与传递函数的定义类似。对于一个系统来说，根据有无采样开关和采样开关的位置不同，可以得到不同的脉冲传递函数以及不同的输出的 Z 变换表达式。

（4）和连续控制系统类似，采样控制系统的动态响应和稳定性也是由其闭环极点所决定的。采样系统稳定的充要条件是，其闭环全部特征根都分布在 Z 平面的单位圆之内，即 $|z_i|<1(i=1,2,\cdots,n)$。通过双线性变换，把 z 变量变换为 ω 变换之后，就可以应用劳斯判据来判断采样系统的稳定性。

（5）采样系统的稳态误差的定义与计算与连续系统类似；采样系统的稳态误差不仅与系统的结构和参数有关，还与输入信号的大小、形式以及采样周期 T 有关。

习　题

题 8-1　采样器的输入信号为 $r(t)=5e^{-10t}$。试选择合理的采样周期 T（假设：ω_{max} 取法为 $|R(j\omega_{max})|=0.1|R(0)|$）。

题 8-2　已知 $F(s)=\dfrac{s+3}{(s+1)(s+2)}$ 试求 Z 变换 $F(z)$。

题 8-3　根据定义

$$E^*(s)=\sum_{n=0}^{\infty}e(nT)e^{-nTs}$$

确定下列函数的 $E^*(s)$ 的 $E(z)$。

（1）$e(t)=t$ （2）$e(t)=\cos\omega t$

（3）$E(s)=\dfrac{1}{(s+a)(s+b)}$ （4）$E(s)=\dfrac{1}{(s+a)^2}$

题 8-4　已知下列 z 变换，试求 z 反变换 $e^*(t)$。

（1）$E(z)=\dfrac{z}{(z-1)^2(z-2)}$ （2）$E(z)=\dfrac{z(1-e^{-T_0})}{(z-1)(z-e^{-T_0})}$

题 8-5　根据下列 $G(s)$，求取相应的脉冲传递函数 $G(z)$。

（1）$G(s) = \dfrac{K}{s(s+a)}$　　　（2）$G(s) = \dfrac{1-e^{-Ts}}{s} \dfrac{K}{s(s+a)}$

（3）$G(s) = \dfrac{\omega_0}{s^2+\omega_0^2}$

题 8-6　试求图 8-29 所示系统的脉冲传递函数。

题 8-7　如图 8-30 所示系统，其输入为单位阶跃函数，采样周期 $T=1\text{s}$。试用 Z 变换法求出各采样瞬时的输出，并画出采样瞬时输出曲线 $u_c^*(t)$（设 $R=1\text{k}\Omega$，$c=1000\mu\text{F}$）以及采样间隔中的实际输出曲线。

题 8-8　已知脉冲传递函数

$$G(z) = \frac{C(z)}{R(z)} = \frac{0.53+0.1z^{-1}}{1-0.37z^{-1}}$$

其中 $R(z) = \dfrac{z}{z-1}$，试求 $c(nT)$。

题 8-9　试判断具有下列特征方程系统的稳定性。

（1）$D(z) = z^3-1.5z^2-0.25z+0.4 = 0$

（2）$D(z) = z^3-1.1z^2-0.1z+0.2 = 0$

（3）$D(z) = 40z^3-100z^2+100z-39 = 0$

（4）$D(z) = z^2-0.632z+0.896 = 0$

题 8-10　已知闭环采样系统的特征方程为

$D(z) = (z+1)(z+0.5)(z+2) = 0$ 判别该系统的稳定性。

题 8-11　已知采样单位反馈系统如图 8-31 所示，图中

$G(s) = \dfrac{22.57}{s^2(s+1)}$，采样周期 $T=1\text{s}$，判别该系统的稳定性。

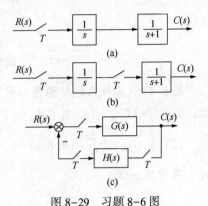

图 8-29　习题 8-6 图

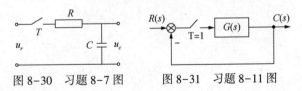

图 8-30　习题 8-7 图　　　图 8-31　习题 8-11 图

题 8-12　若 8-11 题图所示系统中 $G(s) = \dfrac{K}{s(s+1)}$，采样周期 $T=1\text{s}$。

试求此系统稳定时 K 值范围。

题 8-13　已知图 8-32 所示系统，图中 ZOH 为零阶保持器，采样周期 $T=0.1\text{s}$，试求系统稳定时 K 值范围。

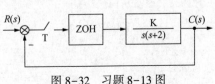

图 8-32　习题 8-13 图

题8-14　离散系统结构图如图8-33所示,采样周期 $T=0.5\text{s}$。

写出系统开环脉冲传递函数 $G(z)$ 和闭环脉冲传递函数 $\Phi(z)$；确定使系统稳定的 K 值范围；当 $K=2$，$r(t)=4t$ 时，求系统的稳态误差 $e(\infty)$。

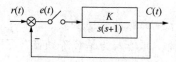

图8-33　例8-14 系统结构图

题8-15　采样系统结构图如图8-34所示,采样周期 T 及时间常数 T_0 均为大于零的常数,且 $e^{-T/T_0}=0.2$。(1)当 $G_D(z)=1$ 时求使系统稳定的 K 值范围 $(K>0)$；

(2)当 $G_D(z)=\dfrac{bz+c}{z-1}$ 及 $K=1$ 时,采样系统有三重根 a(a 为实常数),求 $G_D(z)$ 中的系数 b，c 及重根 a 值。

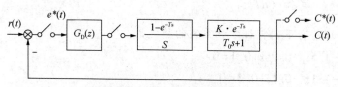

图8-34　例8-15 系统结构图

附录

1. 常用函数的拉氏变换和 Z 变换表(附表1)

附表 1　常用函数的拉氏变换和 Z 变换表

序号	拉氏变换 $E(s)$	时间函数 $e(t)$	Z 变换 $E(s)$
1	1	$\delta(t)$	1
2	$\dfrac{1}{1-e^{-Ts}}$	$\delta_T(t) = \sum\limits_{n=0}^{\infty} \delta(t-nT)$	$\dfrac{z}{z-1}$
3	$\dfrac{1}{s}$	$1(t)$	$\dfrac{z}{z-1}$
4	$\dfrac{1}{s^2}$	t	$\dfrac{Tz}{(z-1)^2}$
5	$\dfrac{1}{s^3}$	$\dfrac{t^2}{2}$	$\dfrac{T^2 z(z+1)}{2(z-1)^3}$
6	$\dfrac{1}{s^{n+1}}$	$\dfrac{t^n}{n!}$	$\lim\limits_{a\to 0}\dfrac{(-1)^n}{n!}\dfrac{\partial^n}{\partial a^n}\left(\dfrac{z}{z-e^{-aT}}\right)$
7	$\dfrac{1}{s+a}$	e^{-at}	$\dfrac{z}{z-e^{-aT}}$
8	$\dfrac{1}{(s+a)^2}$	te^{-at}	$\dfrac{Tze^{-aT}}{(z-e^{-aT})^2}$
9	$\dfrac{a}{s(s+a)}$	$1-e^{-at}$	$\dfrac{(1-e^{-aT})z}{(z-1)(z-e^{-aT})}$
10	$\dfrac{b-a}{(s+a)(s+b)}$	$e^{-at}-e^{-bt}$	$\dfrac{z}{z-e^{-aT}}-\dfrac{z}{z-e^{-bT}}$
11	$\dfrac{\omega}{s^2+\omega^2}$	$\sin\omega t$	$\dfrac{z\sin\omega T}{z^2-2z\cos\omega T+1}$
12	$\dfrac{s}{s^2+\omega^2}$	$\cos\omega t$	$\dfrac{z(z-\cos\omega T)}{z^2-2z\cos\omega T+1}$
13	$\dfrac{\omega}{(s+a)^2+\omega^2}$	$e^{-at}\sin\omega t$	$\dfrac{ze^{-aT}\sin\omega T}{z^2-2ze^{-aT}\cos\omega T+e^{-2aT}}$
14	$\dfrac{s+a}{(s+a)^2+\omega^2}$	$e^{-at}\cos\omega t$	$\dfrac{z^2-ze^{-aT}\cos\omega T}{z^2-2ze^{-aT}\cos\omega T+e^{-2aT}}$
15	$\dfrac{1}{s-(1/T)\ln a}$	$a^{t/T}$	$\dfrac{z}{z-a}$

2. 拉氏变换的基本性质(附表2)

附表 2　拉氏变换的基本性质

1	线性定理	齐次性	$L[af(t)]=aF(s)$			
		叠加性	$L[f_1(t)\pm f_2(t)]=F_1(s)\pm F_2(s)$			
2	微分定理	一般形式	$L\left[\dfrac{df(t)}{dt}\right]=sF(s)-f(0)$ $L\left[\dfrac{d^2f(t)}{dt^2}\right]=s^2F(s)-sf(0)-f'(0)$ $\vdots$ $L\left[\dfrac{d^nf(t)}{dt^n}\right]=s^nF(s)-\sum_{k=1}^{n}s^{n-k}f^{(k-1)}(0)$ $f^{(k-1)}(t)=\dfrac{d^{k-1}f(t)}{dt^{k-1}}$			
		初始条件为零时	$L\left[\dfrac{d^nf(t)}{dt^n}\right]=s^nF(s)$			
3	积分定理	一般形式	$L\left[\int f(t)dt\right]=\dfrac{F(s)}{s}+\dfrac{\left[\int f(t)dt\right]_{t=0}}{s}$ $L\left[\iint f(t)(dt)^2\right]=\dfrac{F(s)}{s^2}+\dfrac{\left[\int f(t)dt\right]_{t=0}}{s^2}+\dfrac{\left[\iint f(t)(dt)^2\right]_{t=0}}{s}$ $\vdots$ $L\left[\overbrace{\int\cdots\int}^{\text{共}n\text{个}} f(t)(dt)^n\right]=\dfrac{F(s)}{s^n}+\sum_{k=1}^{n}\dfrac{1}{s^{n-k+1}}\left[\overbrace{\int\cdots\int}^{\text{共}k\text{个}} f(t)(dt)^k\right]_{t=0}$			
		初始条件为零时	$L\left[\overbrace{\int\cdots\int}^{\text{共}n\text{个}} f(t)(dt)^n\right]=\dfrac{F(s)}{s^n}$			
4	延迟定理(t域位移定理)		$L[f(t-T)]=e^{-Ts}F(s)$			
5	位移定理(s域位移定理)		$L[f(t)e^{-at}]=F(s+a)$			
6	终值定理		$\lim\limits_{t\to\infty}f(t)=\lim\limits_{s\to0}sF(s)$			
7	初值定理		$\lim\limits_{t\to0}f(t)=\lim\limits_{s\to\infty}sF(s)$			
8	卷积定理		$L\left[\int_0^t f_1(t-\tau)f_2(\tau)d\tau\right]=L\left[\int_0^t f_1(t)f_2(t-\tau)d\tau\right]=F_1(s)F_2(s)$			

参 考 文 献

[1] 胡寿松．自动控制原理．4 版．北京：国防工业出版社，2001.

[2] 李国勇．自动控制原理．3 版．北京：电子工业出版社，2017.

[3] 王永骥．自动控制原理．3 版．北京：化学工业出版社，2015.

[4] 苗宇．自动控制原理．2 版．北京：清华大学出版社，2013.

[5] 王燕平．自动控制原理．北京：人民邮电出版社，2015.

[6] 李冰．自动控制原理．北京：人民邮电出版社，2014.

[7] 张涛．自动控制理论及 MATLAB 实现．北京：电子工业出版社，2016.

[8] 张岳．自动控制原理．北京：化学工业出版社，2014.

[9] 刘荣荣．自动控制技术及应用．2 版．北京：电子工业出版社，2017.

[10] 卢京潮．自动控制原理．2 版．西安：西北工业大学出版社，2009.

[11] 顾树生，王建辉．自动控制原理．北京：冶金工业出版社，2001.

[12] 朱玉华．自动控制原理．北京：中国石化出版社，2010.

[13] 黄坚．自动控制原理及其应用．3 版．北京：高等教育出版社，2010.

[14] 李友善．自动控制原理．3 版．北京：国防工业出版社，2005.

[15] 王万良．自动控制原理．北京：科学出版社，2001.

[16] 张晋格，王广雄．自动控制原理．哈尔滨：哈尔滨工业大学出版社，2002.

[17] 周雪琴．控制工程导论．西安：西北工业大学出版社，2003.

[18] 刘丁．自动控制理论．北京：机械工业出版社，2006.